21世纪高等学校规划教材｜计算机科学与技术

Java Web
应用开发渐进教程

唐建平　主编
曹文继 张丽君　副主编
连洁 吴暴　参编

清华大学出版社
北京

内 容 简 介

Java Web应用开发是计算机相关专业的重要实践能力培养课程。全书分为4个篇章循序渐进、由浅入深地介绍了Java Web的相关内容。入门篇包括Java Web概述、JSP元素、JSP内置对象；基础篇包括Servlet技术、JavaBean技术、JDBC技术等内容；高级篇包括Struts 2基础、深入学习Struts 2等内容；实例篇给出了一个完整的网上书店应用系统设计实例。

本书每章都配有相应的习题，每篇都配有完整的应用实例，书后附录配有与各章知识相关的实验项目和扩展知识。

本书适合作为计算机及相关专业高校本科教材，其大部分内容也可作为职业学院的教材，此外也可作为其他有Java Web应用开发需求读者的参考书。

可从指定网站下载本书所有的示例程序代码、配套的PPT课件以及本书配套资源。

图书在版编目(CIP)数据

Java Web应用开发渐进教程/唐建平主编. —北京：清华大学出版社，2014 (2016.1重印)
21世纪高等学校规划教材·计算机科学与技术
ISBN 978-7-302-33984-7

Ⅰ. ①J…　Ⅱ. ①唐…　Ⅲ. ①JAVA语言－程序设计－高等学校－教材　Ⅳ. ①TP312

中国版本图书馆CIP数据核字(2013)第227626号

责任编辑：闫红梅　薛　阳
封面设计：傅瑞学
责任校对：梁　毅
责任印制：杨　艳

出版发行：清华大学出版社
网　址：http://www.tup.com.cn，http://www.wqbook.com
地　址：北京清华大学学研大厦A座　**邮　编**：100084
社 总 机：010-62770175　**邮　购**：010-62786544
投稿与读者服务：010-62776969，c-service@tup.tsinghua.edu.cn
质量反馈：010-62772015，zhiliang@tup.tsinghua.edu.cn
课件下载：http://www.tup.com.cn，010-62795954
印 刷 者：清华大学印刷厂
装 订 者：三河市溧源装订厂
经　销：全国新华书店
开　本：185mm×260mm　**印　张**：16.5　**字　数**：411千字
版　次：2014年1月第1版　**印　次**：2016年1月第3次印刷
印　数：3001～4000
定　价：29.00元

产品编号：050133-01

出版说明

随着我国改革开放的进一步深化，高等教育也得到了快速发展，各地高校紧密结合地方经济建设发展需要，科学运用市场调节机制，加大了使用信息科学等现代科学技术提升、改造传统学科专业的投入力度，通过教育改革合理调整和配置了教育资源，优化了传统学科专业，积极为地方经济建设输送人才，为我国经济社会的快速、健康和可持续发展以及高等教育自身的改革发展做出了巨大贡献。但是，高等教育质量还需要进一步提高以适应经济社会发展的需要，不少高校的专业设置和结构不尽合理，教师队伍整体素质亟待提高，人才培养模式、教学内容和方法需要进一步转变，学生的实践能力和创新精神亟待加强。

教育部一直十分重视高等教育质量工作。2007 年 1 月，教育部下发了《关于实施高等学校本科教学质量与教学改革工程的意见》，计划实施“高等学校本科教学质量与教学改革工程”（简称“质量工程”），通过专业结构调整、课程教材建设、实践教学改革、教学团队建设等多项内容，进一步深化高等学校教学改革，提高人才培养的能力和水平，更好地满足经济社会发展对高素质人才的需要。在贯彻和落实教育部“质量工程”的过程中，各地高校发挥师资力量强、办学经验丰富、教学资源充裕等优势，对其特色专业及特色课程（群）加以规划、整理和总结，更新教学内容、改革课程体系，建设了一大批内容新、体系新、方法新、手段新的特色课程。在此基础上，经教育部相关教学指导委员会专家的指导和建议，清华大学出版社在多个领域精选各高校的特色课程，分别规划出版系列教材，以配合“质量工程”的实施，满足各高校教学质量和教学改革的需要。

为了深入贯彻落实教育部《关于加强高等学校本科教学工作，提高教学质量的若干意见》精神，紧密配合教育部已经启动的“高等学校教学质量与教学改革工程精品课程建设工作”，在有关专家、教授的倡议和有关部门的大力支持下，我们组织并成立了“清华大学出版社教材编审委员会”（以下简称“编委会”），旨在配合教育部制定精品课程教材的出版规划，讨论并实施精品课程教材的编写与出版工作。“编委会”成员皆来自全国各类高等学校教学与科研第一线的骨干教师，其中许多教师为各校相关院、系主管教学的院长或系主任。

按照教育部的要求，“编委会”一致认为，精品课程的建设工作从开始就要坚持高标准、严要求，处于一个比较高的起点上。精品课程教材应该能够反映各高校教学改革与课程建设的需要，要有特色风格、有创新性（新体系、新内容、新手段、新思路，教材的内容体系有较高的科学创新、技术创新和理念创新的含量）、先进性（对原有的学科体系有实质性的改革和发展，顺应并符合 21 世纪教学发展的规律，代表并引领课程发展的趋势和方向）、示范性（教材所体现的课程体系具有较广泛的辐射性和示范性）和一定的前瞻性。教材由个人申报或各校推荐（通过所在高校的“编委会”成员推荐），经“编委会”认真评审，最后由清华大学出版社审定出版。

目前,针对计算机类和电子信息类相关专业成立了两个“编委会”,即“清华大学出版社计算机教材编审委员会”和“清华大学出版社电子信息教材编审委员会”。推出的特色精品教材包括:

(1) 21世纪高等学校规划教材·计算机应用——高等学校各类专业,特别是非计算机专业的计算机应用类教材。

(2) 21世纪高等学校规划教材·计算机科学与技术——高等学校计算机相关专业的教材。

(3) 21世纪高等学校规划教材·电子信息——高等学校电子信息相关专业的教材。

(4) 21世纪高等学校规划教材·软件工程——高等学校软件工程相关专业的教材。

(5) 21世纪高等学校规划教材·信息管理与信息系统。

(6) 21世纪高等学校规划教材·财经管理与应用。

(7) 21世纪高等学校规划教材·电子商务。

(8) 21世纪高等学校规划教材·物联网。

清华大学出版社经过三十多年的努力,在教材尤其是计算机和电子信息类专业教材出版方面树立了权威品牌,为我国的高等教育事业做出了重要贡献。清华版教材形成了技术准确、内容严谨的独特风格,这种风格将延续并反映在特色精品教材的建设中。

清华大学出版社教材编审委员会

联系人:魏江江

E-mail:weijj@tup.tsinghua.edu.cn

前言

Java Web 开发是目前主流的软件开发构架与模式，因此 Java Web 应用开发课程是各级各类高校计算机相关专业都非常重视的实践能力培养课程。

本书着重体现循序渐进、由浅入深、突出重点、强化实例的原则，每一篇都有相对明确和逐步提高的阶段目标。知识内容的选择以够用为原则，知识点围绕着阶段目标展开，对实现目标意义不大的内容不做详细介绍。每一篇都可以形成一个相对独立的知识单元，有一个完整的实例贯穿。书中所选配的实例都围绕最后的综合实例展开，形成各部分内容的有机结合，前面各阶段实例有助于综合实例的完成。

全书共分为 4 个篇章。

入门篇包括 Java Web 概述、JSP 元素、JSP 内置对象三章。Java Web 概述一章对 Java Web 应用开发所涉及的有关服务器端的技术、MVC 设计模式和第三方框架等相关的知识进行了初步的介绍，以求从宏观的角度对后续所学知识有一个整体把握。JSP 元素和 JSP 内置对象两章对 HTML 标记、JSP 指令、JSP 脚本、JSP 动作和常用的隐含对象的概念和用法结合实例进行了详细的介绍。

基础篇包括 Servlet 技术、JavaBean 技术、JDBC 技术和 BBS 系统的设计与实现四章，内容涉及 Servlet、JavaBean、JDBC 的基本内容以及过滤器、监听器、SQL、JDBC 技术事务处理等。第 7 章，应用前面知识完成一个基于 MVC 设计模式的 BBS 应用系统。

高级篇包括 Struts 2 基础和深入学习 Struts 2 两部分内容。Struts 2 基础内容涵盖了 Struts 2 体系结构、Struts 2 基本流程、Struts 2 配置文件、Action 类等内容。深入学习 Struts 2 内容涵盖了拦截器、输入校验、数据转移、OGNL 和 Struts 2 标签库等内容。

高级篇包括一个完整的基于 Struts 2 框架的网上书店应用系统设计实例。

对于初级要求的教学对象，入门篇和基础篇内容并配以一个完整的基于 MVC 设计模式的 BBS 应用系统设计实例，可以构成一个完整独立的教学体系。

设计模式使代码编制工程化，使软件设计人员可以简单方便地复用成功的设计和体系结构。作者认为从一开始就理解，并逐步学习掌握设计模式，对养成学生良好的编程习惯，快速形成实际开发能力十分重要。因此本书通篇都涉及并倡导 MVC 设计模式。

本书的基本定位和目标是高校教材，不是手把手的自学教材，适合于在教师指导下的学习和实践。作者认为上机实践操作的内容繁杂而易变，即使用很大的文字篇幅和配图也很难讲清楚上机操作的各个细节；这些内容在有经验教师的指导下和相应软硬件环境中可很快掌握，事半功倍。因此，本书将涉及上机实践操作的内容与正文分离出来单独编写了 4 个附录，供教师选择参考。

本书第 1～3 章由唐建平编写，第 4～6 章由张丽君编写，第 8 章、第 9 章和附录由曹文继编写，第 7 章由连洁编写，第 10 章由吴暴编写。连洁、吴暴调试了书中全部的示例程序。

伊利奇对书中的全部配图进行了完善和修改。全书由唐建平统稿。

Java Web 是目前软件开发领域变化最快的技术，新技术层出不穷。为了保证本书的质量，编著者尽量跟进主流技术，并提前编写讲义进行了试用。虽然如此，由于编著者的水平有限，书中难免有疏漏和不妥之处，恳请广大读者批评指正。

编　者

2013 年 8 月

目　录

第1章 Java Web概述

Web可以说是与互联网相伴生的技术。Web的特点是客户端与服务器之间用HTTP协议进行通信，使用超文本技术HTML来编写和连接网络上的信息，信息以分布方式存放在Web服务器端，客户端通过浏览器查找网络中各个Web服务器端的信息。基于Web的分布式应用模式，即所谓的B/S模式，目前已成为核心和主流的应用开发模式。

Java Web是以Java技术为基础来解决服务器端Web应用的技术总称。Java Web是Java体系结构中Java EE的核心内容，Java Web应用开发所涉及的有关服务器端的技术非常丰富，比如Servlet、JSP、JavaBean和第三方框架等。本章将对相关知识做一个初步的介绍，以求从宏观的角度对后续所学知识有一个整体把握。

1.1 HTTP与Web页

1.1.1 HTTP

HTTP(Hypertext Transfer Protocal，超文本传输协议)是一个属于应用层的面向对象的协议，用来定义客户端和服务器端的通信规范。由于Java Web应用都是基于HTTP的，因此，清楚准确地了解HTTP的相关内容，对理解Java Web的概念、正确把握和运用Java Web技术来解决应用问题是非常重要的。

1. HTTP的主要特点

(1) 简单快速。客户向服务器请求服务时，只需传送请求方法和路径。请求方法常用的有GET、HEAD、POST。每种方法规定了客户与服务器联系的类型。由于HTTP简单，使得HTTP服务器的程序规模小，因而通信速度很快。

(2) 灵活。HTTP允许传输任意类型的数据对象。正在传输的数据类型由Content-Type加以标记。

(3) 无连接。无连接的含义是限制每次连接只处理一个请求；服务器处理完客户的请求，并收到客户的应答后，即断开连接。采用这种方式可以节省传输时间。

(4) 无状态。HTTP是无状态协议。无状态是指协议对于事务处理没有记忆能力。缺少状态意味着如果后续处理需要前面的信息，则它必须重传，这样可能导致每次连接传送的数据量增大。另一方面，在服务器不需要先前信息时它的应答就较快。

2. HTTP报头格式

通常HTTP消息包括客户端向服务器的请求(request)消息和服务器向客户端的响应(response)消息。这两种类型的消息由一个起始行,一个或者多个头域,一个指示头域结束的空行和可选的消息体组成。HTTP的头域包括通用头、请求头、响应头和实体头4种类型。每个头域由一个域名、冒号(:)和域值三部分组成。

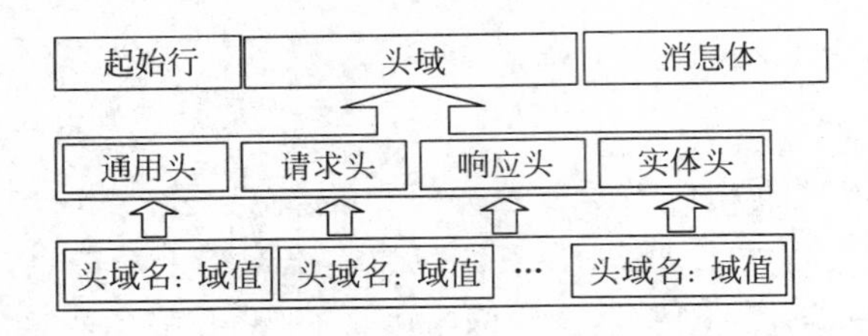

图1.1 HTTP报头格式

HTTP采用了请求/响应模型,客户端向服务器发送一个请求,请求头包含请求的方法、URI、协议版本,以及包含请求修饰符、客户信息和内容的类似于MIME的消息结构。服务器以一个状态行作为响应,相应的内容包括消息协议的版本,成功或者错误编码加上包含服务器信息、实体元信息以及可能的实体内容。

通用头域包含请求和响应消息都支持的头域,通用头域包含Cache-Control、Connection、Date、Pragma、Transfer-Encoding、Upgrade、Via。Cache-Control指定请求和响应遵循的缓存机制。Pragma头域用来包含实现特定的指令。Date头域表示消息发送的时间。

3. 请求消息

请求消息的起始行格式为:Method(SP)Request-URI(SP)HTTP-Version(SP)CRLF;其中(SP)表示空格。

Method表示对于Request-URI完成的方法,这个字段是大小写敏感的,包括OPTIONS、GET、HEAD、POST、PUT、DELETE、TRACE。方法GET和HEAD应该被所有的通用Web服务器支持,其他所有方法的实现是可选的。GET方法取回由Request-URI标识的信息。HEAD方法也是取回由Request-URI标识的信息,只是可以在响应时,不返回消息体。POST方法可以请求服务器接收包含在请求中的实体信息,可以用于提交表单。

Request-URI遵循URI格式,在此字段为星号(*)时,说明请求并不用于某个特定的资源地址,而是用于服务器本身。

HTTP-Version表示支持的HTTP版本。

CRLF表示换行回车符。

请求头域包含Host头域、Accept头域、Range头域、Referer头域、User-Agent头域等。Host头域指定请求资源的Internet主机和端口号。Referer头域允许客户端指定请求URI的源资源地址,这可以允许服务器生成回退链表,可用来登录、优化Cache等。User-Agent

头域的内容包含发出请求的用户信息。Range 头域的内容指定请求实体范围。

【例 1.1】 一个典型的请求消息实例。

```
GET http://download.microtool.de:80/somedata.exe        //起始行
Host: download.microtool.de                              //指定请求资源的 Internet 主机和端口号
Accept: */*                                              //浏览器支持的 MIME 类型
Pragma: no-cache
Cache-Control: no-cache                                  //指定请求和响应遵循的缓存机制
Referer: http://download.microtool.de/                   //指定请求 URI 的源资源地址
User-Agent:Mozilla/4.04[en](Win95;I;Nav)                 //发出请求的用户信息
Range:bytes=554554-                                      //指定请求实体范围
```

4. 响应消息

响应消息的起始行格式为:

```
HTTP-Version(SP)Status-Code(SP)Reason-Phrase(SP)CRLF
```

HTTP-Version 表示支持的 HTTP 版本。

Status-Code 是一个三个数字的结果代码。Reason-Phrase 给 Status-Code 提供一个简单的文本描述,主要用于帮助用户理解。Status-Code 主要用于机器自动识别。

1xx: 信息响应类,表示接收到请求并且继续处理。

2xx: 处理成功响应类,表示动作被成功接收、理解和接受。

3xx: 重定向响应类,为了完成指定的动作,必须接受进一步处理。

4xx: 客户端错误,客户请求包含语法错误或者是不能正确执行。

5xx: 服务端错误,服务器不能正确执行一个正确的请求。

响应头域包含 Location 响应头、Server 响应头等。Location 响应头用于重定向接收者到一个新 URI 地址。Server 响应头包含处理请求的原始服务器的软件信息,此域能包含多个产品标识和注释,产品标识一般按照重要性排序。

5. 实体信息

请求消息和响应消息都可以包含实体信息,实体信息一般由实体头域和实体组成。实体可以是一个经过编码的字节流,它的编码方式由 Content-Encoding 或 Content-Type 定义,它的长度由 Content-Length 或 Content-Range 定义。

实体头域包括 Allow、Content-Base、Content-Encoding、Content-Language、Content-Length、Content-Location、Content-MD5、Content-Range、Content-Type、Refresh。Content-Type 实体头用于向接收方指示实体的介质类型,指定 HEAD 方法送到接收方的实体介质类型,或 GET 方法发送的请求介质类型 Content-Range 实体头等。Allow 头域表示服务器支持哪些请求方法(如 GET、POST 等)。Refresh 头域表示浏览器应该在多少时间之后刷新文档,以秒计;除了刷新当前文档之外,还可以让浏览器读取指定的页面。

1.1.2 静态 Web 页

静态网页是指用 HTML 等来编排,页面中的内容固定不变,存盘后一般以 *.html、

*.htm 等文件形式存在的网页。静态网页的优缺点如下：访问响应速度快，容易被搜索引擎收录，缺乏交互性，维护工作量大。

URL 是 Uniform Resource Location 的缩写，译为"统一资源定位符"。URL 是 Internet 上用来描述信息资源的字符串，主要用在各种 WWW 客户程序和服务器程序上。采用 URL 可以用一种统一的格式来描述网络中的各种信息资源，包括文件、服务器的地址和目录等。URL 的格式由三部分组成：第一部分是协议(或称为服务方式)，第二部分是存有该资源的主机 IP 地址或域名(包括端口号)，第三部分是资源的具体地址。

例如：http://localhost/jsp/exam.jsp

协议为 http，主机名为 localhost(默认端口号为 80)，资源地址为主机上的"/jsp/exam.jsp"。

例如：http://localhost/exam.jsp? ID=908&username=tomcat

在"?"号后的 name=value 对称为 URL 查询串，表示客户端给 exam.jsp 提交的参数，参数间用"&"符号连接，在此例中给 exam.jsp 传入了两个参数：ID 和 username。

静态 Web 页访问响应过程是由客户端根据设定的 URL 地址向 Web 服务器发送 HTTP 请求报文，Web 服务器根据 URL 地址找到相应的 HTML 文档，发送包含 HTML 文档的 HTTP 响应报文给客户端，浏览器提取 HTML 文档并按照格式显示。访问响应过程如图 1.2 所示。

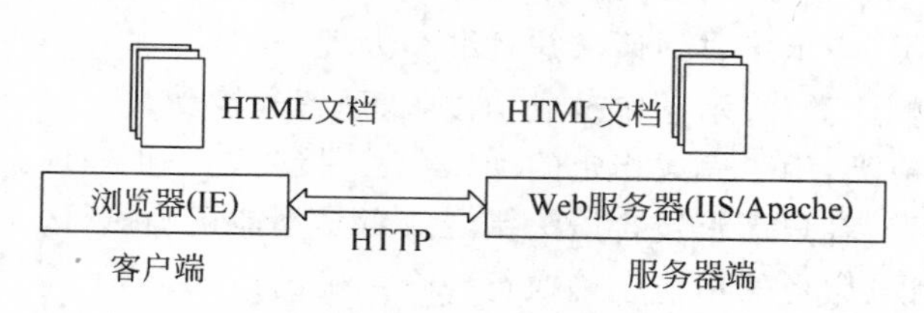

图 1.2 静态 Web 页访问响应过程

1.1.3 动态 Web 页

动态网页是指网页中的关键内容在服务器端动态生成的网页。动态网页和静态网页相比，最本质的区别在于，一个动态网页会被服务器当作一个程序来执行，网页中静态内容服务器不作任何处理，直接输出给客户端，动态网页部分的代码会被服务器识别并执行；而静态网页则不会被服务器视为程序，网页中的内容不会被服务器运行。

动态网页的优缺点：

(1) 能够访问服务器端的数据库。

(2) 具有交互性。

(3) 网页维护的工作量有所减少。

(4) 不利于搜索引擎的信息收集。

(5) 数据在服务器端的处理需要占用一定的时间。

动态 Web 页访问响应过程是由客户端根据设定的 URL 地址向 Web 服务器发送 HTTP 请求报文，Web 服务器根据 URL 地址和请求页面格式进行判断，如果请求的是动态页面(JSP/ASP/PHP 文档)，则交由动态页引擎处理，动态页引擎找到请求的动态页面，并执行相应的程序,将处理结果转换为 HTML 文档,Web 服务器通过 HTTP 响应报文给客户端,浏览器提取 HTML 文档并按照格式显示。动态网页实现原理如图 1.3 所示。

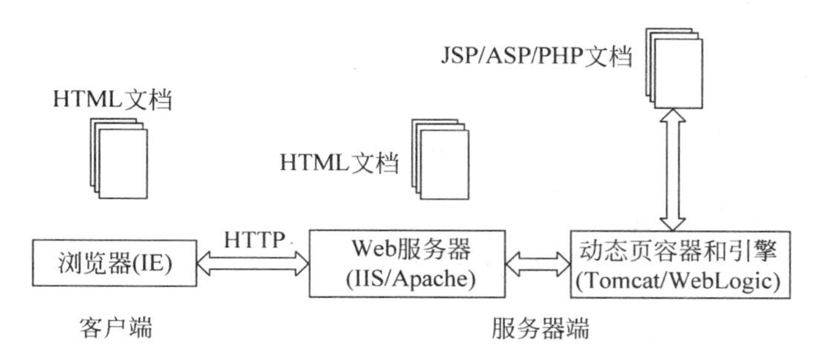

图 1.3 动态网页实现原理

1.2 Java 服务器端开发相关技术

1.2.1 Servlet 技术

Servlet 称为 Java 的服务器端应用小程序,是 Sun 的服务器端组件技术之一。Servlet 可以生成动态的 Web 页面,是 Java 平台下实现动态网页的基本技术,Servlet 和客户端的协作是通过请求/响应方式来进行处理的。Servlet 具有占用资源少、效率高、独立于平台和安全性强等特点。

一个 Servlet 就是 Java 编程语言中的一个类,它被用来扩展服务器的性能,与传统的从命令行启动的 Java 应用程序不同,Servlet 是位于 Web 服务器内部,由 Web 服务器进行加载的。

Servlet 典型应用模型如图 1.4 所示。

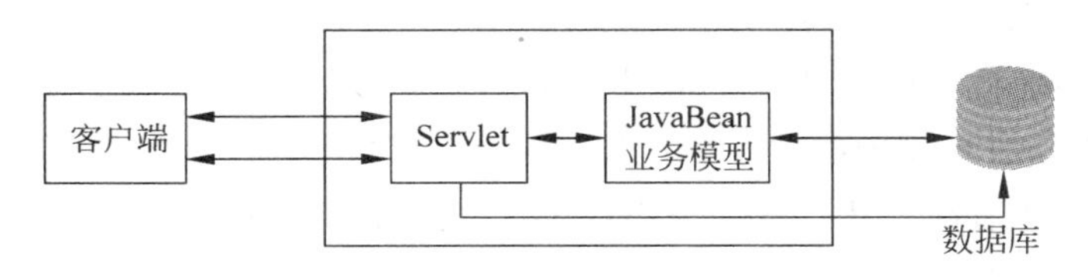

图 1.4 Servlet 典型应用模型

【例 1.2】 在浏览器中显示"Hello World!"的 Servlet 程序。

exm1_2/HelloWorld.java

```
import java.io.*;
import javax.servlet.*;
import javax.servlet.http.*;
public class HelloWorld extends HttpServlet {
public void doGet(HttpServletRequest request, HttpServletResponse response)
                                        throws IOException, ServletException {
```

```
            response.setContentType("text/html");
            PrintWriter out = response.getWriter();
            out.println("<html>");
            out.println("<body>");
            out.println("<head>");
            out.println("<title>Hello World!</title>");
            out.println("</head>");
            out.println("<body>");
            out.println("<h1>Hello World!</h1>");
            out.println("</body>");
            out.println("</html>");}
    }
```

1.2.2 JSP 技术

从例 1.2 中可以看出，Servlet 向客户端返回的内容需要用 out.println()输出，这对于网页版面的设计和修改十分不便。为了解决这个问题，Sun 制定了 JSP(Java Server Pages)动态网页技术标准，JSP 网页版面的设计与维护可通过 Dreamweaver 等工具软件来实现，比 Servlet 要直观和容易。

JSP 技术是在传统的网页 HTML 文件（*.htm，*.html）中插入 Java 程序段(Scriptlet)和 JSP 标记(tag)，从而形成 JSP 文件（*.jsp）。

Web 服务器在遇到访问 JSP 网页的请求时，首先执行其中的程序段，然后将执行结果连同 JSP 文件中的 HTML 代码一起返回给客户。插入的 Java 程序段可以操作数据库、重新定向网页等，以实现建立动态网页所需要的功能。

与其他的动态网页技术比较，JSP 技术具有如下特点。

(1) 一次编写，处处运行。除了系统之外，代码不用做任何更改。

(2) 系统的多平台支持。基本上可以在所有平台上的任意环境中开发，在任意环境中进行系统部署，在任意环境中扩展。相比较 ASP/.NET 的局限性是显而易见的。

(3) 强大的可伸缩性。从只有一个小的 JAR 文件就可以运行 Servlet/JSP，到由多台服务器进行集群和负载均衡，再到多 Application 进行的事务处理、消息处理。从一台服务器到无数台服务器，Java 显示了一个巨大的生命力。

(4) 多样化和功能强大的开发工具支持。Java 已经有了许多非常优秀的开发工具，而且许多可以免费得到，并且其中许多已经可以顺利地运行于多种平台之下。

(5) 支持服务器端组件。Web 应用需要强大的服务器端组件来支持，开发人员可以设计实现复杂功能的组件供 Web 页面调用，以增强系统性能。

【例 1.3】 JSP 网页示例，货币转换算法。设计一个名为 DollorExchange.jsp 的网页，实现美元对人民币的汇率转换功能。在网页文本域中输入美元的数目，提交后，数据传给该 JSP 计算，它会读取文本域中的美元数，并把美元按 1∶6.5 的汇率计算出相应的人民币值，计算结果显示在网页上，如图 1.5 所示。

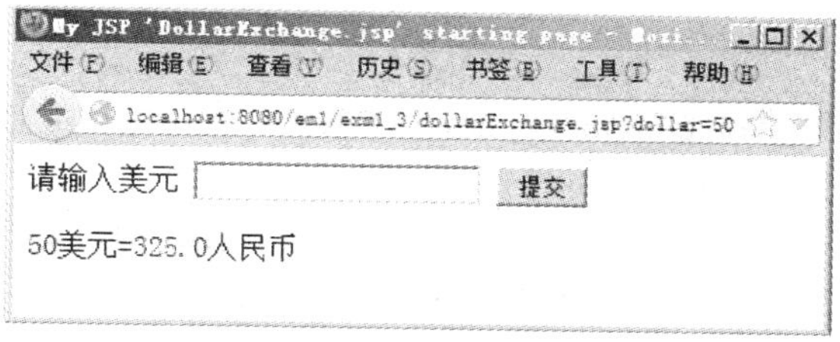

图 1.5　货币转换 JSP 实例交互界面

exm1_3\DollarExchange.java

```
<body>
    <form name = "exam102" action = "exam102.jsp">
      请输入美元< input type = "text" name = "dollar"/>< input type = "submit" value = "提交">
    </form><br>
<%
String s = request.getParameter("dollar");
if(s!= null && s.length() > 0) {
    double n = Double.parseDouble(s);
    double result = n * 6.5;
    out.print(s + " 美元 = " + result + "人民币");
}
%>
</body>
```

1.2.3　JSP 与 Servlet 的关系

实际上，JSP 页面最终会被 JSP 引擎编译成一个 Servlet 程序来运行，其中包含 jspInit()、jspService()、jspDestroy()三个方法。

JSP 页面被初始化的时候调用 jspInit()方法，并且该方法仅在初始化时执行一次，所以可以在这里进行一些初始化的参数配置等一次性工作。JSP 页面由于某种原因被关闭的时候调用 jspDestroy()方法。jspInit()和 jspDestroy()由 JSP 程序员根据需要创建，JSP 程序员在 JSP 文件中的<%! %>声明里定义并实现 jspInit()和 jspDestroy()方法的具体功能。

jspService()是由 JSP 容器自动创建的处理 JSP 页面的方法，不能由 JSP 程序员定义。

当 JSP 文件第一次被处理时，它会被转化成一个 Servlet。JSP 引擎首先把 JSP 文件转化成一个 Java 源文件，如果在转化过程中发生错误，会立刻中止，同时向服务器端和客户端发送错误信息报告；如果转化成功了，就会产生一个 class 类。然后再创建一个 Servlet 对象，执行 jspInit()方法进行初始化操作。由于整个执行过程 jspInit()方法只执行一次，所以可以在这个方法中进行一些必要的操作，比如连接数据库、初始化部分参数等。接着执行 jspService()方法，对客户端的请求进行处理，对每一个请求会创建一个线程，如果同时有多个请求需要处理就会创建多个线程。由于 Servlet 长期储存于内存中，所以执行速度快，但是初始化需要编译，所以第一次执行还是比较慢的。在特定条件下 JSP 页面销毁时执行

jspDestroy()方法。

1.2.4 JavaBean 技术

代码组件是用于构造程序的可重用代码资源,重用代码组件的基本目的就是只需将已有的代码组件组合起来,就可以得到所需要的程序。

JavaBean 是 Java 平台下一种简单易用的组件模型。JavaBean 是在 Java(包括 JSP)中使用可重复的 Java 组件的技术规范。Sun 公司将 JavaBean 定义为一个能在可视化 IDE 编程工具中使用的、可重用的软件组件。

JSP 开发中需要使用很多的 Java Scriptlet,这增加了 JSP 文本的复杂度,会使得 JSP 文件看上去非常混乱。如果使用了 JavaBean,则可直接访问 JavaBean 的属性以获取需要的数据,而 JSP 只负责数据显示,不负责数据处理,这大大减少 JSP 中的代码量。另一方面,在一些复杂的业务处理模型中,往往将一些基本的业务处理和数据处理过程提取出来封装成 JavaBean,再根据应用系统的需要对这些业务和处理 JavaBean 进行组合,这样可帮助开发人员快速搭建结构清晰、维护方便的 Java Web 应用程序。

JavaBean 具有以下的语法特性。

(1) 如果类的成员变量的名字是 xxx,类中要定义 getXxx()方法用来获取属性和方法 setXxx()修改属性。

(2) 类中方法的访问属性都必须是 public 的。

(3) 类中如果有构造方法,那么这个构造方法也是 public 的并且是无参数的。

1.3 设计模式与 Java Web 开发框架

设计模式(Design Pattern)是一套被反复使用、多数人知晓的、经过分类编目的代码设计经验总结。设计模式使代码编制真正工程化,使软件设计人员可以更加简单方便地复用成功的设计和体系结构;将已证实的技术表述成设计模式,也会使新系统开发者更加容易理解其设计思路。本节对设计模式与 Java Web 开发框架做一些概括性的讲解,其中所涉及的 MVC 设计模式是本书通篇所倡导的 Java Web 开发的基本思想,Struts 是进行应用系统开发的主要框架。

1.3.1 MVC 设计模式简介

MVC 是模型(Model)-视图(View)-控制器(Controller)的简称,MVC 设计模式强制性地使应用程序的输入、处理和输出分开。使用 MVC 模式的应用程序被分成三个核心部件:模型、视图、控制器,它们各自处理自己的任务。

控制器用 Servlet 程序实现。当用户请求到达 MVC 模块时,控制器接收请求,并组织工作流程,决定调用哪些模型组件来处理请求,完成既定的功能。控制器完成任务后,调用合适的视图来显示返回的数据。可以使用控制器来连接不同的模型和视图去完成用户的需求,这样控制器可以为构造应用程序提供强有力的手段。

模型表示企业数据和业务规则。在 MVC 的三个部件中,模型拥有最多的处理任务。

模型组件一般由 JavaBean 充当,模型重用能够减少代码的重复性。

视图是用户看到并与之交互的界面,它可以由 HTML、JSP、JSTL、EL 表达式、XML 等构成。

Sun 公司对于 MVC 模式先后推出两种规范,第一种是 JSP Model1 模式即 JSP+JavaBean 方式,第二种则是 JSP Model2 模式即 JSP+Servlet+JavaBean 方式,如图 1.6 和图 1.7 所示。Model1 是简化的 MVC 模式,其只是部分实现了 MVC,即控制层与表示层合二为一。Model2 是标准的 MVC 模式,其将控制层(Servlet)单独划分出来专门负责业务流程的控制,接受页面的请求,创建所需的 JavaBean 实例,并将处理后的数据再返回给 JSP。

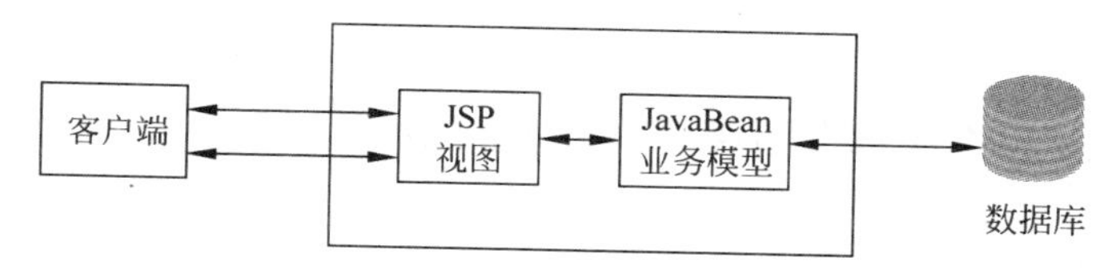

图 1.6 Model1 开发模式

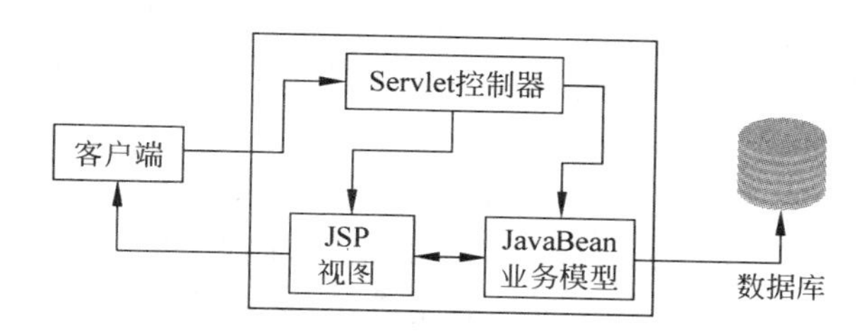

图 1.7 Model2 开发模式

Model1 开发模式简单,开发速度快,容易实现,比较适于小型网站的构建。但由于 JSP 页面中包含大量的 Java 代码,页面可读性差,代码可重用性和可维护性相对差。

MVC 模式具有如下的优点。

1. 耦合性低

视图层和业务层分离,这样就允许更改视图层代码而不用重新编译模型和控制器代码,同样,一个应用的业务流程或者业务规则的改变只需要改动 MVC 的模型层即可。由于运用 MVC 的应用程序的三个部件是相互独立的,改变其中一个不会影响其他两个,所以依据这种设计思想能构造良好的松耦合的构件。

2. 重用性高

由于已经将数据和业务规则从表示层分开,所以可以最大化地重用代码。因为多个视图能共享一个模型,MVC 模式允许使用各种不同样式的视图来访问同一个服务器端的代码。比如,用户可以通过计算机任何 Web(HTTP)浏览器,也可通过手机的无线浏览器(Wap)来订购某样产品,虽然订购的方式不一样,但处理订购产品的方式是一样的。

3. 开发效率提高,降低成本

由于 MVC 将业务逻辑与表现形式分离,使得开发和维护用户界面的技术含量降低。

这样可以有更多的界面程序员(HTML 和 JSP 开发人员)参与到开发中来,也使得核心程序员(Java 开发人员)更能集中精力于业务逻辑,从而显著降低了成本。

4. 可维护性高

分离视图层和业务逻辑层也使得 Web 应用更易于维护和修改。

5. 有利软件工程化管理

由于不同的层各司其职,每一层不同的应用具有某些相同的特征,有利于通过工程化、工具化管理程序代码。

1.3.2 Java Web 常用开发框架简介

1. 设计模式和框架

设计模式和框架都是对在某种环境中反复出现的问题以及解决该问题的方案的描述,是两个既有联系又有区别的概念。模式比框架更抽象,框架可以用代码表示,也能直接执行或复用,而对模式而言只有对应到具体的实例才能用代码表示。可以说,框架是软件,而设计模式是设计软件的知识。

在软件开发过程中有三种级别的重用:内部重用,即在同一应用中能公共使用的抽象块;代码重用,即将通用模块组合成库或工具集,以便在多个应用和领域都能使用;设计重用,即为专用领域提供通用的或现成的基础结构,以获得最高级别的重用性。组件通常是代码重用,而设计模式是设计重用,框架则介于两者之间,部分代码重用,部分设计重用。

2. SSH 开发框架

SSH(Struts+Spring+Hibernate)是目前较流行的一种 Java Web 应用程序开源集成框架。SSH 框架的系统从职责上分为 4 层:表示层、业务逻辑层、数据持久层和域模块层,以帮助开发人员在短期内搭建结构清晰、可复用性好、维护方便的 Java Web 应用程序。其中使用 Struts 作为系统的整体基础架构,负责 MVC 的分离,Hibernate 框架对持久层提供支持,业务层用 Spring 支持。

采用上述开发模型,不仅实现了视图、控制器与模型的彻底分离,而且还实现了业务逻辑层与持久层的分离。这样无论前端如何变化,模型层只需很少的改动,并且数据库的变化也不会对前端有所影响,大大提高了系统的可复用性。而且由于不同层之间耦合度小,有利于团队成员并行工作,大大提高了开发效率。

3. Struts 2 框架

Struts 2 框架是一个基于 Java EE 平台的 MVC 设计模式的框架实现,开发人员利用其进行开发时不用再自己编码就实现全套 MVC 模式。Struts 2 框架主要是采用 Servlet 和 JSP 技术来完成的,其把 Servlet、JSP、自定义标签和信息资源整合到一个统一的框架中。由于 Struts 2 能充分满足应用开发的需求,简单易用,敏捷迅速,该框架被认为是目前最广泛、最流行的Java Web应用框架。鉴于此本教材的应用篇将其作为一个基本内容。

在Struts 2中，由一个名为ActionServlet的Servlet充当控制器的角色，控制器根据描述模型、视图、控制器对应关系的配置文件(struts-config. xml)，转发视图的请求，组装响应数据模型。

在MVC的模型部分，经常划分为两个主要子系统(系统的内部数据状态与改变数据状态的逻辑动作)，这两个子系统分别具体对应Struts 2里的ActionForm与Action两个类。

在Struts 2的视图(View)端，除了使用标准的JSP以外，还提供了大量的标签供开发者使用。标签负责获取表单内容，并组织生成参数对象，完成处理结果的展现以及做一些简单的校验或是国际化工作。

通过应用Struts 2的框架，最终用户可以把大部分的关注点放在自己的业务Action与映射关系的配置文件struts-config. xm中，极大地提高了应用开发的效率。

4. Spring框架

Spring框架是为了解决企业应用开发的复杂性而创建的轻量级框架。Spring使用基本的JavaBean来完成以前只可能由EJB完成的事情。完整的Spring框架可以在一个大小只有1MB多的JAR文件里发布，并且Spring所需的处理开销也是微不足道的。

Spring通过一种称作控制反转(IoC)的技术促进了对象间的松耦合。Spring提供了面向切面编程的丰富支持，允许通过分离应用的业务逻辑与系统级服务(例如审计和事务管理)进行内聚性的开发。

5. Hibernate框架

Hibernate框架是一个开放源代码的关系映射框架，它依据对象关系映射模型(ORM)，对关系数据库以及JDBC进行了非常轻量级的对象封装，如图1.8所示；对于具体的数据操作，Hibernate会自动生成SQL语句使得Java程序员可以随心所欲地使用对象编程思维来操纵数据库。JDBC(Java Database Connectivity)是Java环境中访问SQL数据库的一组API，它包括一些用Java语言编写的类和接口，能更方便地向任何关系型数据库发送SQL命令，以实现相关的数据库操作。

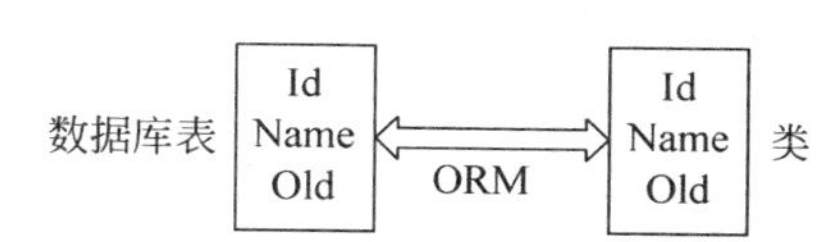

图1.8　对象关系映射模型

习题

一、填空题

1. HTTP标记语言结构包含________部分和________部分。
2. HTTP的主要特点有简单快速、________、________和________。
3. Java技术中服务器端的开发技术有________和________、________。
4. MVC设计模式中三个核心部件是________、________和________。

二、简答题

1. 请简述 HTTP 的报头格式。
2. 请简述静态 Web 页和动态 Web 页的区别。
3. JSP 的特点有什么？
4. 请简要介绍几个 Java Web 开发常用框架。

第 2 章

JSP 元素

简单地说，JSP 文档就是由静态文本、HTML 标记和若干 JSP 元素组成的，或者说 JSP 文档就是在 HTML 文档中加入 JSP 元素而形成的。JSP 元素完成文本显示效果控制、表单数据提交、动态内容组织等功能，如图 2.1 所示。JSP 元素按功能类型可以划分为 JSP 指令、JSP 脚本、JSP 动作。本章主要就 JSP 1.0 中的一些基本 JSP 元素做介绍，目的是通过这些基本标记实现 JSP 页面最基本的页面控制和表现效果。在 JSP 2.0 中还提供了大量功能丰富的扩展标记，这些标记的使用会使 JSP 文档层次结构更清晰，阅读和维护起来更方便，这些内容请参阅 JSP 2.0 技术文档。

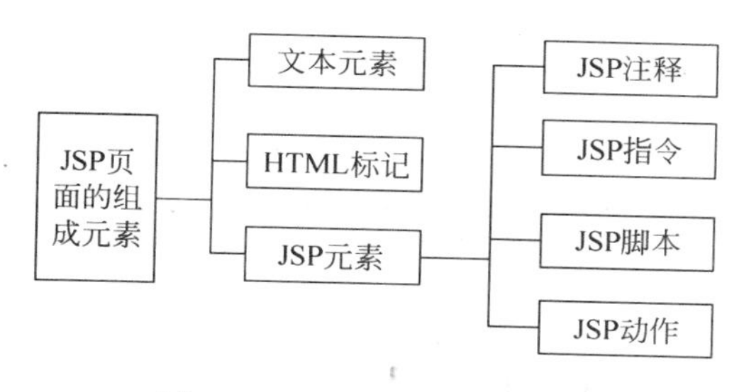

图 2.1　JSP 文档的组成元素

2.1　常用的 HTML 标记

HTML（超文本标记语言）不是程序设计语言，而是一组标记，便于把文本、图像、动画等制作成有一定效果的网页，资源间通过超链接连接成为一个有机的整体。HTML 不是本教材要讨论的主要内容，但是后面给出的实例中需要用到相关的概念和内容，因此本节将把有关的知识做一个简单的概括。

HTML 文件结构包括 Head 和 Body 两大部分，头部为浏览器提供所需的描述信息，主体包含待显示的内容，HTML 文本由客户端的浏览器解释并还原出页面效果。

2.1.1　HTML 基本标记

HTML 标记是用一对尖括号标识的字符串，尖括号中的英文名叫标记名，如<body>。每个 HTML 标记都有自己特定的功能或效果，如<font>标记可定义字体、字号和字的颜色等。大部分 HTML 标记是成对出现的，不带"/"的叫起始标记，带有"/"的叫结束标记。标记的属性参数一般写在起始标记内。起始标记和结束标记间的对象称为标记体，标记的效果作用在标记体上，下面例子中"JSP 程序设计"即为标记体：

```
< font size = "5" color = " # FF0000"> JSP 程序设计</font >
```

1. <html></html>标记

<html>标记表示 HTML 文件从此处开始，到</html>标记结束，这对标记处在最外层，网页的内容写在此标记内。

2. <head></head>标记

这对标记表示此处是 HTML 文档的文件头。文件头内部的信息一般不会在浏览器的正文区显示。此标记对内可以插入其他标记，如网页标题标记<title></title>。

3. <body></body>标记

这对标记表示此处是网页的主体，一般不能省略，标记体的内容在浏览器正文区中显示，例如文字、图片和超链接等。

4. <p></p>标记

<p></p>标记对用于标识一个段落，两个相邻的段落间有一空行的间隔。

5.
标记

这个标记没有结束标记，表示换行。<p></p>标记和
都能换行，但
换行后，上下两行的间距比较小，<p></p>标记换行后，上下两行有一空行的间距。

6. <font>字体标记

<font>标记用于定义字体、字号大小和颜色。<font>标记的主要属性有 face、size、color 等。

如：<font face="宋体" size="4">。

7. <a></a >超链接标记

<a>标记的 href 属性可以定义超链接，href 属性值为目标资源的 URL，如果是空链接，则 URL 写为"#"。它的一般用法如下：

```
< a href = "next.htm">下一页</a >
```

2.1.2 表格标记

表格是在网页设计和布局中被广泛使用的标记类型，特别是在 Web 数据库应用开发中，要大量使用表格形式来展现数据信息。

<table>标记表示表格的开始，</table>表示表格到此结束。

<tr></tr>表示表格中的一行。<table></table>间如果有 *n* 对<tr></tr>标记，表示此表格有 *n* 行。

<td></td>表示一行中的一列，一般写在<tr></tr>内。

<table>、<tr>、<td>间的嵌套关系为：

```
<table>
  <tr><td></td></tr>
</table>
```

【例 2.1】 在页面上显示如图 2.2 所示的一个课程表。

课程名称	课时	上课班级	上课地点
程序设计基础	60	计科	601 教室
面向对象程序设计	48	软工	605 教室

图 2.2 课程表页面示例

exm2_1\ClassSchedule.html

```
<body>
   <table border = "1" align = "center" ><! -- border 为边框属性 align 为对齐属性 -->
      <tr>
         <td align = "center" >课程名称</td><td align = "center" >课时</td>
         <td align = "center" >上课班级</td><td align = "center" >上课地点</td>
      </tr>
      <tr>
         <td align = "center">程序设计基础</td><td align = "center">60</td>
         <td align = "center">计科</td><td align = "center">601 教室</td>
      </tr>
      <tr>
         <td align = "center">面向对象程序设计</td><td align = "center">48</td>
         <td align = "center">软工</td><td align = "center">605 教室</td>
      </tr>
   </table>
</body>
```

2.1.3 表单标记

表单是系统和用户交互的手段之一。用户在表单中填写数据，提交后，表单中的数据传递给后台程序处理，实现了客户端和服务器的交互。

<form>和</form>标记。<form></form>标记表示表单的开始和结束。在表单标记中可以存放各种表单元素，如文本域、单选按钮、复选按钮、隐藏表单域等。一个表单元素相当于一个变量，它的取值相当于变量的取值。

<form>标记中的 id 和 name 属性均为表单的 ID 名，用于在当前网页中标识表单，在当前网页中此 ID 名应该唯一。

<form>中 action 属性值为后台表单处理程序的 URL，此处可以用 JSP 程序来处理表单数据。

<form>标记中的 method 属性表示数据的提交方式，一般有 GET 和 POST 两种方式。GET 方式将表单中的数据按照“变量名=变量值”的形式附加在 URL 的查询串中，各个变量之间使用“&”连接。用 GET 方式提交表单数据的优点是速度快，缺点是变量值会在浏览器的地址栏中显示，并且 URL 的长度有限制，一次所能提交的数据量有限。如果用 POST 方式提交表单数据，表单数据按“变量名=变量值”的形式存放在 HTTP 请求报头尾部的数据体中，表单数据不会显示在 URL 中。

1. 文本域标记

文本域表单的常见用法如：

```
< input name = "name" type = "text" id = "name" value = "123" />
```

<input>标记表示此标记是写入标记，存储用户写入的信息。标记中的 id 和 name 属性为文本域的 ID 名，type 属性表示此写入标记的类型，value 属性存储文本域的值。

多行文本框用文本区域表单元素实现，它的 HTML 标记使用格式如下：

```
< textarea name = "textarea">内容</textarea >
```

name 属性是文本区域的名字。由于多行文本框可以输入较多的内容，所以把写入的内容存储在标记体中。

2. 单选按钮

在实际应用中诸如“性别”等一类信息可通过单选按钮采集，用户在给定的“男”和“女”两个选项中选择其中一个，相应的 HTML 代码如：

```
< input name = "sect" type = "radio" value = "男" checked = " checked "/>
< input name = "sect" type = "radio" value = "女" />
```

3. 复选按钮

在实际应用中诸如“爱好”一类的信息可通过复选按钮采集，用户在列出的多个爱好中作出选择，可以选零个，也可以全选，相应的 HTML 代码如：

```
< input name = "hobby" type = "checkbox" id = "hobby" value = "篮球" />
< input name = "hobby" type = "checkbox" id = "hobby" value = "羽毛球" />
< input name = "hobby" type = "checkbox" id = "hobby" value = "排球" />
< input name = "hobby" type = "checkbox" id = "hobby" value = "足球" />
```

4. 隐藏表单域

隐藏表单域是不可视的表单元素，用于存储隐含信息，例如将用户的登录信息存储在隐藏表单域中，用户提交表单后，隐藏表单域中的信息也会被提交给服务器。隐藏表单域记录的是“name=value”形式的信息，它的 HTML 标记类似于：

```
<input name="loginName" type="hidden" id="loginName" value="123" />
```

5. 列表表单元素

列表表单元素预先把一组可供选择的数据存储在列表中，以下拉菜单或列表的形式供用户在其中选择，其中 name 是选项的提示文字，value 才是选项的值。它的 HTML 标记如下：

```
<select name=" career" size="3" multiple="multiple">
    <option value="001" selected="selected">公司员工</option>
    <option value="002">在校学生</option>
    <option value="003">公务员</option>
</select>
```

6. 文件域表单元素

文件域表单由一个文本域和一个按钮组成，单击按钮后会激活一个文件选择对话框，从本地磁盘中选择一个文件，被选中文件的路径及文件名自动填写在文本域中。上传文件时，需要用到文件域。文件域的 HTML 标记如下：

```
<input name="doc" type="file" id="doc" value="c:\myfile.txt" />
```

【例 2.2】 写出如图 2.3 所示的会员注册的页面(memberLogin.html)。“用户名”文本域的名称为 userName，“口令”文本域的名称为 password。“性别”用单选按钮实现，名称为 sect，可选值为“男”、“女”。“教育程度”为复选按钮，名称为 education，可选值有“大专”、“本科”和“硕士”。“所在省市”是下拉列表，名称为 region，可选值有“北京”、“内蒙”、“上海”。最后是“提交”按钮，以 POST 方式提交给 memberLogin.jsp 页面。

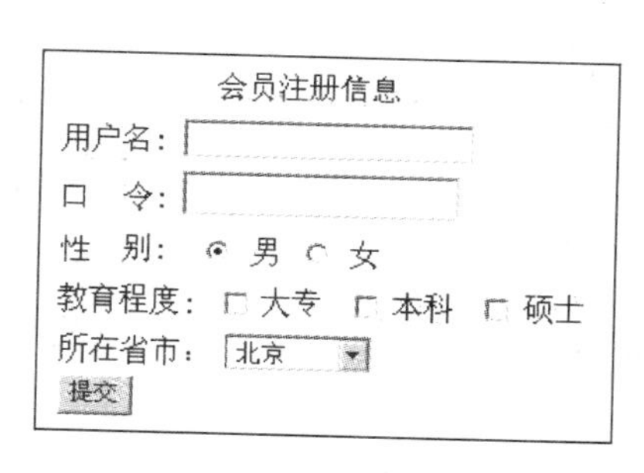

图 2.3 会员注册的页面

exm2_2\memberLogin.html

```
<body>
    <form name=" MemberLogin.jsp " action=" MemberLogin.jsp ">
      会员注册信息<br>
      用户名：<input name="usename" type="text" id="usename" value="" /><br>
      口令：<input name="password" type="text" id=" password " value="" /><br>

      性别：<input name="sect" type="radio" value="男" checked=" checked "/>
            <input name="sect" type="radio" value="女" /><br>

      教育程度：<input name="education" type="checkbox" id="education" value="大专" />
               <input name="education" type="checkbox" id="education" value="本科" />
               <input name="education" type="checkbox" id="education" value="硕士" /><br>
```

```
        所在省市：<select name=" region" size="3" multiple="multiple">
                <option value="001" selected="selected">北京</option>
                <option value="002">内蒙</option>
                <option value="003">上海</option>
                </select><br>
        <input type="submit" value="提交"><br>
    </form><br>
</body>
```

2.2 JSP指令

JSP指令主要供JSP容器使用，为JSP容器提供相关的页面属性信息，用于指示JSP容器如何正确地翻译代码，或者执行特定的操作。JSP指令主要包括include、page，它们的基本语法格式为：

```
<%@ 指令属性="值" %>
```

2.2.1 include指令

include指令称为文件包含，是在JSP容器把JSP网页翻译成Servlet程序时，将指定文本文件的内容嵌入Servlet程序中，替换include指令。其基本语法为：

```
<%@ include file="relativeURLspec" %>
```

file属性指出被包含资源的URL，可使用相对路径或绝对路径。绝对路径以Web应用的上下文路径名“/xxxx”开头，如：

```
<%@ include file="admin\index.html" %><%-- 相对路径 --%>
<%@ include file="/exam/index.html" %><%-- 绝对路径 --%>
```

include指令适合于包含静态内容。这里<%--×××--%>为JSP注释。

2.2.2 page指令元素

page指令用于设置当前JSP页面的属性。page指令中的属性大多数只需要在JSP页面中定义一次。习惯上，把page指令写在JSP页面的头部。page指令的基本语法格式如下：

```
<%@ page language="java"
        extends="XXX"
        import=" XXX "
        session=" true|false" buffer="none|default|sizekb"
        autoFlush="true|false" isThreadSafe="true|false"
        info=" XXX "
        isErrorPage="true|false"
        errorPage=" XXX "
```

```
            contentType = " XXX "
            pageEncoding = "default"
            isELIgnored = "true|false"
%>
```

1. language 属性

这个属性定义 JSP 页面脚本代码所采用的编程语言，默认值为 java。

2. extends 属性

JSP 页面最终会被 JSP 容器编译成一个 Servlet 程序，extends 属性用于定义这个 Servlet 程序的父类。

3. import 属性

import 属性用于导入当前 JSP 页面中要用到的其他 Java 类。如果要导入多个 Java 类，用逗号来分隔它们，例如要导入 java. util. * 和 java. io. *，可写为：

```
<%@page import = "java.util. * , java.io. * " %>
```

也可以分为两行来写，例如：

```
<%@page import = "java.util. * " %>
<%@page import = "java.io. * " %>
```

4. pageEncoding 属性

pageEncoding 定义当前页面的字符编码标准，默认的字符集为 ISO-8859-1，如果页面中有简体中文，则字符集应该定义为 GB2312 或 GBK。

5. contentType 属性

contentType 属性用来定义 MIME 类型和字符。HTTP 附加了 MIME-type 类型信息，contentType 属性用来指明 HTTP 附加的 MIME-type 信息的具体类型，浏览器接收完数据后，按照数据的类型调用合适的软件来处理这些数据，或将数据另存为文件。contentType 属性的一般用法如下所示：

```
<%@ page contentType = "text/html; charset = gb2312">
```

6. session 属性

session 属性用来指示 JSP 页面的 Servlet 实现类中，是否要生成一个 session 隐含对象。关于 session 隐含对象，在后续的章节中有详细的介绍。

7. buffer 属性

out 对象是 JSP 页面的隐含对象之一，用于向客户端返回信息。buffer 属性为 out 对象定义输出流缓冲区，out.write()输出的信息会暂时存储在缓冲区中，缓冲区被刷新后，其中的信息会通过 PrintWriter 对象传给客户端。buffer 属性的用法如下所示：

```
<%@page buffer = "64kb" %>
```

8. autoFlush 属性

定义 out 对象缓冲区的刷新属性，属性默认值为 true。autoFlush 取值为 true 时，表示缓冲区满时自动执行刷新操作，取值为 false 表示缓冲区满时，抛出一个 IOException 异常。这个属性一般和 buffer 属性联合使用，如果 buffer＝"none"时，则 autoFlush＝"true"无效。autoFlush 属性的用法如下所示：

```
<%@page buffer = "2kb" autoFlush = "false" %>
```

9. isThreadSafe 属性

isThreadSafe＝"true"时，表示 JSP 编译后所得的 Servlet 程序以多线程方式工作，采用 Servlet 多线程方式工作能提高程序的响应速度，减少系统开销。默认值为 true。当 isThreadSafe＝"false"时，表示 Servlet 程序以单线程方式工作。

10. info 属性

定义 JSP 页面的信息，如版权、开发日期等，可通过 javax.sevlet.Servlet.getServletInfo()方法读取这些信息。一个样例如下所示：

```
<%@ page info = "xxx 公司信息部研发,2011 - 1 - 9" %>
<% = getServletInfo() %>
```

11. isELIgnored 属性

isELIgnored＝"true"时，表示忽略 JSP 页面中的 EL 表达式，isELIgnored＝"false"时表示 JSP 页面中的 EL 表达式要被解释和执行，默认值为 true。

12. errorPage 属性

JSP 页面如果发生了运行时异常，出错原因、出错的类名、出错的行号、出错的方法名等信息会被封装在异常对象中。errorPage 属性用于指明 JSP 页面发生运行时异常，则把异常对象传递给指定的出错页处理，errorPage 中的值为出错页的 URL，可用相对路径或绝对路径表达。此项默认值为空，则运行时异常信息直接显示在浏览器上。应用样例如下所示：

```
<%@ page errorPage = "nullString.jsp" %>或
<%@ page errorPage = "/error/nullString.jsp" %>
```

当前 JSP 页面出现运行时异常，服务器会把异常对象传递给 nullString.jsp 页面处理。errorPage 属性在 JSP 页面中只需定义一次，如果定义多次，编译时可能会引发“重复标记”的语法错误。

13. isErrorPage 属性

isErrorPage="true"时，定义本 JSP 页面为异常对象处理页，特点是当前 JSP 页面的 Servlet 实现类中定义有 exception 隐含对象，接收异常页传递过来的异常信息。

isErrorPage="false"时，Servlet 程序中不定义 exception 隐含对象。

2.3 JSP 脚本

2.3.1 声明<%! %>

<%! %>用于声明类成员变量、成员方法。声明的基本语法格式为：

```
<%! declaration(s) %>
```

以下示例是一个声明类成员变量和成员方法的例子。

```
<%!
  int x1 = 100, a[ ] = new int[6];
  static double x2;
  String str = null;
  int adder(int n) {        //定义 adder()方法计算 1 + 2 + … + n
    int sum = 0;
    for(int i = 1;i <= n;i++)
      sum = sum + i;
    return sum;
  }
%>
```

2.3.2 表达式<%= %>

表达式的基本功能是运行一条 Java 表达式，如果表达式有计算结果，则把结果显示在表达式位置上。表达式的基本语法格式如下：

```
<% = expression %>
```

表达式元素的标记经过 Web 服务器翻译后，在 Servlet 实现类中一般表示为：

```
out.write(expression);
```

表达式元素的用法例如：

```
<% =  1 + (5/2) %>
```

注意：表达式不能带 Java 语句结束符"；"。

2.3.3 脚本小程序

脚本小程序就是一段 Java 代码。在 JSP 页面中声明脚本小程序的基本语法格式为：

```
<% scriptlet %>
```

Web 服务器把<% %>标记内的 Java 代码段放在 Servlet 实现类 _jspService()方法的 try{}内，所以在<% %>内定义的变量属于局部变量，并且作用范围仅限于 try{}内。

【例 2.3】 在实际的项目开发过程中，经常需要通过 JSP 页面以表格的形式动态显示数据库中的数据。设计能够显示如图 2.4 所示表格的 JSP 程序，要求序号自动生成，课程及成绩信息预先置于一个字符串数组中。

编号	课程	成绩
1	程序设计基础	86
2	面向对象程序设计	93
3	Java Web 应用开发	77

图 2.4 课程成绩示例

exm2_3\ReportCard.html

```
<%
String[] courseName = {"程序设计基础", "86" ,"面向对象程序设计", "93" ,"Java Web 应用" ,"77" };
%>
<body>
      <table border = "1" align = "center" >
          <tr>
                <td align = "center" >序号</td>
                <td align = "center" >课程</td>
                <td align = "center" >成绩</td>
          </tr>
          <%
                for(int i = 0;i < courseName.lenght;i = i + 2) {
          %>
          <tr>
                <td align = "center" ><% = i/2 + 1 %></td>
                <td align = "center" ><% = courseName[i] %></td>
                <td align = "center" ><% = courseName[i + 1] %></td>
          </tr>
             <% } %>
      </table>
</body>
```

2.4 JSP 动作

JSP 标准动作是一组形如“<jsp:xxx>”的标记，标记的前缀均为“jsp”。JSP 标准动作的标记名是由 JSP 规范定义，用户不能随意更改。利用 JSP 动作可以动态地插入文件、将用户重定向到另一个页面等。

2.4.1 <jsp:include>动作

<jsp:include>动作也叫动态包含，它将被包含的文件视为一个独立的文件，在程序运行时包含目标资源的返回信息。动态包含一个文件相当于在运行时动态调用这个文件。被包含的资源可以是动态的，也可以是静态的。

动态包含的基本语法格式如下：

```
<jsp:include page="urlSpec" flush="true|false"/>或
<jsp:include page="urlSpec" flush="true|false">
```

在<jsp:include>标记中，page="urlSpec"属性定义了被包含资源的URL，可用相对路径或绝对路径表达。属性flush="true"时，表示在包含目标资源前，先刷新当前页面输出缓冲区中的内容。属性flush="false"时，包含文件前，不刷新当前页面的输出缓冲区。默认值为false。

2.4.2 <jsp:param>动作

<jsp:param>主要是为<jsp:include>、<jsp:forward>和<jsp:params>等动作元素传递参数，如果在其他场合中使用它，JSP容器会报告翻译错误。<jsp:param>的基本语法为：

```
<jsp:param name="name" value="value" />
```

2.4.3 <jsp:forward>动作

<jsp:forward>动作使程序从当前页面跳转到另一个目标页面运行，目标页面可以是静态资源(如*.htm)，也可以是一个JSP页面(*.jsp)，还可以是一个Servlet、CGI程序等。<jsp:forward>会导致当前JSP页面运行中断，断点后的代码将无法被继续执行。<jsp:forward>的基本语法格式为：

```
<jsp:forward page= "relativeURLspec "/>  或
<jsp:forward page= "urlSpec ">
{ <jsp:param ... /> } *
</jsp:forward>
```

习题

一、填空题

1. JSP文档内容包含________、________和________。

2. 如果想在JSP页面中调用exception对象输出错误信息，需要将页面指令的________属性设置为true。

3. 页面指令的________属性可出现多次。

4. 表达式用于向页面输出信息，其使用格式是以________标记开始，以________标记结束。

5. 在页面中通过声明标识声明的变量和方法的有效范围为________，它们将成为JSP页面被转换成Java类后类中的________和________。

二、简答题

1. 请简述JSP的组成元素。

2. 请用HTML标记完成如图2.5所示表格。

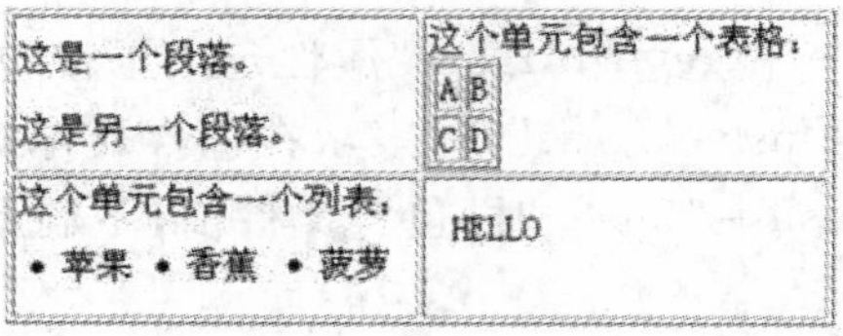

这是一个段落。 这是另一个段落。	这个单元包含一个表格： A B C D
这个单元包含一个列表： • 苹果 • 香蕉 • 菠萝	HELLO

图2.5 简答题2图

3. 请描述JSP的几种动作类型。

4. 写出能够完成如图2.6所示表格显示的JSP程序。

编号	课程	平时成绩	期末成绩	总评成绩
1	程序设计基础	82	90	
2	面向对象程序设计	78	70	
3	Java Web应用开发	80	76	

图2.6 简答题4图

第3章 JSP内置对象

3.1 JSP内置对象概述

在 JSP 页面中，经常要处理客户端的请求(request)和向客户端回送处理结果响应(response)等信息。为了简化程序设计，JSP 规范定义了常用的隐含对象(见表 3.1)，这些隐含对象不需要程序员在 JSP 页面中用 new 关键字来创建，而是由 Servlet 容器来创建与管理，并传递给 JSP 页面的 Servlet 实现类使用。

表 3.1　JSP 内置对象

变量名	主要功能	变量名	主要功能
out	用于 JSP 页面输出信息	exception	JSP 页面产生的异常对象
request	可获得用户端请求参数	config	用于传送和获取初始化参数
response	输出信息给客户端	page	当前 JSP 页面所表示的对象
session	终端用户与后台系统交互	pageContext	获取其他的隐含对象及实现跳转
application	同一应用不同程序间数据共享		

在 JSP 页面 Servlet 实现类的_jspService()方法内部，自动初始化了 JSP 隐含对象。相应的代码段如下：

```
public void _jspService(HttpServletRequest request, HttpServletResponse response)
                                        throws java.io.IOException, ServletException {
     //……
     HttpSession session = null;
     ServletContext application = null;
     ServletConfig config = null;
     JspWriter out = null;
     Object page = this;
     try {
          //……
          application = pageContext.getServletContext();
          config =  pageContext.getServletConfig();
          session =  pageContext.getSession();
          out =  pageContext.getOut();
     }
}
```

3.2 out 隐含对象

out 对象是一个输出流,用来向客户端输出数据。out 对象属于 javax. servlet. jsp. JspWriter 类型。

3.2.1 显示输出主要方法

1. print()和 println()

print()和 println()用于打印输出信息,前者输出的信息在返回客户端的源代码中不换行,后者输出的信息在返回客户端的源代码中换行。被打印的信息可以是基本数据类型(如 int、double 等),也可以是对象(如字符串等)。

例如,在 JSP 页面中有以下代码,其输出结果是"123456"。

```
<% out.print("123");
   out.print("456");    %>
```

2. newLine()

newLine()表示输出一个回车换行符。例如以下代码输出结果是"123"、"456"分在两行。

```
<% out.print("123");
   out.newLine();
   out.print("456");    %>
```

3.2.2 缓冲区相关的方法

1. flush( )方法

Java 中把 I/O 操作转化为流操作。out. write()输出的信息暂时存储在流对象缓冲区中, flush()刷新操作把缓冲区中的信息传递给目标对象处理。

如果缓冲区满了,这个方法被自动调用,输出缓冲区中的信息。

如果流已经关闭,调用 print()或 flush()会引发一个 IOException 异常,例如:

```
<%
    out.close();
    out.flush();
%>
```

在命令行窗口中会显示"警告: Internal error flushing the buffer in release()"的异常信息。

2. clear()方法

clear()表示清除缓冲区中的信息。如果缓冲区是空的，执行此方法会引发 IOException 异常。

3. clearBuffer()

clearBuffer()的功能与 clear()相似，它将输出缓冲区清除后返回，与 clear()不同的是它不抛出异常。

4. getBufferSize()

getBufferSize()返回输出缓冲区的大小，单位为字节，如果没有缓冲区，则返回 0。

5. getRemaining()

getRemaining()返回缓冲区剩余的空闲空间，单位为字节。

6. isAutoFlush()

isAutoFlush()返回一个真假值，用于标示缓冲区是否自动刷新。例如：

```
<%
    out.print("缓冲区总容量 = " + out.getBufferSize() + "<br>");
    out.print("缓冲区空闲容量 = " + out.getRemaining() + "<br>");
    out.print("缓冲区是否自动刷新 = " + out.isAutoFlush());
%>
```

3.3 request 隐含对象

request 对象封装了用户提交的信息，通过调用该对象相应的方法可以获取封装的信息。request 所依赖的接口是 javax. servlet. http. HttpServletRequest。

3.3.1 用 request 读取客户端传递来的参数

客户端传递给服务器的参数最常见的是表单数据或附在 URL 中的查询参数。

例如，http://localhost/exam.jsp? useId=admin 中的“useId=admin”为查询参数。

1. 用 request 读取单值参数

所谓单值参数是指一个变量最多有一个值。用 request 对象的 getParameter()方法可读取单个参数。方法的定义为：

```
public java.lang.String getParameter(java.lang.String name)
```

方法的形参是参数的变量名，以 String 形式返回变量的值。如果 request 对象中没有指定的变量，则返回 null。例如，下面操作 varValue 的值为 admin：

```
String varValue = request.getParameter(useId)
```

1）变量名硬编码问题

用 request.getParameter()读取表单传来的参数时，必须要给出参数的变量名，参数变量名是以硬编码形式嵌在代码中的，即在程序中参数变量名是给定的，当表单提交数据中参数变量名发生变化时，需要改变程序。

为了提高程序的灵活性，可以利用 getParameterNames()方法，该方法能够返回 request 对象中的参数变量名，从而实现程序中变量的灵活设置。方法的定义为：

```
public java.util.Enumeration getParameterNames()
```

利用 getParameterNames()读取表单参数实例如下：

```
<%@page import = "java.util.*" %>
<%
    Enumeration e = request.getParameterNames();     //将 request 对象中的变量名置于集合中
    While(e.hasMoreElements()) {
        String varName = (String)e.nextElement();
        String varValue = request.getParameter(varName);  //获取集合中的变量值
        out.print(varName + " = " + varValue);
        out.print("<br>") ;
    }
%>
```

【例 3.1】 制作一个用户登录应用，用户在如图 3.1 所示表单中输入用户名和密码后提交给本 JSP 页面，读取并显示用户输入信息。

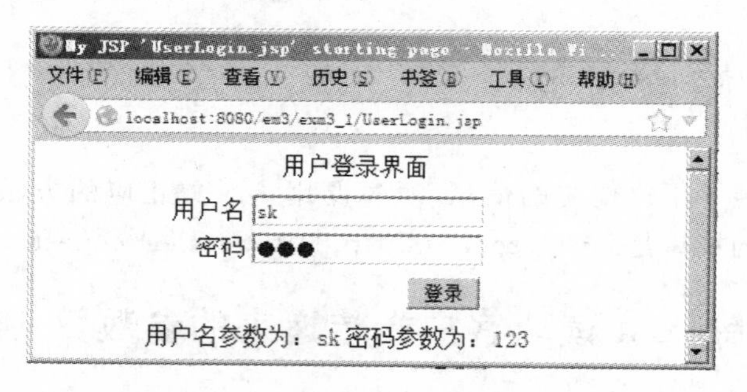

图 3.1 用户登录界面

ch3\exm3_1\UserLogin.jsp

```
<%! String name;
      String pw; %>
          <%
             if (request.getParameter("submit"!= null) {
                 name = request.getParameter("userName");
                 pw = request.getParameter("password");
```

```
                if (name == null || name.length() == 0)
                        name = "用户名为空"
                if (pw == null || pw.length() == 0)
                        pw = "口令为空"
            }
        %>
    <form action = "em3_1/UserLogin.jsp" method = "post">
            <table>
                    <tr><td align = "center">用户登录界面</td></tr>
                    <tr><td align = "right ">用户名</td>
                            <td><input type = "text" name = "userName"/></td>
                    </tr>
                    <tr><td align = "right ">密码</td>
                            <td><input type = "password" name = "password"/></td>
                    </tr>
                    <tr><td></td>
                        <td><input type = "submit" name = "submit" value = "登录"/></td>
                    </tr>
                    <tr><td>用户名参数为: <% = name %></td>
                            <td>密码参数为: <% = pw %></td>
                    </tr>
            </table>
    </form>
```

2）显示中文参数时的乱码问题

在显示从 request 对象读取的中文参数时可能会出现乱码。原因是 Java 在默认情况下采用的是 Unicode 编码标准，一般是 UTF-8，而中文的编码标准通常是 GB2312。解决乱码问题的方法是把 UTF-8 转换为 GB2312 简体中文编码即可。具体方法是写一个转换方法，在显示字符串前，把字符串转换成简体中文后再显示。JSP 程序如下，转换方法为 String toChinese(String str)。

【例 3.2】 从 request 对象读取参数时的中文乱码问题处理程序。

ch3\exm3_2\UserLogin.jsp

```
<%!
    public static String toChinese(String str) {        //UTF-8 转换为 GB2312 方法
        try {
            byte s1[ ] = str.getBytes("ISO8859-1");
            return new String(s1, "gb2312");
          }
        catch(Exception e) { return str; }
    }
%>
<body>
    <%
        if (request.getParameter("submit"! = null) {
            String name = request.getParameter("userName");
            String pw = request.getParameter("password");
```

```
            if (name == null || name.length() == 0)
                    name = "用户名为空";
            else
                    name = toChinese(name));  //把字符串转换成简体中文后再显示
            if (pw == null || pw.length() == 0)
                    pw = "口令为空";
        }
    %>
</body>
```

2. 用 request 读取多值参数

多值参数的典型代表是表单复选框，例如，第 2 章中会员注册例子中的"教育程度"同名表单就是多值参数，"教育程度"选项中的表单变量名均为"education"，用户可以选定多个教育程度。在服务器端读取多值参数，要用到如下方法：

```
String[] request.getParameterValues(String name)
```

形参为多值参数的变量名，多个参数值返回后存储在一个字符串数组中。

```
<%@page import = "java.util.*" %>
<%
    Enumeration e = request.getParameterNames();
    While(e.hasMoreElements()) {
        String varName = (String)e.nextElement();
        if (!varName.equals("education ")) {
            String varValue = request.getParameter(varName);
            out.print(toChinese(varName) + " = " + toChinese(varValue));
            out.print("<br>")
        }
        else {
            String varValue[] = request.getParameterValues(varName);
            out.print(varName + " = ");
            for(int n = 0;n < varValue.length;n++) {
              out.print("  " + toChinese(varValue[n]));
            }
            out.print("<br>")
        }
%>
```

3.3.2 request 作用范围变量

服务器端的两个 JSP/Servlet 程序间要交换数据时，可通过 request 作用范围变量来实现。request 作用范围变量也叫 request 属性，是类似于"name＝value"的属性对，由属性名和属性值构成，属性值一般是一个 Java 对象，不是 Java 基本数据类型数据。

Servlet 程序 A 要把数据对象传递给 Servlet 程序 B 时，程序 A 通过调用 request.setAttribute()把数据对象写入 request 作用范围，并通过 request 转发跳转到程序 B，程序

A 的 request 对象被转发给程序 B，在程序 B 中通过 request.getAttribute()从 request 作用范围读取数据对象。

属性值对象本身的生命周期和 request 对象的生命周期直接相关，在当前 request 隐含对象有效的范围内，与之绑定的属性值对象也是有效的，当 request 对象生命期结束时，与之绑定的 request 属性变量会变成垃圾对象而被回收。

在 JSP 中，除了 request 作用范围变量外，还有 page、session 和 application 作用范围变量，它们的基本含义都是把属性值对象与某个有生命周期的 JSP 隐含对象相绑定，使属性值对象有一定的生命周期，或者说使属性值对象在一定的作用范围内有效。

定义作用范围变量一般是调用相应 JSP 隐含对象中的 setAttribute()方法，读取作用范围变量一般是调用 getAttribute()方法。

1. setAttribute()/getAttribute()方法

setAttribute()/getAttribute()方法的语法格式为：

```
void setAttribute(String name,Object o)
Object getAttribute(String name)
```

setAttribute 用于把一个属性对象按指定的名字写入 request 作用范围，getAttribute 用于从 request 作用范围读出指定名字的属性对象。具体使用方法如下例：

```
<%
    request.setAttribute("loginName","tom");
    String s = (String)request.getAttribute("loginName");
    out.print(s)
%>
```

2. getRequestDispatcher()方法

两个 Servlet 程序间要利用 request 作用范围变量来传递数据时，需要用转发跳转操作实现从第一个 Servlet 程序 A 跳转到第二个 Servlet 程序 B。

request 转发器(RequestDispatcher)的作用是获得目标资源的转发器，通过转发器将当前 Servlet 程序的 request 和 response 对象转发给目标资源，并跳转至目标资源上运行程序。这样，目标资源就可通过 request 对象读取上一资源传递给它的 request 属性。

request.getRequestDispatcher()方法的作用是返回目标资源的 RequestDispatcher 对象，语法为：

```
public RequestDispatcher getRequestDispatcher(java.lang.String path)
```

形参是当前 Web 应用目标资源的 URL，可以使用相对路径或绝对路径。

RequestDispatcher 对象的主要方法有：

```
public void forward(ServletRequest request, ServletResponse response)
throws ServletException,java.io.IOException
```

该方法能够把当前 Servlet 程序的 request 和 response 隐含对象转发给目标资源，并跳转至目标资源运行代码。形参是当前 Servlet 程序的 request 和 response 隐含对象。

```
public void include(ServletRequest request, ServletResponse response)
throws ServletException, java.io.IOException
```

该方法用于包含目标资源。形参是当前 JSP/Servlet 程序的 request、response 对象。如果目标资源是 JSP 页面，它会被编译成 Servlet 程序后再运行。进行包含操作前，允许对当前 JSP/Servlet 程序的 response 输出缓冲区进行刷新。

下面例子利用 request 作用范围变量在两个 JSP 页面 A、B 间传递数据。操作步骤如下：

```
<body>          //JSP 程序 A
  <%
    request.setAttribute("loginName","tom");
    RequestDispatcher go = request.getRequestDispatcher("exam.jsp");
    go.forward(request,response);
  %>
</body>
<body>          //JSP 程序 B( exam.jsp)
  <%
    String s = (String)request.getAttribute("loginName");
    out.print(s)
  %>
</body>
```

3. removeAttribute()

此方法的作用是从 request 作用范围中删除指定名字的属性，它的语法为：

```
public void removeAttribute(String name)
```

形参是属性名。

3.3.3 用 request 读取系统信息

1. String getProtocol()

返回 request 请求使用的协议及版本号。

2. String getRemoteAddr()

返回客户端或最后一个客户端代理服务器的地址。

3. String getRemoteHost()

返回客户端主机名或最后一个客户端代理服务器的主机名，如果主机名读取失败，则返回主机的 IP 地址。

4. String getScheme()

返回当前 request 对象的构造方案，例如 http、https 和 ftp 等，不同的构造方案有不同的 URL 构造规则。

5. String getQueryString()

返回 URL 的查询字串，即 URL 中“?”后面的“name=value”对。

6. String getRequestURI()

返回 URL 请求中目标资源的 URI。

7. String getMethod()

返回 request 请求的提交方式，如：GET、POST 等。

8. String getServletPath()

返回调用 Servlet 程序的 URL 请求。

9. String getRealPath()

返回虚拟路径在服务器上的真实绝对路径。

3.4 response 隐含对象

传送给客户端的信息称为响应信息(response)，是由 response 对象实现的，它依赖的接口是 javax. servlet. http. HttpServletResponse。response 隐含对象可以将需要显示输出的信息返回给客户端页面。

3.4.1 输出缓冲区与响应提交

输出缓冲区用于暂存 Servlet 程序的输出信息，减少服务器与客户端的网络通信次数。如果输出缓冲区中的响应信息已经传递给客户端，称响应是已经提交。刷新操作强制把输出缓冲区中的内容传送回客户端。

response 对象中和输出缓冲区相关的方法有：

```
public void flushBuffer() throws java.io.IOException
```

刷新输出缓冲区，把信息传回客户端。

```
public void setBufferSize(int size)
```

定义输出缓冲区的大小，单位为字节。

```
public boolean isCommitted()
```

返回缓冲区中的响应信息是否已经提交。

3.4.2 HTTP响应报头设置

服务器通过HTTP响应报头向客户端浏览器传送通信信息。JSP服务器在默认情况下，响应信息是以字符形式传送。如果要用HTTP响应报头传输二进制数据，应该通过response. getOutputStream()获得一个ServletOutputStream输出流对象输出二进制信息。HTTP响应报头设置的相关方法介绍如下。

1. setContentType()

定义返回客户端的信息类型及编码标准，默认是“text/html;charset=UTF-8”。语法格式为：

```
public void setContentType(java.lang.String type)
```

例：

```
response.setContentType("text/html; charset = gb2312");
```

如果返回给客户端的是二进制信息，则应该调用此方法作适当的设置。信息类型为MIME-type中定义的类型，浏览器会根据信息类型自动调用匹配的软件来处理，或将信息另存为一个文件。

【例3.3】 用response返回Excel文档形式的学生成绩表。

ch3\exm3_3\UploadExcel.jsp

```
<% @page import = "java.io. * " %>
<%
    response.setContentType("application/vnd.ms - excel");
    try {
        PrintWriter out = response.getWrite();
        out.println("学号\t 姓名\t 平时成绩\t 考试成绩\t 期末成绩");

        out.println("s001\t 张平\t78\t69\t = round(C2 * 0.3 + D2 * 0.7,0)");
        out.println("s001\t 李丽\t88\t96\t = round(C2 * 0.3 + D2 * 0.7,0)");
        out.println("s001\t 王宏\t63\t72\t = round(C2 * 0.3 + D2 * 0.7,0)");
    } catch (Exception e) {
         Out.print("错误信息: " + e);
    }
%>
```

IE浏览器接收到返回的Excel数据后，会自动嵌入Excel软件显示数据，如果Excel启动失败，浏览器提示把接收到的信息另存为磁盘文件。

2. setCharacterEncoding()

定义返回客户端信息的编码标准。格式为：

```
public void setCharacterEncoding(java.lang.String charset)
```

如果已经用 response.setContentType()定义字符集，则调用此方法将重新设置字符集。信息字符集的定义要在缓冲区刷新前进行。

3. sendError()

向客户端返回 HTTP 响应码，并清空输出缓冲区。格式为：

```
public void sendError(int sc) throws java.io.IOException
```

HTTP 响应码由三位的十进制数构成，具体如下。

1xx：请求收到，继续处理。

2xx：成功，行为被成功地接收、理解和接受。

3xx：重定向，为了完成请求，必须进一步执行的动作。

4xx：客户端错误。

5xx：服务器出错。

例如，在 IE 浏览器地址栏中输入"http://127.0.0.1:8080/aabb.jsp"，企图访问 Tomcat 服务器中不存在的资源 aabb.jsp，则 Tomcat 会给客户端返回一个 HTTP 响应码 404，在 IE 浏览器上显示 HTTP 响应码及错误信息。

4. setHeader()

设置响应报文中的头域参数。格式为：

```
public void setHeader(java.lang.String name, java.lang.String value)
```

第一个形参为头域名，第二个形参是头域值。

HTTP 报头中有一个名为"Refresh"的响应头域，它的作用是使 IE 浏览器在若干秒后自动刷新当前网页或跳转至指定的 URL 资源。设置这个头域的语法格式为：

```
response.setHeader("Refresh","定时秒数; url = 目标资源的 URL")
```

方法的第一个形参是响应报头名"Refresh"，第二个形参由两部分组成：第一部分定义秒数，即若干秒后自动刷新，第二部分为目标资源的 URL，缺少时默认刷新当前页。例如，下面的程序每隔两秒进行一次页面刷新，并记录和显示刷新的次数；当需要及时显示对页面所更新数据时，这个程序过程是非常实用和有效的。

```
<%! Static int number = 0; %>
<body>
  <%
      number = number + 1;
      out.print("number = " + number);
      response.setHeader("Refresh","2");
  %></body>
```

3.4.3 用 response 实现 JSP 页面重定向

重定向是 JSP 中实现 JSP/Servlet 程序跳转至目标资源的方法之一，response 对象的

sendRedirect()方法实现重定向功能。

它的基本思想是：服务器将目标资源完整的URL通过HTTP响应报头发送给客户端浏览器，浏览器接收到URL后更新至地址栏中，并将目标资源的URL提交给服务器。重定向使目标资源的URL从服务器传到客户端浏览器，再从客户端通过HTTP请求传回服务器，其中有一定的网络时延。

实现JSP页面跳转的主要方法有转发(forward)和重定向(redirect)，RequestDispatcher.forward()实现的是转发跳转，response.sendRedirect()实现的是重定向跳转。两者的区别在于：

(1) 重定向是通过客户端重新发送URL来实现，会导致浏览器地址更新，而转发是直接在服务器端切换程序，目标资源的URL不出现在浏览器的地址栏中。

(2) 转发能够把当前JSP页面中的request、response对象转发给目标资源，而重定向会导致当前JSP页面的request、response对象生命期结束，在目标资源中无法取得上一个JSP页面的request对象。

(3) 转发跳转直接在服务器端进行，基本上没有网络传输时延，重定向有网络传输时延。

如果要实现服务器中两个Servlet程序间跳转，并且要使用request作用范围变量交换数据，应该优先使用request转发跳转。

用重定向实现程序跳转时，如果要求传递数据给目标资源，一个简单、可行的方法是把数据编码在URL查询串中，例如：http://127.0.0.1:8080/exam.jsp? name=tom。

用response实现重定向示例如下：

```
<%
   response.sendRedirect("http://127.0.0.1:8080/exam.jsp?name = tom");
%>
```

3.4.4 用response实现文件下载

在JSP中实现文件下载最简单的方法是定义超链接指向目标资源，用户单击超链接后直接下载资源，但直接暴露资源的URL也会带来一些负面的影响，例如，容易被其他网站盗链，造成本地服务器下载负载过重。

另外一种下载文件的方法是使用文件输出流实现下载，首先通过response报头告知客户端浏览器，将接收到的信息另存为一个文件，然后用输出流对象给客户端传输文件数据，浏览器接收数据完毕后将数据另存为文件。使用文件输出流下载方法的优点是服务器端资源路径的保密性好，并可控制下载的流量以及日志登记等。

1. 二进制文件的下载

用JSP程序下载二进制文件的基本原理是：首先将源文件封装成字节输入流对象，通过该对象读取文件数据，获取response对象的字节输出流对象，通过输出流对象将二进制的字节数据传送给客户端。

将源文件封装成字节输入流，需用JDK中的java.io.FileInputStream类，常用到的方法有：

```
public FileInputStream(String name) throws FileNotFoundException
```

该构造方法形参 name 是源文件的路径和文件名，注意路径分隔符使用“/”或“\\”，例如：

```
FileInputStream inFile = new FileInputStream("c:\\temp\\my1.exe");
public int read(byte[ ] b) throws IOException
```

从输入流中读取一定数量的字节数据并将其缓存在数组 b 中。方法返回值是实际读取到的字节数。如果检测到文件尾，返回－1。

通过输出流对象将二进制的字节数据传送给客户端，需用 response 对象的 getOutputStream()方法返回一个字节输出流对象 ServletOutputStream，通过 ServletOutputStream 对象输出二进制字节数据并传输给客户端。例如：

```
ServletOutputStream myOut = response. getOutputStream();
```

ServletOutputStream 中输出二进制字节数据的方法 write(byte[ ] b)将数组中的 b. length 个字节写入输出流。

【例 3.4】 用 response 把 ROOT\d. zip 文件传送回客户端。

ch3\exm3_4\DownloadBin. jsp

```
<%@page contentType = "application/x - download", import = "java.io. * " %>
<%
    int status = 0;
    byte b[ ] = new byte[1024];;
    FileInputStream in = null;
    ServletOutputStream out = null;
    try {
        response.setHeader("content - disposition","attachment;filename = d.zip ");
        in = new FileInputStream("d.zip");
        out = response. getOutputStream();
        while(status!= - 1) {
            status = in.read(b)
            out.write(b);
        }
        out.flush();
    } catch (Exception e) {
        System.out.println(e);
        response.sendRedirect("downError.jsp");        //重定向到出错页面
    } finally {
        if(in!= null)
            in.close();
        if(out!= null)
            out.close();
    } %>
```

2. 文本文件的下载

文本文件下载时用的是字符流，而不是字节流。首先取得源文件的字符输入流对象，用 java.io.FileReader 类封装，再把 FileReader 对象封装为 java.io.BufferedReader，以方便从文本文件中一次读取一行。字符输出流直接用 JSP 的隐含对象 out，out 能够输出字符数据。

FileReader 类的构造方法有：

```
public FileReader(String fileName) throws FileNotFoundException
```

构造方法取得文件的字符输入流对象，形参 fileName 是文件的路径和文件名，路径分隔符用"/"或"\\"。如果打开文件出错，会引发一个异常。

BufferedReader 的主要用法有：

```
public BufferedReader(Reader in)
public String readLine()  throws IOException
```

【例 3.5】 用 JSP 下载 JSP 所在目录的 ee.txt 文件。

ch3\exm3_5\DownloadTxt.jsp

```
<%@page contentType="application/x-download",import="java.io.*  "%>
<%
    String temp=null;
    FileReader in=null;
    BufferedReader in2=null;
    try {
        response.setHeader("content-disposition","attachment;filename=exam.txt ");
        response.setCharacterEncoding("gb2312");
        in=new FileReader("ee.text");
        in2=new BufferedReader(in);
        while((temp=in2.readLine())!=null)
            out.println(temp);
        out.close();
    } catch (Exception e) {
        System.out.println(e);
        response.sendRedirect("downError.jsp");          //重定向到出错页面
    } finally {
        if(in2!=null)
            in2.close();
    } %>
```

3.5 Cookie 管理

Cookie 或称 Cookies，在 Web 技术中指 Web 服务器暂存在客户端浏览器内存或硬盘文件中的少量数据。Web 服务器通过 HTTP 报头来获得客户端中的 Cookie 信息。

3.5.1 Cookie 概述

1. Cookie 机制

由于 HTTP 是无态的，无法记录用户的在线状态信息，利用 Cookie 可以解决这个问题，把待存储的信息封装在 Cookie 对象中并传回客户端保存，需要时再从客户端读取。

如果不设置过期时间，则表示这个 Cookie 的生命期为浏览器会话期间，只要关闭浏览器窗口，Cookie 就消失了。这种生命期为浏览器会话期的 Cookie 被称为会话 Cookie。会话 Cookie 一般不存储在硬盘上而是保存在内存里。如果设置了过期时间，浏览器就会把 Cookie 保存到硬盘上，关闭后再次打开浏览器，这些 Cookie 仍然有效，直到超过设定的过期时间。存储在硬盘上的 Cookie 可以在不同的浏览器进程间共享，比如两个 IE 窗口。

Cookie 信息的基本结构类似于"name＝value"对，每个数据有一个变量名。Cookie 信息有一定的有效期，有效期短的直接存于 IE 浏览器内存中，关闭浏览器后，这些 Cookie 信息也就丢失。有效期长的信息存储在硬盘文件上。

例如，Windows XP 中，有一个 C:\Documents and Settings\admin\Cookies 文件夹，文件夹中存储有曾经访问过的网站的 Cookie 文件。在此文件夹中，在类似于"admin@127.0.0[1].txt"的文件中会看到被保存的 Cookie 数据。

在 JSP 中使用 Cookie 的基本过程为：

(1) 在服务器端生成 Cookie 对象，把待保存信息写入 Cookie 对象中。

(2) 必要时设置 Cookie 对象的生命期。

(3) 把 Cookie 对象传给客户端浏览器保存。

(4) 服务器端程序需要 Cookie 信息时，用代码读取 Cookie 信息。

2. Cookie 类

javax.servlet.http.Cookie 类用来生成一个 Cookie 对象，这个类中常用的方法有：

```
Cookie(java.lang.String name, java.lang.String value)
```

第一个形参是 Cookie 数据的变量名，第二个形参是待保存的数据，字符串类型。

```
public void setMaxAge(int expiry)
```

这个方法定义 Cookie 对象的生命期，形参是生命时间数，单位为秒。如果生命周期为负整数，表示这个 Cookie 对象是临时的，不要保存在硬盘文件中，关闭 IE 浏览器后 Cookie 数据自动丢失。如果生命期为零，表示删除这个 Cookie。默认值为－1。

Cookie 的生命期定义要在 Cookie 对象传回客户端前进行。用 public int getMaxAge() 方法可读取 Cookie 对象的生命时间。

```
public void setSecure(boolean flag)
```

形参取值 true 时，表示用 https 或 SSL 安全协议将 Cookie 传回服务器；取 false 时表示用当前默认的协议传回 Cookie。

```
public java.lang.String getName()
```

返回当前 Cookie 对象的变量名。

```
public java.lang.String getValue()
```

返回当前 Cookie 对象的值。

3.5.2 Cookie 回传和读取

1. 将 Cookie 对象传回客户端

将 Cookie 对象传回客户端，要用到 JSP 隐含对象 response 的 addCookie 方法，该方法的语法格式为：

```
public void addCookie(Cookie cookie)
```

形参是待保存的 Cookie 对象。例如：

```
<%
  Cookie msg = new Cookie("login","tom");
    msg.setMaxAge(60 * 60 * 60 * 60);
    response.addCookie(msg);
%>
```

2. 读取 Cookie 对象

读取客户端存储的 Cookie，用 request 对象的 getCookies()方法，它的语法为：

```
public Cookie[] getCookies()
```

返回的是一个 Cookie 对象数组，当前浏览器中所有有效的 Cookie 会通过 HTTP 请求报头返回给服务器，每个数组分量是一个返回的 Cookie 对象。如果客户端没有有效的 Cookie，则返回 null 值。例如：

```
<%
   Cookie c[] = request.getCookies();
   if(c!= null) {
       for(int i = 0;i < c.length;i++)
           out.print(c[i].getName + " = " + c[i].getValue() + "<br>");
   }
   else
      out.print("没有返回 Cookie");
%>
```

【例 3.6】 定义一个 Cookie 对象，存储用户的登录名；再定义一个 Cookie 对象，记录客户最近浏览过的 5 本图书的书号：AB001、KC981、DE345、RD332 和 PC667，生命期均为 30 天。在另一个页面中查询这个 Cookie，如果读取的 Cookie 不为空，则显示用户登录名，否则显示“没有登录”信息。如果已经登录，则显示书号。

ch3\exm3_6\CookieTestA.jsp

```
<body>
<%
    String myName = "John";
    String visitedBook = " AB001,KC981,DE345,RD332,PC667"
    Cookie c1 = new Cookie("loginName",myName);
    c1.setMaxAge(30 * 24 * 60 * 60);
    Cookie c2 = new Cookie(myName, visitedBook);
    C2.setMaxAge(30 * 24 * 60 * 60);
    response.addCookie(c1);
    response.addCookie(c2);
    out.print("成功将用户名、书目 Cookie 传回客户端,有效期 30 天");
%>
</body>
```

预览程序执行网页上显示信息“成功将用户名、书目 Cookie 传回客户端，有效期 30 天”。

ch3\exm3_6\CookieTestB.jsp

```
<body>
<%
    String myName = null;
    String visitedBook = null;
     Cookie c[] = request.getCookies();
    if(c == null) {
       out.print("没有返回 Cookie");  }
    else {
         for(int i = 0;i < c.length;i++) {
              String temp = c[i].getName();
              if(temp.equals("loginName"))
                 myName = c[i].getValue();
              if(myName!= null && temp.equals(myName))
                 visitedBook = c[i].getValue();
       }

     if(myName!= null) {
         out.print("您已经登录,用户名 = " + myName + "<br>");
        if(visitedBook != null)
           out.print("您最近浏览过的图书书号是: " + visitedBook);
     }
    else
       out.print("您没有登录");
  }
%>
</body>
```

预览执行结果页面，浏览器中显示的信息为：

您已经登录，用户名＝John

您最近浏览过的图书书号是：AB001，KC981，DE345，RD332，PC667

3.6 application 隐含对象

3.6.1 application 对象的生命周期及作用范围

一个 Web 服务器通常有多个 Web 服务目录（网站），当 Web 服务器启动时，它自动为每个 Web 服务目录都创建一个 application 对象，这些 application 对象各自独立，而且和 Web 服务目录一一对应。

访问同一个网站的客户都共享一个 application 对象。具体来说：不管哪个客户来访问网站 A，也不管客户访问网站 A 下哪个页面文件，都可以对网站 A 的 application 对象进行操作。因此，当在 application 对象中存储数据后，所有访问网站 A 的客户都能够对其进行访问，实现了多个客户之间的数据共享。

访问不同网站的客户，对应的 application 对象不同。与 out、request、response 只作用于当前页不同，application 对象的有效范围是当前应用，即在同一应用程序中，只要应用服务器不关闭，这个对象就一直有效。

3.6.2 ServletContext 接口

application 对象必须实现 javax. servlet. ServletContext 接口。有些 Web 服务器不直接支持使用 application 对象，必须用 ServletContext 类来声明 application 对象，再调用 getServletContext()方法来获取当前页面的 application 对象。一个 ServletContext 类表示一个 Web 应用程序的上下文。具体来说：在 Web 服务器中，提供了一个 Web 应用程序的运行时环境，专门负责 Web 应用程序的部署、编译、运行以及生命周期的管理，通过 ServletContext 类，可以获取 Web 应用程序的运行时环境信息。

ServletContext 类的主要方法及功能如表 3.2 所示。

表 3.2 ServletContext 类主要方法及功能

方 法 名	描 述
ServletContext getContext(String uripath)	获取指定 URL 的 ServletContext 对象
String getContextPath()	获取当前 Web 应用程序的根目录
String getInitParameter(String name)	根据初始化参数名称，获取参数值
String getMimeType(String file)	获取指定文件的 MIME 类型
String getServletContextName()	获取当前 Web 应用程序的名称
void log(String message)	将信息写入日志文件中

3.6.3 application 属性

application 作用范围变量也叫 application 属性，是类似于“name=value”的属性对，由属性名和属性值构成，属性值一般是一个 Java 对象，不是 Java 基本数据类型数据。application 属性能够被 Web 应用中的所有程序共享。

application 提供的属性存储方法主要有：

(1) public java.util.Enumeration getAttributeNames()

返回当前上下文中所有可用的 appliaction 作用范围变量名，并存储在枚举型对象中。

(2) public java.lang.Object getAttribute(java.lang.String name)

从 application 作用范围中读取指定名字的属性值，返回的属性值是 Object 类型，一般要进行强制类型转换，还原其原本数据类型。如果指定的属性值对象不存在，则返回 null。

以下代码段是遍历当前 Web 应用中所有的 application 属性：

```
<%@page import = "java.util.*" %>
<%
     Enumeration e = application.getAttributeNames();
     While(e.hasMoreElements()) {
          String varName = (String)e.nextElement();
          String varValue = (String)application.getAttribute (varName);
          out.print(varName + " = " +  varValue + "<br>");
     }
%>
```

(3) public void setAttribute(String name, Object object)

把一个属性写入 application 作用范围。第一个形参 name 是属性名，第二个形参 object 是属性值，它是一个 Java 对象。

如果属性值 object 为 null，则相当于删除一个属性名为 name 的属性。

如果容器中已经存在指定名字的属性，写入操作会用当前的属性值替换原有的属性值。

(4) public void removeAttribute(java.lang.String name)

从 Servlet 容器中删除指定名字的属性。形参是属性名，字符串形式。

【例 3.7】 用 application 实现一个站点计数器。具体要求是当访问 JSP 页面时，页面进行访问次数统计，并输出当前计数值。用 request.getRemoteAddr()来获取用户的 IP 地址，将访问过的用户 IP 地址作为 application 属性保存，只有新的 IP 地址才进行计数。

ch3\exm3_7\Counter.jsp

```
<body>
     <%@page import = "java.util.*" %>
     <%
          int n = 0;
          String ip = request.getRemoteAddr();
          String counter = (String)application.getAttribute("counter");
          if(counter!= null)
                n = Integer.parseInt(counter);
          Enumeration e = application.getAttributeNames();
          while(e.hasMoreElements()) {
             String varName = (String)e.nextElement();
          String varValue = (String)application.getAttribute (varName);
     if(!ip.equals(varValue)) {
                           n = n + 1;
```

```
                out.print("您是第" + n + "位访客");
                counter = String.valueOf(n);
                application.setAttribute("counter", counter);
                application.setAttribute("ip" + n, ip);
            }else {
                out.print("您已经访问过本站");
            }
        }
    <%
    </body>
```

3.7 session隐含对象

HTTP是一种无状态协议,也就是当一个客户端页面向服务器发出请求时,服务器接收请求并返回响应后,客户端与服务器端的连接就会关闭,服务器并不保存相关的信息,再次交换数据需要建立新的连接。而通常一个Web应用是由多个Web页面组成的一个完整的页面访问链条,如何保存这一过程中各页面的相关信息并实现信息的共享是一个重要的问题。

一个用户对一个Web应用包含的多个Web页面的访问过程称为一个会话(session)。session对象是JSP技术是为解决上述问题而专门提供的一种解决方案。下面的讨论中会话和session对象的概念会交替出现,要注意区分它们。

3.7.1 session生命期及跟踪方法

通常把从用户登录进入系统到注销退出系统所经历的时间,称为一个session生命周期。生命期结束,则session对象被删除,与之绑定的session属性也随之丢失。影响session对象生命期的主要因素有:客户端浏览器窗口关闭,服务器关闭,session超时,程序主动结束session。

要跟踪该会话,必须引入一种机制,就是如何把一个操作中产生的有用信息保存下来,供后续的操作步骤使用,以及如何标识当前session通信等,这些问题称为session跟踪问题。实现session跟踪有多种方法,通过session隐含对象属性设置是实现session跟踪最直接和简捷的方法。

1. 用URL重写实现session跟踪

URL重写(URL Rewriting)就是把session数据编码成"name=value"对,当作URL的查询串附在URL后,用带有查询串的URL访问下一个目标资源时,附在URL查询串中的session数据自然被传送给下一页。

2. 用Cookie实现session跟踪

用Cookie实现session跟踪的基本原理是:把一个session数据封装在一个Cookie对

象中，将 Cookie 对象传回客户端存储，需要用到时再用代码从客户端读取。

3. 用隐藏表单域实现 session 跟踪

隐藏表单域在页面上不可视，它相当于一个变量，如果把一个 session 数据存储在其中，则提交表单时，隐藏表单域中的数据也会被提交给服务器。

3.7.2 session 对象和 application 对象的比较

1. 两者的作用范围不同

session 对象是用户级的对象，而 application 对象是应用程序级的对象。一个用户一个 session 对象，每个用户的 session 对象不同，在用户所访问网站的多个页面之间共享同一个 session 对象。

一个 Web 应用程序一个 application 对象，每个 Web 应用程序的 application 对象不同，但一个 Web 应用程序的多个用户之间共享同一个 application 对象。

在同一个网站下，每个用户的 session 对象不同，所有用户的 application 对象相同。在不同网站下，每个用户的 session 对象不同，每个用户的 application 对象不同。

2. 两者的生命周期不同

session 对象的生命周期是用户首次访问网站时创建的，用户离开该网站（不一定要关闭浏览器）时消亡。application 对象的生命周期是启动 Web 服务器时创建的，关闭 Web 服务器时销毁。

3.7.3 session 对象和 Cookie 对象的比较

1. session id

当程序需要为某个客户端的请求创建一个 session 的时候，服务器首先检查这个客户端的请求里是否已包含一个 session id，如果已包含一个 session id 则说明以前已经为此客户端创建过 session，服务器就按照 session id 把这个 session 检索出来使用，如果客户端请求不包含 session id，则为此客户端创建一个 session 并且生成一个与此 session 相关联的 session id，session id 的值应该是唯一的，这个 session id 将被在本次响应中返回给客户端保存。

2. Cookie 机制和 session 机制异同

Cookie 机制和 session 机制是保存客户端与服务器端连接状态的两种解决方案。具体来说，Cookie 机制采用的是在客户端保持状态的方案，而 session 机制采用的是在服务器端保持状态的方案。

同时也可以看到，由于采用服务器端保持状态的方案在客户端也需要保存一个标识，保存这个 session id 的方式可以采用 Cookie，这样在交互过程中浏览器可以自动地按照规则把这个标识发送给服务器。

3.7.4 session对象主要方法

1. public boolean isNew()

判断session对象是新创建的，还是已经存在。返回true时，表示session对象是刚创建的，也表示本次客户端发出的请求是本次session通信的第一次请求。这个方法返回true，并不表示客户端浏览器窗口是新打开的。

2. public java.lang.String getId()

返回当前session对象的ID号。

3. public long getLastAccessedTime()

返回客户端最后一次请求的发送时间，是一个long型的整数，单位为毫秒，是从格林威治时间1970-1-1 00:00:00到当前所经历的毫秒数。例如，以下代码可以取得session通信中最后一次请求时间并将毫秒时间格式转换为年月日时分秒(Calendar)格式。

```
long a = session.getLastAccessedTime();
Calendar time = Calendar.getInstance();
time.setTimeInMillis(a);
```

4. public void setMaxInactiveInterval(int interval)

形参是一个整数，定义session对象的超时时间，单位为秒。如果客户端从最后一次请求开始，在连续的interval秒内一直没有再向服务器发送HTTP请求，则服务器认为出现了session超时，将删除本次的session对象。如果超时时间为负数，表示永不超时。session对象的超时检测由服务器实现，这会增加系统开销。Tomcat默认的超时时间是30min。

5. public int getMaxInactiveInterval()

读取当前的session超时时间，单位为秒。

6. public void invalidate()

使当前session无效，session作用范围变量也会随之丢失。

7. public void setAttribute(java.lang.String name, java.lang.Object value)

定义session作用范围变量，第一个形参name是session作用范围变量名，第二个形参value是session属性。如果value为null，则表示取消session属性和session的绑定关系。

8. public java.lang.Object getAttribute(java.lang.String name)

读取一个session作用范围变量，返回一个Object类型的对象，必要时要进行强制类型转换，如果找不到指定名字的数据对象，则返回null。例如：

```
String v = (String)session.getAttribute("name");
```

9. public java.util.Enumeration getAttributeNames()

将当前合法的所有 session 作用范围变量名读到一个枚举型对象中。

10. public void removeAttribute(java.lang.String name)

解除指定名字的数据对象与 session 的绑定关系，即删除一个指定名字的 session 属性。

3.8 用户登录界面设计

【例 3.8】 基于 session 的用户登录界面设计。如图 3.2 和图 3.3 所示，该界面基本过程和控制要求为：首先进入用户登录页面(index.jsp)，输入用户名(admin)和密码(mrsoft)后，单击"登录"按钮，将显示系统主页(main.jsp)。如果用户名和密码不正确，则重新返回用户登录页面。在系统主页(main.jsp)单击"退出"链接，将跳转到 exit.jsp 页面销毁当前 session，并重新返回到登录页面。

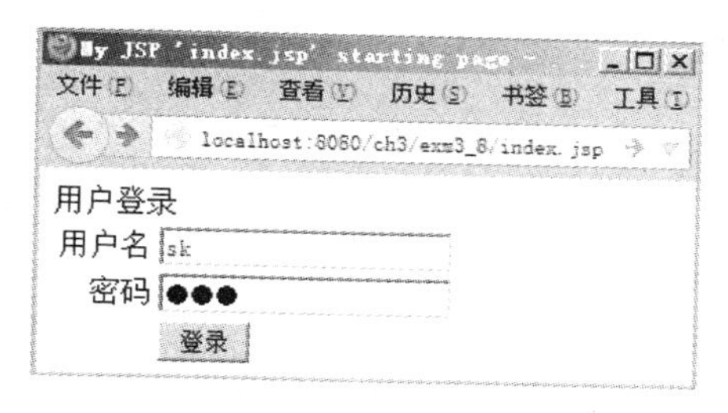

图 3.2 用户登录界面(index.jsp)

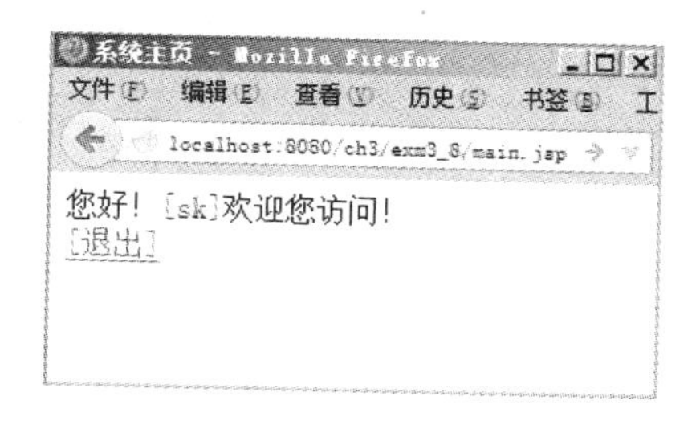

图 3.3 登录成功系统主页(main.jsp)

ch3\exm3_8\index.jsp

```
<body>
<form action = "deal.jsp" method = "post">
            <table>
                    <tr><td align = "center">用户登录</td></tr>
                    <tr><td align = "right">用户名</td>
                        <td><input tpye = "text" name = "name"/></td>
                    </tr>
                    <tr><td align = "right ">密码</td>
                        <td><input tpye = "password" name = "pwd"/></td>
                    </tr>
                    <tr><td></td>
                        <td><input tpye = "submit" name  = "submit" value = "登录"/></td>
                    </tr>
          </table>
      </form>
</body>
```

ch3\exm3_8\deal.jsp

```
<%@page language="java"contentType="text/html;
                                    charset=GBK" pageEncoding="GBK"%>
    <%@page import=java.util.*"%>
    <%
            String[][]userList={{"admin","mrsoft"},{"wgh", "111"}, {"sk", "111"}};
            boolean flag=false;
            request.setCharacterEncoding("GB18030");
            String name=request.getParameter("name");
            String pwd=request.getParameter("pwd");
                for (int i=0;i<userList.length;i++) {
                    if (userList[i][0].equals(name) ) {
                        if (userList[i][1].equals(pwd) ) {
                            flag=true;
                            break;
                        }
                }
    }
    if (flag) {
        session.setAttribute("username" ,name);
        response.sendRedirect("main.jsp");
    }
    else {
        response.sendRedirect("index.jsp");
    }
%>
```

ch3\exm3_8\main.jsp

```
<%@page language="java" contentType="text/html;
                                    charset=GBK" pageEncoding="GBK"%>
    <%
        String username=(String)session.getAttribute("username");
    %>
    <html>
    <head>
    <meta http-equiv="ContentType" content="text/html;charset=GBK">
    <title>系统主页</title>
    </head>
    <body>
     您好![<%=username%>]欢迎您访问!<br/>
     <a href="exit.jsp">[退出]</a>
     </body>
     </html>
```

ch3\exm3_8\exit.jsp

```
<%@page language="java" contentType="text/html;
                                    charset=GB18030" pageEncoding="GBK"%>
```

```
<%
        session.invalidate();
        response.sendRedirect("index.jsp");
%>
```

习题

一、填空题

1. 在JSP内置对象中，________对象是从客户端向服务器端发出请求，包括用户提交的信息以及客户端的一些信息，此对象的________方法可以获取客户端表单中某输入框提交的信息。

2. 在JSP内置对象中，________对象提供了设置HTTP响应报头的方法。

3. JSP内置对象的有效范围由小到大分别为________、________、________和________。

二、简答题

1. 简述JSP内置对象的种类和作用。
2. 简述都有哪些方法可以实现将数据由一个页面传送给另一个页面？
3. JSP中页面跳转和重定向如何实现？指出页面跳转和重定向的区别。
4. JSP中使用Cookie的基本过程是什么？
5. 简述application对象的生命周期及作用范围。
6. 简述session生命期及跟踪方法。
7. 在例3.8的基础上，分别实现如下功能：

(1) 添加对输入表单数据合法性判断，数据不合法时转出错页。

(2) 增加一个出错处理页，显示出错信息。

(3) 提前建立一个文本文件，其中保存合法用户名及口令；并将文件中的合法用户名及口令读出存入userList[ ]数组。

第4章 Servlet技术

作为 Web 服务器端的脚本，JSP 技术能够提供由客户端浏览器到服务器端动态请求响应的支持。但就应用程序的可维护性而言，将逻辑代码与界面显示混杂在一起，不仅降低了程序的可读性，也降低了逻辑处理的独立性，这一缺陷必然导致整个 Web 应用程序的维护难度大大增加，同时也极大地降低了其可扩展性。因此，将前端显示界面和后台处理逻辑分离开来，实现基于 MVC 模式的程序结构，在开发中显得尤为重要。JSP 技术在 Java 技术体系中用于界面显示，而 Servlet 技术则用来实现获取请求并触发服务响应的控制功能。通过 JSP 和 Servlet 技术的结合，可以有效实现显示逻辑和处理逻辑的分离，从而达到优化程序框架的目的。本章将介绍 Servlet 技术的主要内容以及相关的过滤器和侦听器技术。

4.1 Servlet 编程

4.1.1 Servlet 程序的生命周期

如图 4.1 所示，Servlet 的生命周期主要由下列三个过程组成。

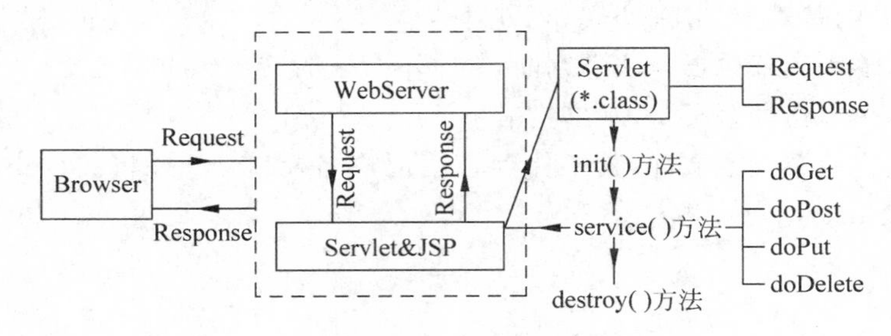

图 4.1 Servlet 生命周期

1. 初始化 Servlet

Servlet 第一次被请求加载时，服务器初始化这个 Servlet，即创建一个 Servlet 对象，该对象调用 init 方法完成必要的初始化工作。该方法在执行时，Servlet 引擎会把一个 ServletConfig 类型的对象传递给 init()方法，这个对象就被保存在 Servlet 对象中，直到 Servlet 对象被销毁。

2. 调用 service 方法响应客户的请求

当 Servlet 成功创建和初始化之后，Servlet 就调用 service 方法来处理用户的请求并返回响应。Servlet 引擎将两个参数传递给该方法，一个参数是 HttpServletRequest 类型的对象，该对象封装了用户的请求信息，此对象调用相应的方法可以获取封装的信息，即使用这个对象可以获取用户提交的信息；另外一个参数对象是 HttpServletResponse 类型的对象，该对象用来响应用户的请求。和 init 方法不同的是，init 方法只被调用一次，而 service 方法可能被多次调用。当后续的客户请求 Servlet 服务时，Servlet 引擎将启动一个新的线程，在该线程中 Servlet 调用 service 方法响应客户的请求，也就是说，每个客户的每次请求都导致 service 方法被调用执行，调用过程运行在不同的线程中，互不干扰。

3. 销毁 Servlet 对象

当服务器关闭时，调用 destroy 方法，销毁 Servlet 对象。

4.1.2 Servlet 编写和部署过程

Servlet 编写可分为以下几个步骤：首先，编写 Servlet 源程序，编译生成.calss 文件；其次，部署.calss 文件，需要修改 web.xml 配置文件，在 XML 中注册 Servlet 和定义映射；最后，启动 Servlet 引擎，通过 URL 请求 Servlet，Servlet 对客户端提供 HTTP 响应服务。

1. 编写源程序并编译

编写 Servlet 的本质就是继承 HttpServlet 类，并重写其中的体现生命周期的各种方法 init()、service()、destroy()等。service()方法是 Servlet 处理不同类型 HTTP 请求的方案，它将请求分配到支持相应类型的其他方法，在开发 Servlet 时，多数情况下不必重写这个方法。当 HttpServlet.service()方法被执行时，它读取存储在 request 中的方法类型的值来决定哪个方法被执行。这里需要重写的方法是 doGet()、doPost()等；如果方法类型为 GET，就调用 doGet()方法，如果为 POST 就调用 doPost()方法。

具体的 Servlet 程序实例如下：

```
import javax.servlet.*;
import javax.servlet.http.*;
import java.io.*;
import java.util.*;
public class HelloServlet extends HttpServlet {
   private static final String CONTENT_TYPE = "text/html; charset = GBK";
   public void init() throws ServletException {
   }
   public void doGet(HttpServletRequest request, HttpServletResponse response) throws
        ServletException, IOException {
     response.setContentType(CONTENT_TYPE);        //设置输出流类型和字符集
     PrintWriter out = response.getWriter();       //获取输出流对象
     out.println("<html>");
```

```
        out.println("<head><title>ServletDemo</title></head>");
        out.println("<body bgcolor=\"#ffffff\">");
        out.println("<p>这是我的第一个 servlet 示例.</p>");
        out.println("</body></html>");
    }
    public void destroy() {
    }
}
```

其中,编写 Servlet 必须要引入包 javax.servlet 和包 javax.servlet.http。编译该程序生成 HelloServlet.class 文件。

2. 部署配置

将编译好的目标代码部署到 web 应用/WEB-INF/classes 下,同时配置/WEB-INF/web.xml 文件,添加 Servlet 配置信息。

Servlet 注册：包括<servlet-name>和<servlet-class>两个元素。<servlet-name>定义了一个 servlet 的名字,<servlet-class>指定了由容器载入的实际类。

servlet 映射：<servlet-mapping>由<servlet-name>、<servlet-name>和<url-pattern>子元素组成。<servlet-name>设置已注册的 Servlet,<url-pattern>将 Servlet 映射到一个 URL 访问入口。在 web.xml 中,配置 Servlet 代码片段如下：

```
<servlet>
<servlet-name>helloserv</servlet-name><!-- 对 Servlet 类定义名 -->
<servlet-class>HelloServlet</servlet-class><!-- 部署好的目标代码 -->
</servlet>
<servlet-mapping>
  <servlet-name>helloserv</servlet-name><!-- 对已命名 Servlet 名称映射一个 URL 相对地址 -->
  <url-pattern>/hello</url-pattern>
</servlet-mapping>
```

3. 执行 HelloServlet

在 Web 服务器启动后,打开浏览器在地址栏中输入"http://locathost:8080/helloserv",执行 HelloServlet。

4.1.3 Servlet 应用示例

Servlet 在 Java Web 应用开发中担当重要角色。通常利用 Servlet 实现的功能有：

(1) 通过调用 Servlet,获取客户端表单提交数据,进行数据合法性检验处理。

(2) 利用 Servlet 在实现请求转发时所提供的能力,在 MVC 模式中担当控制器的角色。其中,要利用 HttpServletRequest 类的 getRequestDispatcher()方法实现转发控制。

(3) Servlet 可以通过 JavaBean 对象,向其他页面或 Servlet 资源传递数据。具体方法是：在 Servlet 中,创建一个 JavaBean 的对象,然后将需要保存的数据放到 JavaBean 中。设置 session 对象或 request 对象的属性，然后页面转发到相应的 JSP 页面或 Servlet 中。

下面通过几个具体的实例介绍 Servlet 的应用。

1. 通过 Servlet 实现表单输入数据符合性检验

在例 2.2 中，写出了如图 2.3 所示的会员注册的页面（memberLogin. html）。其中用户名变量为 userName，口令变量为 password。通常用户名应当由字母数字串组成，口令长度则必须保证在 6 位以上。为了保证客户端所提交的输入数据符合要求，减少后续的业务处理模块的处理负担，需要安排相应的程序对输入数据进行符合性检验，Servlet 即可以承担这一任务。

【例 4.1】 表单输入数据符合性检验。

com. ch04. RegisterServlet. java

```
import java.io.IOException;
import javax.servlet. * ;
import javax.servlet.http. * ;
public class RegisterServlet extends HttpServlet {
  public void doGet(HttpServletRequest request, HttpServletResponse response)
                                          throws ServletException, IOException {
        doPost(request,response);
    }
  public void doPost(HttpServletRequest request, HttpServletResponse response)
                                                          throws ServletException,
IOException {
            String name = request.getParameter("username");
            String pass = request.getParameter("password");
            if (pass.length()<6){     //口令长度少于 6 位转到失败页/exm4 - x/failPass.jsp
                request.getRequestDispatcher ( "/exm4 - x/failPass. jsp"). forward ( request,
response);
                return;
            }
            if(name.replaceAll("[a - z] * [A - Z] * \\d * - * _ * \\s * ", "").length()!= 0){
                        //用户名字不符合规范转失败页/exm4 - x/failName.jsp
                request.getRequestDispatcher ( "/exm4 - x/failName. jsp"). forward ( request,
response);
                return;}
            if(name.length() == 0){    //用户名长度为零转失败页/exm4 - x/failName.jsp
                request.getRequestDispatcher ( "/exm4 - x/failName. jsp"). forward ( request,
response);
                return;}
            request.getRequestDispatcher("/exm4 - x/success.jsp").forward(request, response);
    }
}
```

配置 web. xml：

```
<servlet>
    <display - name> RegisterServlet </display - name>
```

```
        <servlet-name>RegisterServlet</servlet-name>
        <servlet-class>com.ch04.RegisterServlet</servlet-class>
    </servlet>
    <servlet-mapping>
        <servlet-name>RegisterServlet</servlet-name>
        <url-pattern>exm4_1/RegisterServlet</url-pattern>
    </servlet-mapping>
```

登录表单修改为 exm4_1\index.jsp：

```
<form action=" RegisterServlet " method="post">
```

2. 通过 Servlet 实现页面转发控制逻辑

在例 3.8 中，实现了用户登录校验逻辑。在此应用实现中，对于用户登录请求及校验逻辑，是一个典型的请求转发的示例，这个功能可以通过 Servlet 来实现。其中，对于实现获取请求表单数据并校验的业务处理逻辑部分，使用 Servlet 来实现，其余页面显示部分不变。

【例 4.2】 用户登录转发控制实现。

com.ch04.CheckLoginServlet.java

```
import java.io.IOException;
import javax.servlet.*;
import javax.servlet.http.*;
public class CheckLoginServlet extends HttpServlet {
    public void doGet(HttpServletRequest req, HttpServletResponse resp)  throws ServletException,
IOException {
        HttpSession session = req.getSession();
        resp.setContentType("text/html;charset = gb2312");
        String name = req.getParameter("name");
        String pwd = req.getParameter("pwd");
        System.out.print(name + pwd);
        if("admin".equals(name) && "mrsoft".equals(pwd)) {
            session.setAttribute("username", name);
            RequestDispatcher rd = req.getRequestDispatcher("/main.jsp");
            rd.forward(req,resp);
        } else  {
            RequestDispatcher rd = req.getRequestDispatcher("/exit.jsp");
            rd.include(req,resp);
        }
    }
    public void doPost(HttpServletRequest req,HttpServletResponse resp)  throws ServletException,
IOException  {
        doGet(req,resp);
    }
}
```

配置 web.xml：

```
<servlet>
    <display-name>CheckLoginServlet</display-name>
    <servlet-name>CheckLoginServlet</servlet-name>
    <servlet-class>com.ch04.CheckLoginServlet</servlet-class>
  </servlet>
  <servlet-mapping>
    <servlet-name>CheckLoginServlet</servlet-name>
    <url-pattern>exm4_2/CheckLoginServlet</url-pattern>
  </servlet-mapping>
```

登录表单修改为 exm4_2\index.jsp：

```
<form action=" CheckLoginServlet " method="post">
```

3. 通过 Servlet 实现动态验证码的实现

为了防止黑客对某一个特定注册用户用特定程序暴力破解方式进行不断的登录尝试，可以使用动态验证码技术。因为验证码以不规则的形式存在，机器识别起来较为困难。它可以有效防止利用机器进行的批量注册、重复投票、灌水回帖、暴力破解等恶意操作，对服务器的维护起到了至关重要的作用。以下示例是用来实现动态验证码的 Servlet 应用。

【例 4.3】 动态验证码的实现。

com.ch04.ValidateCodeServlet .java

```
import javax.servlet.*;
import javax.servlet.http.*;
import java.io.*;
public class ValidateCodeServlet extends HttpServlet {
    private int width = 150, height = 50, count = 4;
    private String validate_code;
    private int type = 3;                                   //1 数字 2 字母 3 混合
    private Random random = new Random();
    private Font font = new Font("Courier New", Font.BOLD, width / count);
    private int line = 200;
    protected void doGet(HttpServletRequest request, HttpServletResponse response) throws
ServletException, IOException {
        response.setHeader("Cache-Control", "no-cache");//禁止 IE 浏览器缓存页面
        response.setDateHeader("Expires", 0);           //设置缓存延时为 0
        response.setContentType("image/jpeg");          //设置输出类型为图片
    BufferedImage image = new BufferedImage(width, height,BufferedImage.TYPE_INT_RGB);
                                                        //实例化图片对象
    Graphics g = image.getGraphics();                   //获取绘制工具
    g.setColor(new Color(240,230,190));
    g.fillRect(0, 0, width, height);
    for (int i = 0; i < line; i++) {
      int x = random.nextInt(width);
```

```
        int y = random.nextInt(height);
         int xl = random.nextInt(12);
        int yl = random.nextInt(12);
         g.drawLine(x, y, x + xl, y + yl);
        }                                                   //随机产生干扰线
        g.setFont(font);
        validate_code = getValidateCode(count, type);        //生成验证码
        request.getSession().setAttribute("validate_code", validate_code);
            //将 4 位数字的验证码保存到 Session 中
    for (int i = 0; i < count; i++) {
        g.setColor(new Color(40,50,60));
        int x = (int) (width / count) * i;
        int y = (int) ((height + font.getSize()) / 2) - 5;
        g.drawString(String.valueOf(validate_code.charAt(i)), x, y);  //生成验证码图像
    }
    g.dispose();
    ImageIO.write(image, "JPEG", response.getOutputStream());  //输出验证码到客户端浏览器
  }
  protected void doPost ( HttpServletRequest request, HttpServletResponse response ) throws
ServletException, IOException {doGet(request, response);
  }
private String getValidateCode(int size, int type) {          //生成 size 位验证码的方法
    StringBuffer validate_code = new StringBuffer();
    for (int i = 0; i < size; i++) {                        //随机产生 size 位数字的验证码
      validate_code.append(getOneChar(type));
    }
    return validate_code.toString();
}
private String getOneChar(int type) {                         //生成 1 位验证码
    String result = null;
    switch (type) {
         case 1: result = String.valueOf(random.nextInt(10)); break;
         case 2: result = String.valueOf((char) (random.nextInt(26) + 65));break;
         case 3: if (random.nextBoolean()) {result = String.valueOf(random.nextInt(10));}
         else {result = String.valueOf((char) (random.nextInt(26) + 65));} break;
          default: result = null; break;
    }
    if (result == null)     throw new NullPointerException("获取验证码出错");
       return result;
    }
    public void init(ServletConfig config) throws ServletException {super.init(config); }
    public void destroy() {   }
  }
```

web.xml 文件配置 Servlet 片段：

```
<!-- 生成图片验证码 -->
  <servlet>
    <servlet-name>validateCodeServlet</servlet-name>
```

```
        <servlet-class>com.imfec.ValidateCodeServlet</servlet-class>
    </servlet>
    <servlet-mapping>
        <servlet-name>validateCodeServlet</servlet-name>
        <url-pattern>/validateCodeServlet</url-pattern>
    </servlet-mapping>
```

前端页面表单代码 exm4_3\show.jsp：

```
<form action="validationcode_check.jsp" method=post>
  <table align=center>
    <tr><td>请输入验证码：<input type='text' name='validate_code' size=20></td>
     <td><img src=" ValidateCodeServlet" width=150 height=50></td></tr>
   <tr><td><input type="submit" value="提交"></td></tr>
</table></form>
```

验证码校验页面主要代码 exm4_3\validationcode_check.jsp：

```
<% String session_validate_code = (session.getAttribute("validate_code")).toString();
        if(session_validate_code==null)System.out.println("validate code has not set");
        else{      String request_code = request.getParameter("validate_code");
                      if(request_code==null)out.println("未输入");
        else{   if(request_code.equalsIgnoreCase(session_validate_code))out.println("匹配");
                    else out.println("不匹配"); } } %>
```

访问 localhost:8080/ch04/exm4_3/show.jsp 后显示如图 4.2 所示的结果。

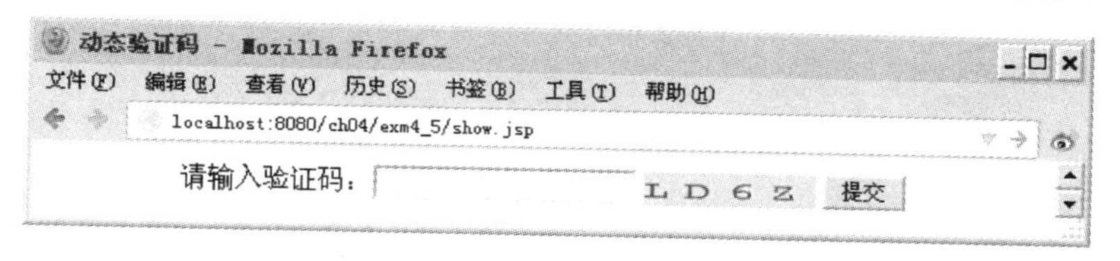

图 4.2 动态验证码

4.2 Servlet 包的构成

Servlet 编程会涉及多个相关包、接口和类。为了准确理解和运用这些内容，提高编程的质量和效率，本节将这些包、接口和类及其之间的关系做进一步介绍。

4.2.1 Servlet 包的构成

Servlet 由 javax.servlet 和 javax.servlet.http 两个包组成，其中 javax.servlet 包含用来实现和扩展独立于协议的通用接口和类，javax.servlet.http 是被用于特定 HTTP 协议的，javax.servlet.http 包中的某些类或接口继承了某些 javax.servlet 包中的类或接口。

1. Servlet 接口

javax. servlet. Servlet 接口中定义了 5 个方法,比较重要的 Servlet 生命周期方法有三个:

(1) init()方法,用于初始化一个 Servlet。

(2) service()方法,用于接受和响应客户端的请求。

(3) destroy()方法,执行清除占用资源的工作。

所有的 Servlet 都必须实现 javax. servlet. Servlet 接口,不管是直接或者是间接的。图 4.3 反映了 Servlet 各个接口和类之间的关系。

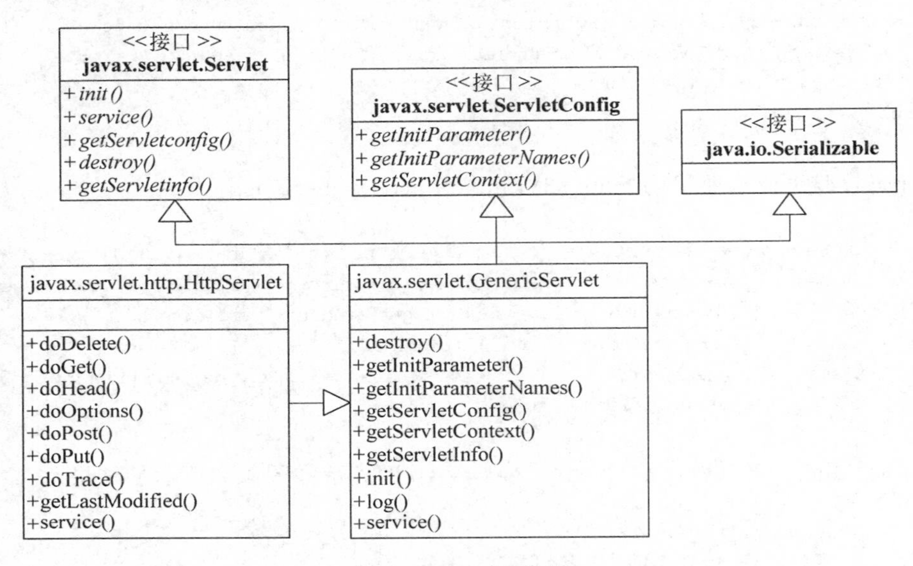

图 4.3 Servlet 类图

2. 抽象类 GenericServlet

抽象类 GenericServlet 实现了 Servlet 接口,它使编写 Servlet 更加方便,它提供的方法有以下几个:

1) public void destroy();

Servlet 容器在销毁一个 Servlet 对象前,会自动调用此方法。

2) public String getInitParameter(String name);

调用 ServletConfig 对象同名方法,返回 web. xml 中 Servlet 配置初始变量名。

3) public Enumeration getInitParameterNames();

调用 ServletConfig 对象的同名方法,返回 web. xml 中定义的初始参数值,如找不到,返回 null。

4) public ServletConfig getServletConfig();

返回一个通过这个类的 init 方法产生的 ServletConfig 对象的说明。

5) public ServletContext getServletContext();

调用 ServletConfig 对象的同名方法,返回这个 Servlet 的 ServletContext 对象。

6）public String getServletInfo()；

返回一个反映 Servlet 版本的字符串。

7）public void init(ServletConfig config) throws ServletException；

Servlet 容器加载 Servlet 类时，自动调用此方法完成初始化操作，覆盖该方法，必须调用 super. init(config)。

8）public void init() throws ServletException；

该方法重载 Servlet. init(ServletConfig config)方法而无须调用 super. init(config)。而 ServletConfig 对象依然可以通过调用 getServletConfig()方法获得。

init(ServletConfig config)方法会存储 config 对象，然后调用 init()。如果重载此方法，必须调用 super. init(config)，这样 GenericServlet 类的其他方法才能正常工作。

9）public void log(String msg)；public void log(String msg，Throwable cause)；

通过 Servlet contet 对象将 Servlet 的类名和给定的信息写入 log 文件中。

10）public abstract void service(ServletRequest request，ServletResponse response) throws ServletException，IOException；

开发者可以通过继承类 GenericServlet 来定义自己的 Servlet，但必须实现 service()方法，在该方法中定义自己的业务逻辑。ServletRequest 和 ServletResponse 这两个参数通过 service()方法来传递。ServletRequest 对象用来把得到的信息传送到 Servlet，ServletResponse 对象用来把 Servlet 产生的数据传送回到客户端。

抽象类 GenericServlet 实现了 Servlet 接口，当使用抽象类 GenericServlet 来实现基于 HTTP 的应用程序时，程序员首先需要将相关的 Servlet 对象转化为 HTTP 下对应的对象。因此，GenericServlet 类通常只作为通用 Servlet 应用的统一模型，而不去实现具体应用。类 HttpServlet 是 GenericServlet 类的子类，Web 应用中 Servlet 程序由特定的 HttpServlet 类来完成。

4.2.2 javax.servlet 其他相关类

javax. servlet 和 javax. servlet. http 两个包中，供开发使用的其他接口有 RequestDispatcher，ServletConfig，ServletContext，ServletRequest，ServletResponse，HttpServletRequest，HttpServletResponse，HttpSession，HttpSessionBindingListener 和 HttpSessionContext；可使用的类还有 UnavailableException，ServletException，Cookie，HttpSessionBindingEvent 和 HttpUtils。下面简要介绍部分 Web 开发中常用的接口和类的作用。在实际开发中需要使用到其余接口或类，可以查阅相关的 API 文档。

1. ServletConfig 接口

这个接口定义了一个对象，通过这个对象，Servlet 引擎配置一个 Servlet 并且允许 Servlet 获得一个有关它的 ServletContext 接口的说明。每一个 ServletConfig 对象对应着一个唯一的 Servlet。

2. ServletContext 接口

该接口定义了一个 Servlet 的环境对象，通过这个对象，Servlet 引擎向 Servlet 提供环境信息。一个 Servlet 的环境对象必须与它所驻留的主机一一对应。在一个处理多个虚拟主机的 Servlet 引擎中(例如,使用了 HTTP 1.1 的主机头域),每一个虚拟主机必须被视为一个单独的环境。此外,Servlet 引擎还可以创建对应于一组 Servlet 的环境对象。

需要说明的是,JSP 页面中的内置对象 application 即为实现该接口的实例。因为环境的信息通常都储存在 ServletContext 中,所以常利用 application 对象来存取 ServletContext 中的信息。

3. ServletRequest 和 ServletResponse 接口

ServletRequest 接口定义一个 Servlet 引擎产生的对象,通过这个对象,Servlet 可以获得客户端请求的数据。这个对象通过读取请求体的数据提供包括参数的名称、值和属性以及输入流的所有数据。

ServletResponse 接口定义一个 Servlet 引擎产生的对象,通过这个对象,Servlet 对客户端的请求作出响应。这个响应是一个 MIME 实体,可能是一个 HTML 页、图像数据或其他 MIME 的格式。

HttpServlet 包中,针对 HTTP 分别有继承自 Servlet 包中的相对应的请求、响应和会话接口,它们是 HttpServletRequest 接口、HttpServletResponse 接口和 HttpSession 接口。而在 JSP 页面中所使用的内置对象 request、response 和 session 即为这三个接口的实例。在 Servlet 中,这三个接口的使用与 JSP 中内置对象的使用基本一致,这里不再重复。请读者参考第 3 章内容。

4. RequestDispatcher 接口

RequestDispatcher 对象由 Servlet 容器创建,用于封装一个由路径所标识的服务器资源。利用 RequestDispatcher 对象,可以把请求转发给其他的 Servlet 或 JSP 页面。

4.2.3 HttpServlet 抽象类

类 HttpServlet 是 GenericServlet 类的子类,提供了一个处理 HTTP 的框架,用来简化 HTTP Servlet 编写过程。在这个类中的 service 方法支持例如 GET、POST 这样的标准的 HTTP 方法,这一支持过程是通过分配它们到适当的方法(例如 doGet、doPost)中来实现的。以下是该类提供方法的介绍。

(1) protected void doDelete(HttpServletRequest request, HttpServletResponse response) throws ServletException, IOException;

此方法被该类的 service 方法调用,用来处理一个 HTTP DELETE 操作,这个操作允许客户端请求从服务器上删除 URL。

(2) protected void doGet(HttpServletRequest request, HttpServletResponse response) throws ServletException, IOException;

此方法被该类的 service 方法调用,用来处理一个 HTTP GET 操作,这个操作允许客户端简单地从一个 HTTP 服务器"获得"资源。

(3) protected void doHead(HttpServletRequest request, HttpServletResponse response) throws ServletException,IOException;

此方法被该类的 service 方法调用,用来处理一个 HTTP HEAD 操作。默认的情况是,这个操作会按照一个无条件的 GET 方法来执行,该操作不向客户端返回任何数据,而仅返回包含内容长度的头信息。

(4) protected void doOptions(HttpServletRequest request, HttpServletResponse response) throws ServletException,IOException;

此方法被该类的 service 方法调用,用来处理一个 HTTP OPTION 操作。这个操作自动地决定支持哪一种 HTTP 方法。

(5) protected void doPost (HttpServletRequest request, HttpServletResponse response) throws ServletException,IOException;

此方法被该类的 service 方法调用,用来处理一个 HTTP POST 操作。这个操作包含请求体的数据,Servlet 将按照此方法逻辑处理。

(6) protected void doPut (HttpServletRequest request, HttpServletResponse response) throws ServletException,IOException;

此方法被该类的 service 方法调用,用来处理一个 HTTP PUT 操作。

(7) protected void doTrace (HttpServletRequest request, HttpServletResponse response) throws ServletException,IOException;

此方法被该类的 service 方法调用,处理一个 HTTP TRACE 操作。这个操作的默认执行结果是产生一个响应,这个响应包含一个反映 trace 请求中发送的所有头域的信息。

(8) protected long getLastModified(HttpServletRequest request);

返回这个请求实体的最后修改时间。返回的数值是自 1970-1-1(GMT)以来的毫秒数。

(9) protected void service (HttpServletRequest request, HttpServletResponse response) throws ServletException,IOException;

(10) public void service(ServletRequest request, ServletResponse response) throws ServletException, IOException;

service 方法是 Servlet 的核心。当客户端请求一个 HttpServlet 对象时,该方法被调用。它的作用是调用与 HTTP 请求的方法相适应的 do×××方法。

对比 GenericServlet 和 HttpServlet,HttpServlet 不需要实现 service()方法,HttpServlet 类已经实现了 service()方法。事实上,对 Web 开发而言,开发者主要利用继承类 HttpServlet 来实现自己的 HTTP 请求处理逻辑,下面是使用该类的一个实例。

【例 4.4】 本例中 HttpServlet 将根据前端 JSP 页面不同请求类型,自动调用与请求类型匹配的方法,完成相应的逻辑。

com. ch04. TestServletService. java

```
import javax.servlet.*;
import javax.servlet.http.*;
import java.io.*;
public class TestServlet extends HttpServlet {
```

```
    private static final String CONTENT_TYPE = "text/html; charset = GBK";
    public void init() throws ServletException {
    }
public void doPost (HttpServletRequest request, HttpServletResponse response)      throws
ServletException, IOException {
response.setContentType(CONTENT_TYPE);                    //设置输出的编码机制
request.setCharacterEncoding("GBK");                      //设置输入的编码机制
PrintWriter out = response.getWriter();
out.println("<html>");
  out.println("<head><title>doPost方法示例</title></head>");
  out.println("<body>");
  out.println("<center>");
  out.println("<p>doPost方法被调用</p>");
  out.println("</center>");
  out.println("</body>");
  out.println("</html>");
}
public void doGet (HttpServletRequest request, HttpServletResponse response)      throws
ServletException, IOException {
response.setContentType(CONTENT_TYPE);                    //设置输出的编码机制
request.setCharacterEncoding("GBK");                      //设置输入的编码机制
PrintWriter out = response.getWriter();
out.println("<html>");
  out.println("<head><title>doGet方法示例</title></head>");
  out.println("<body>");
  out.println("<center>");
  out.println("<p>doGet方法被调用</p>");
  out.println("</center>");
  out.println("</body>");
  out.println("</html>");
}
public void destroy() {
      }
}
```

配置该Servlet：

```
<servlet>
    <display-name>TestServletService</display-name>
    <servlet-name>TestServletService</servlet-name>
    <servlet-class>com.ch04.TestServletService</servlet-class>
  </servlet>
  <servlet-mapping>
    <servlet-name>TestServletService</servlet-name>
    <url-pattern>/exm4_2/TestServletService</url-pattern>
  </servlet-mapping>
```

定义不同请求类型的表单页面：

exm4_4\postform.jsp

```
<form method = "post" action = "TestServletService">
<input type = "submit" name = "Submit" value = "提交">
</form>
```

exm4_4\getform.jsp

```
<form method = "get" action = "TestServletService">
<input type = "submit" name = "Submit" value = "提交">
</form>
```

如图 4.4 和图 4.5 所示为运行结果。

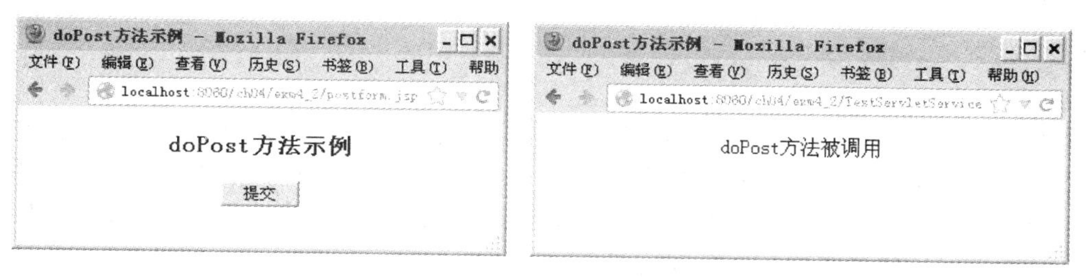

图 4.4 Post 请求类型调用 Post 方法

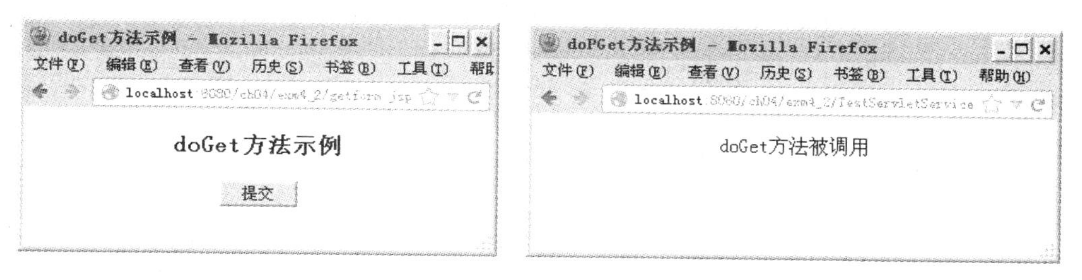

图 4.5 Get 请求类型调用 Get 方法

通过此例可以看到，访问 Servlet 时，HttpServlet 中的 service 方法根据不同的请求类型，自动触发 Servlet 中相对应的不同方法，这个过程无须开发者自己实现。这一点，是使用 HttpServlet 比 GenericServlet 更贴近 HTTP 的优势。因此，实际开发中 Servlet 程序的编写主要是针对不同请求类型来实现对应的方法逻辑。

4.3 过滤器

4.3.1 过滤器的概念

过滤器是一个程序，它先于与之相关的 Servlet 或 JSP 页面运行在服务器上。过滤器可附加到一个或多个 Servlet 或 JSP 页面上，并且可以检查进入这些资源的请求信息。在这之后，过滤器可以作如下的处理：

(1) 以常规的方式调用资源,调用 Servlet 或 JSP 页面。

(2) 利用修改过的请求信息调用资源。

(3) 调用资源,但在发送响应到客户机前对其进行修改。

(4) 阻止该资源调用,重定向到其他的资源,替换原来的输出。

过滤器在 Web 中的常见应用有:

(1) 对用户请求进行统一认证。

(2) 对用户的访问进行记录和审核。

(3) 对用户发送的数据进行过滤和替换。

(4) 转换图像格式。

(5) 对响应内容进行压缩,减少传输量。

(6) 对请求和响应进行加解密处理。

4.3.2 工作原理

在 Servlet 作为过滤器使用时,它可以对客户的请求进行处理。处理完成后,它会交给下一个过滤器处理。这样,客户的请求经过多个过滤逐个处理,直到请求发送到目标为止。服务器按照 web. xml 中过滤器定义的先后顺序组装成一条链,然后一次执行其中的 doFilter()方法。执行顺序如图 4.6 所示。

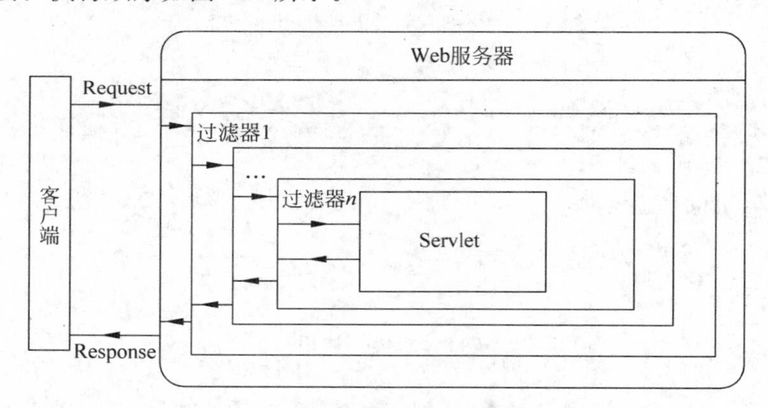

图 4.6 Servlet 过滤器工作原理

通常所谓的访问资源是一个 Servlet 或 JSP 页面,而 JSP 其实是一个被封装了的 Servlet,因此可以统一地认为每次访问的都是一个 Servlet。而每当访问一个 Servlet 时,Web 容器都会调用该 Servlet 的 service 方法去处理请求,service 方法又会根据请求方式的不同调用相应的方法。过滤器的执行流程:执行第一个过滤器 chain. doFilter()之前的代码,接着第二个过滤器 chain. doFilter()之前的代码,……直到第 n 个过滤器 chain. doFilter()之前的代码;然后执行所请求 Servlet 的 service()方法中的代码;最后顺次执行第 $n,n-1,\cdots$ 直到第 1 个过滤器 chain. doFilter()之后的代码。

4.3.3 过滤器 API

Servlet 过滤器 API 包含三个接口,它们都在 javax. servlet 包中,分别是 Filter 接口、

FilterChain 接口和 FilterConfig 接口。

1. public interface Filter

所有的过滤器都必须实现 Filter 接口。该接口定义了 init(),doFilter()和 destory()三个方法。

```
public void init (FilterConfig filterConfig) throws ServletException
```

当开始使用 Servlet 过滤器服务时,Web 容器调用此方法一次,做过滤器初始化工作,此方法传递的 FilterConfig 对象参数,为调用 doFilter()时提供配置信息。

```
public void doFilter ( ServletRequest request, ServletResponse response, FilterChain chain)
throws java.io.IOException,ServletException
```

每个过滤器都接受当前的请求和响应,且 FilterChain 过滤器链中的过滤器都会被执行。doFilter 方法中,过滤器可以对请求和响应做任何处理,通过调用方法收集数据,或者给对象添加新的行为。过滤器通过 FilterChain 参数对象,调用 chain. doFilter()将控制权传送给下一个过滤器。当调用返回后,过滤器可以在 Filter 方法的最后,定义对响应结果做些其他的修改或转换工作。如果过滤器想要终止请求的处理或得到对响应的完全控制,则可以不调用下一个过滤器,而将其重定向至其他页面。当链中的最后一个过滤器调用 chain. doFilter()方法时,将运行最初请求的 Servlet。

```
public void destroy()
```

当 doFilter()方法里的所有线程退出或已超时,容器调用此方法;调用 destory()方法以指出过滤器已结束服务,用于释放过滤器占用的资源。

2. public interface FilterChain

此接口用于调用过滤器链中的一系列过滤器,通过该接口把被过滤的任务在 Filter 间传递,它的主要方法有:

```
public void doFilter(ServletRequest request,ServletResponse response)throws
java.io.IOException,ServletException
```

此方法用于对资源请求过滤链的依次调用,通过 FilterChain 调用过滤链中的下一个过滤器,如果是最后一个过滤器,则下一个就调用目标资源。

3. public interface FilterConfig

FilterConfig 接口是检索过滤器名、初始化参数以及活动的 Servlet 上下文。该接口提供了以下 4 个方法:

```
public String getFilterName()
```

返回 web. xml 部署文件中定义的该过滤器的名称。

```
public ServletContext getServletContext()
```

返回调用者所处的 Servlet 上下文。

```
public java.lang.String getInitParameter(String name)
```

返回过滤器初始化参数值的字符串形式。

```
public java.util.Enumeration getInitParameterNames()
```

返回过滤器所有初始化参数值。

4.3.4 过滤器的开发步骤

1. Servlet 过滤器的编写

开发 Servlet 过滤器过程与开发 Servlet 的过程相近，首先需要编写实现 Filter 接口的 Servlet 类并编译；然后将目标码部署到 web 应用/web-inf/classes 下，在 web.xml 中配置 Filter。

开发一个过滤器需要实现 Filter 接口，重写 Filter 接口中的方法。

Filter 类示例：SimpleFilter1.java

```
import java.io.IOException;
import javax.servlet.Filter;
import javax.servlet.FilterChain;
import javax.servlet.FilterConfig;
import javax.servlet.ServletException;
import javax.servlet.ServletRequest;
import javax.servlet.ServletResponse;
 public class SimpleFilter1 implements Filter {
    private FilterConfig filterConfig;
    public void init(FilterConfig config) throws ServletException {
        this.filterConfig = config; }
     public void doFilter(ServletRequest request, ServletResponse response,
            FilterChain chain) {
        try {
            System.out.println("Within SimpleFilter1:Filtering the Request...");
            chain.doFilter(request, response);     //把处理发送到下一个过滤器
            System.out .println("Within SimpleFilter1:Filtering the Response...");
        } catch (IOException ioe) {
            ioe.printStackTrace();
        } catch (ServletException se) {
            se.printStackTrace();
        }
 }
   public void destroy() {
      this.filterConfig = null;
   } }
```

SimpleFilter2.java

```
import java.io.IOException;
import javax.servlet.Filter;
import javax.servlet.FilterChain;
import javax.servlet.FilterConfig;
import javax.servlet.ServletException;
import javax.servlet.ServletRequest;
import javax.servlet.ServletResponse;

public class SimpleFilter2 implements Filter {
    private FilterConfig filterConfig;
    public void init(FilterConfig config) throws ServletException {
        this.filterConfig = config;
    }
    public void doFilter(ServletRequest request, ServletResponse response,
            FilterChain chain) {
        try {
            System.out.println("Within SimpleFilter2:Filtering the Request...");
            chain.doFilter(request, response);       //把处理发送到下一个过滤器
            System.out.println("Within SimpleFilter2:Filtering the Response...");
        } catch (IOException ioe) {
            ioe.printStackTrace();
        } catch (ServletException se) {
            se.printStackTrace();
        }
    }
    public void destroy() {
        this.filterConfig = null;
    }
}
```

2. web.xml过滤器的配置

过滤器配置同样包括注册和映射两部分。过滤器注册：<filter>元素表示，主要包括<filter-name>和<filter-class>两个必需的子元素和<init-param>，<display-name>，<description>可选子元素。<filter-name>子元素定义了一个过滤器的名字，<filter-class>指定了由容器载入的实际类，<init-param>子元素为过滤器提供初始化参数。

过滤器映射：<filter-mapping>主要由<filter-name>、<servlet-name>和<url-pattern>子元素组成。<servlet-name>将过滤器映射到一个或多个Servlet上，<url-pattern>将过滤器映射到一个或多个任意特征的URL的JSP页面，<dispatcher>定义请求类型，类型包括REQUEST、FORWARD、INCLUDE ERROR。

上例对应配置文件为：

```
<filter>
    <filter-name>filter1</filter-name>
```

```
    <filter-class>SimpleFilter1</filter-class>
</filter>
<filter-mapping>
    <filter-name>filter1</filter-name>
    <url-pattern>/*</url-pattern><!-- 为所有的访问做过滤 -->
</filter-mapping>
<filter>
    <filter-name>filter2</filter-name>
    <filter-class>SimpleFilter2</filter-class>
</filter>
<filter-mapping>
    <filter-name>filter2</filter-name>
    <url-pattern>/*</url-pattern><!-- 为所有的访问做过滤 -->
</filter-mapping>
```

4.3.5 过滤器的应用

1. 字符集编码的过滤

Web应用开发中，经常遇到页面显示中文数据出现乱码的问题，这个问题通常是由于请求表单采用的字符集与服务器端使用的字符集不一致，导致提交中文数据无法正确解析，最终反馈到前端的数据出现乱码。浏览器提交表单数据优先使用浏览器字符编码集，默认为UTF-8；服务器端处理数据默认字符集为ISO-8859-1。如果服务器端不对字符集进行修改，那么一定会产生中文乱码问题。对于这个问题，较好的解决方案就是采用过滤技术处理。解决办法是：定义一个过滤器类，在init方法中，从配置文件中获取过滤器设定目标字符集参数值UTF-8；在doFilter方法中，将该字符集设置到request和response对象中，这样就可以保证服务器端字符集与浏览器一致。将该过滤器配置到所有页面中，就可以统一解决字符集过滤的问题了。

【例4.5】 字符集编码过滤。

com.ch04.SetCharacterEncodingFilter.java

```
import java.io.IOException;
import javax.servlet.*;
public class SetCharacterEncodingFilter implements Filter {
 public SetCharacterEncodingFilter() {
      System.out.println("回调字符集过滤器的无参构造方法!");
 }
 private String charset;                          //编码方式
 private boolean flag;                            //标识是否启用过滤器
 public void destroy() {                          //销毁过滤器
      System.out.println("销毁字符集过滤器!");
 }
 public void doFilter(ServletRequest request, ServletResponse response,
           FilterChain chain) throws IOException, ServletException {
```

```
        if (flag && charset != null) {                    //过滤器设为启用且字符编码不为空
            request.setCharacterEncoding(charset); //设置编码方式
            response.setCharacterEncoding(charset);
            System.out.println("成功使用了字符集过滤器");
        } else {
            System.out.println("没有启用字符集过滤器");
        }
        chain.doFilter(request, response);
    }
    public void init(FilterConfig config) throws ServletException {  //初始化过滤器
        this.charset = config.getInitParameter("charset");
                                                    //从配置文件中获取字符编码给 charset
        this.flag = "true".equals(config.getInitParameter("flag"));
                                                    //设置字符集设定标志 flag
        System.out.println("设置的字符集编码方式为: " + charset + " 是否启用: " + flag);
    }
}
```

web.xml

```
<filter>
        <filter-name>myCharsetFilter</filter-name>
        <filter-class>SetCharacterEncodingFilter</filter-class>
        <init-param><!-- 使用该方式设定字符集较为灵活,可方便地修改设定目标字符集 -->
                <param-name>charset</param-name>
                <param-value>UTF-8</param-value>
        </init-param>
        <init-param>
                <param-name>flag</param-name>
                <param-value>true</param-value>
        </init-param>
</filter>
    <filter-mapping>
      <filter-name>myCharsetFilter</filter-name>
<url-pattern>/*</url-pattern>
</filter-mapping>
```

2. 用户登录过滤

Web 应用中,经常通过登录校验逻辑来进行资源访问控制。使用过滤器实现检测用户是否登录是非常重要的手段。其设计逻辑为:当用户发出访问请求时,将先触发过滤器。如果用户未通过登录校验访问被限制资源时,系统将重定向到用户登录页面。当用户通过登录页面登录时,系统将用户登录信息记录在其会话映射 forUser 域中;执行过滤时,过滤器可依据会话映射 forUser 是否存在来判断用户是否通过登录校验。

【例 4.6】 用户登录过滤。

com.ch04.CheckLoginFilter.java

```
import java.io.IOException;
import java.util.*;
```

```
import javax.servlet.*;
import javax.servlet.http.*;
public class CheckLoginFilter implements Filter {
    protected FilterConfig filterConfig = null;
    private String redirectURL = null;
    private List notCheckURLList = new ArrayList();
    private String sessionKey = null;
    public void doFilter(ServletRequest servletRequest,
      ServletResponse servletResponse, FilterChain filterChain)
        throws IOException, ServletException {
        HttpServletRequest request = (HttpServletRequest) servletRequest;
        HttpServletResponse response = (HttpServletResponse) servletResponse;
        HttpSession session = request.getSession();
        if (sessionKey == null) {
            filterChain.doFilter(request, response);
            return;
        }
        if ((!checkRequestURIIntNotFilterList(request))
                && session.getAttribute(sessionKey) == null) {
            response.sendRedirect(request.getContextPath() + redirectURL);
            return;
        }
        filterChain.doFilter(servletRequest, servletResponse);
    }
    public void destroy() {
        notCheckURLList.clear();
    }
    private boolean checkRequestURIIntNotFilterList(HttpServletRequest request) {
        String uri = request.getServletPath()
                + (request.getPathInfo() == null ? "" : request.getPathInfo());
        return notCheckURLList.contains(uri);
    }
    public void init(FilterConfig filterConfig) throws ServletException {
        this.filterConfig = filterConfig;
        redirectURL = filterConfig.getInitParameter("redirectURL");
        sessionKey = filterConfig.getInitParameter("checkSessionKey");
        String notCheckURLListStr = filterConfig
                .getInitParameter("notCheckURLList");
        if (notCheckURLListStr != null) {
            StringTokenizer st = new StringTokenizer(notCheckURLListStr, ";");
            notCheckURLList.clear();
            while (st.hasMoreTokens()) {
                notCheckURLList.add(st.nextToken());
            }
        }
    }
}
```

web.xml 配置文件中添加配置代码：

```
<filter>
    <display-name>CheckLoginFilter</display-name>
    <filter-name>CheckLoginFilter</filter-name>
    <filter-class>cn.edu.imufe.filter.CheckLoginFilter</filter-class>
    <init-param>
      <param-name>checkSessionKey</param-name><!--会话属性键-->
      <param-value>forUser</param-value>
</init-param>
<init-param>
    <param-name>redirectURL</param-name><!--登录页面-->
    <param-value>/login.jsp</param-value>
</init-param>
<init-param>
    <param-name>notCheckURLList</param-name><!--非过滤资源列表-->
    <param-value>/login.jsp;/UserLogin</param-value>
  </init-param>
</filter>
<filter-mapping>
  <filter-name>CheckLoginFilter</filter-name>
  <url-pattern>/*</url-pattern>
</filter-mapping>
```

在过滤器配置文件中，将登录页面和登录校验逻辑设定为无须过滤的资源，并设定登录时设置会话属性键为 forUser；其他资源均设置为需过滤资源。在过滤器中，首先通过 init()方法从配置文件中获取初始配置数据；在 doFilter()方法中，通过测试 session 对象 forUser 域是否为空来判定该用户是否通过登录校验逻辑，如果未通过登录校验，则重定向到登录页面。

4.4 监听器

监听器是一个实现特定接口的普通 Java 程序，这个程序专门用于监听其他 Java 对象发生的事件，包括方法调用或属性改变。当被监听对象发生上述事件后，监听器某个方法将立即被执行。在 Servlet 中定义了多种类型的监听器，它们用于监听的事件源分别为 ServletContext、HttpSession 和 ServletRequest 这三个域对象，包括对象的创建、销毁，属性的添加、删除等事件。

与普通监听器工作流程类似，Servlet 监听器也需要通过以下几个步骤来实现监听效果：

(1) 确定事件源。

(2) 写一个类，实现 Servlet 监听器接口，并重写接口里面的方法。

(3) 在 web.xml 里注册监听器，建立联系。

```
<listener>
    <listener-class>监听器类全路径</listener-class>
</listener>
```

(4) 当事件源触发事件，监听器调用相应的方法。

不同的事件源，对应不同的监听器接口，下面分别介绍对应的监听器。

4.4.1 ServletContext 监听器

1. ServletContextListener

用于监听 Web 应用启动和销毁的事件，监听器类需要实现 javax. servlet. ServletContextListener 接口。

ServletContextListener 是 ServletContext 的监听者，如果 ServletContext 发生变化，如服务器启动时 ServletContext 被创建，服务器关闭时 ServletContext 将要被销毁。

ServletContextListener 接口的方法：

void contextInitialized(ServletContextEvent sce) 通知正在收听的对象，应用程序已经被加载及初始化。

void contextDestroyed(ServletContextEvent sce) 通知正在收听的对象，应用程序已经被载出。

ServletContextEvent 事件类中，提供的方法 ServletContext getServletContext()，用于取得 ServletContext 对象。

2. ServletContextAttributeListener

用于监听 Web 应用属性改变的事件，包括增加属性、删除属性、修改属性，监听器类需要实现 javax. servlet. ServletContextAttributeListener 接口。

ServletContextAttributeListener 接口方法：

void attributeAdded(ServletContextAttributeEvent scab)，若有对象加入 application 的范围，通知正在收听的对象。

void attributeRemoved(ServletContextAttributeEvent scab)，若有对象从 application 的范围移除，通知正在收听的对象。

void attributeReplaced(ServletContextAttributeEvent scab)，若在 application 的范围中，有对象取代另一个对象时，通知正在收听的对象。

ServletContextAttributeEvent 事件类中，方法 String getName()，回传属性的名称，方法 Object getValue() 回传属性的值。

利用监听器可统计网站在线人数及访问量。例如，服务器启动时，读取数据，并将其用一个计数变量保存在 application 范围内，实现 ServletContextListener 监听器 contextInitialized 方法；服务器关闭时，更新数据，实现 ServletContextListener 监听器 contextDestroyed 方法。

```
public class MyConnectionManager implements ServletContextListener{
    public void contextInitialized(ServletContextEvent e) {
        Connection con =                                    //从数据库或文件中读取数据
        e.getServletContext().setAttribute("con", con);  //保存到 application 中
    }
```

```
    public void contextDestroyed(ServletContextEvent e) {
        Connection con = (Connection) e.getServletContext().getAttribute("con");
            //回写数据到数据库或文件中
            try {
              con.close();
            }
          catch (SQLException ignored) { } //close connection
  } }
```

4.4.2　ServletRequest 监听器

1. ServletRequestListener

该接口用于监听 ServletRequest 对象的创建和销毁

void requestInitialized(ServletRequestEvent event)，request 对象被创建时此方法将会被调用。

void requestDestroyed(ServletRequestEvent event)，request 对象被销毁时此方法将会被调用。

用户每一次访问，都会创建一个 request，当前访问结束，request 对象就会销毁。

2. ServletRequestAttributeListener

该接口主要用于监听 request 属性的变化，包括属性添加、删除、修改等事件，方法包括：

void attributeAdded(ServletRequestAttributeEvent event)，添加 request 新属性时此方法被执行。

void attributeRemoved(ServletRequestAttributeEvent event)，删除 request 属性时此方法被执行。

void attributeReplaced(ServletRequestAttributeEvent event)，当修改一个已有属性时此方法被执行。

4.4.3　HttpSession 监听器

1. HttpSessionBindingListener 接口

HttpSessionBindingListener 接口是唯一不需要在 web. xml 中设定的 Listener。只要用户编写的类实现了 HttpSessionBindingListener 接口，当对象加入 Session 或从 Session 中移出时，容器分别会自动调用下列两个方法：

void valueBound(HttpSessionBindingEvent event)

void valueUnbound(HttpSessionBindingEvent event)

2. HttpSessionAttributeListener 接口

HttpSessionAttributeListener 监听 HttpSession 中的属性的操作。

当在 Session 中增加一个属性时，激发 attributeAdded(HttpSessionBindingEvent se) 方法；当在 Session 中删除一个属性时，触发 attributeRemoved(HttpSessionBindingEvent se)方法；当在 Session 属性被重新设置时，触发 attributeReplaced(HttpSessionBindingEvent se) 方法。这和 ServletContextAttributeListener 比较类似。

3. HttpSessionListener 接口

HttpSessionListener 监听 HttpSession 的操作。当创建一个 Session 时，触发 sessionCreated(HttpSessionEvent se)方法；当销毁一个 Session 时，激发 sessionDestroyed(HttpSessionEvent se)方法。

HttpSessionAttributeListener 与 HttpSessionBindingListener 的区别：

(1) 前者是需要在 web. xml 中进行描述的，后者不需要。

(2) 前者是在任何 session 的属性发生变化时都会触发执行其方法中的代码，而后者只是在实现它的对象被绑定到会话属性或被从会话属性中解除绑定时，才会触发执行那个对象的 valueBound 和 valueUnboundy 这两个方法的代码。

【例 4.7】 在线用户的监听功能的实现。

在 Web 程序中，在线用户监视和统计是一个常用的功能。这一功能的实现可以使用监听机制来完成。当用户正常登录后，需要将用户信息如用户名 userName 加入 session 域中；当用户下线或退出登录时，将用户信息从 session 域中清除。根据这个使用特征，可建立 session 监听器，定义动态数组用来保存登录用户的用户信息。当用户登录时，触发 sessionCreated()方法，在该方法内实现登录用户计数增加的逻辑；同时，因为登录时 session 对象域值变化，触发 attributeAdded()方法，在该方法内实现更新登录用户数组。当用户退出时，触发 sessionDestroyed()方法，在该方法内实现退出登录计数减少的逻辑，并且删除当前退出用户，更新登录用户数组。

在线用户类 com. ch04. OnlineCounter. java：

```
public class OnlineCounter {
        private static long online = 0;      //用户数
        public static long getOnline(){ return online;          }
        public static void raise(){     online++;          }
        public static void reduce(){     online--;          }
  }
```

监听器类 com. ch04. OnlineCounterListener. java：

```
import java.util.ArrayList;
import javax.servlet.ServletContext;
import javax.servlet.http.*;
public class onlineListener implements HttpSessionListener,
HttpSessionAttributeListener {
ServletContext sc;
ArrayList list = new ArrayList();
```

```
public void sessionCreated(HttpSessionEvent se) {      //新建一个 session 时触发此操作
sc = se.getSession().getServletContext();
OnlineCounter.raise();
System.out.println("新建一个 session");
}
public void sessionDestroyed(HttpSessionEvent se) {   //销毁一个 session 时触发此操作
System.out.println("销毁一个 session");
if (!list.isEmpty()) {
    OnlineCounter.reduce();
    list.remove((String) se.getSession().getAttribute("userName"));
    sc.setAttribute("list", list);
}
}
public void attributeAdded(HttpSessionBindingEvent sbe) {
//在 session 中添加对象时触发此操作,在 list 中添加一个对象
list.add((String) sbe.getValue());
sc.setAttribute("list", list);
}
public void attributeRemoved(HttpSessionBindingEvent arg0) {}
public void attributeReplaced(HttpSessionBindingEvent arg0) {}
}
```

前端 JSP 页面中可以获得目前在线人数 exm4-9\onlineCounter.jsp：

```
<%@ page import = " OnlineCounter " %>
<% = OnlineCounter.getOnline() %>
```

在 web.xml 中配置：

```
<listener>
    <listener-class>OnlineCounterListener</listener-class>
</listener>
```

习题

一、填空题

1. Servlet 生命周期从方法________开始，到________结束。
2. doPost 方法只可以接受 Form 表单________方法的访问。
3. Servlet 截取所有的 Servlet 的 request 对象和 response 对象的标识是________。
4. 类 HttpServlet 是类________的子类。
5. HttpServletSession 接口是 JSP 中的________内置对象。
6. Filter Servlet 的应用方法是________。

二、简答题

1. Servlet 执行时一般都实现什么方法?
2. 请简述 Servlet 的生命周期。
3. 请说明 Servlet 中 redirect()和 forward()方法的区别。
4. 请使用 Servlet 实现 Web 方式删除服务器中指定文件。
5. 实现用户登录过滤器,并应用到 Web 程序中。
6. 实现字符集过滤器,并应用到 Web 程序中。
7. 构造监听器,实现在线用户统计,并应用到 Web 程序中。

第5章 JavaBean技术

Web开发中,JSP+Servlet+JavaBean是Java Web技术实现MVC模式的基本应用模型。作为MVC模型中Model层包括Web应用程序功能的核心,它负责实现业务逻辑,存储与应用程序相关的数据。Java Web开发技术中,对这一层次实现技术是JavaBeans技术。本章将介绍该技术的应用。

5.1 JavaBean概述

JavaBean的任务就是"Write once,run anywhere,reuse everywhere",即"一次性编写,任何地方执行,任何地方重用"。这个问题实际上就是要解决困扰软件开发日益增加的复杂性,提供一个简单的、紧凑的和优秀的问题解决方案。

JavaBean提供一个实际的方法来增强现有代码的利用率,而不再需要在原有代码上重新进行编程。除了在节约开发资源方面的意义外,一次性地编写JavaBean组件也可以在版本控制方面起到非常好的作用。开发者可以不断地对组件进行改进,而不必从头开始编写代码。这样就可以在原有基础上不断提高组件功能,而不会犯相同的错误。

JavaBean组件在任意地方运行是指组件可以在任何环境和平台上使用,这可以满足各种交互式平台的需求。由于JavaBean是基于Java语言编写的,所以它可以很容易地得到交互式平台的支持。JavaBean组件在任意地方执行不仅是指组件可以在不同的操作平台上运行,还包括在分布式网络环境中运行。

所谓JavaBean组件在任意地方的重用,是指它能够在包括应用程序、其他组件、文档、Web站点和应用程序构造器工具的多种方案中再利用。这就是JavaBean组件的最为重要的任务了,也是它区别于其他Java程序的特点之一。

Web开发中,通过使用JavaBean技术,可有效地将界面显示和业务逻辑分离开来,这对于专注于实现业务逻辑的开发者来说无疑是极大的优点。同时,这一技术的使用,可以使同样的业务逻辑处理程序实现"一次编写,到处应用"的目标。

5.1.1 JavaBean的概念

在Sun公司的JavaBean规范的定义中,Bean的正式说法是:"Bean是一个基于Sun公司的JavaBean规范的、可在编程工具中被可视化处理的可复用的软件组件"。JavaBean是一种软件组件模型,它与其他软件对象相互作用,决定如何建立和重用软件组件。这些可重用软件组件被称为 Bean。

JavaBean 是基于 Sun 公司的 JavaBean 规范的，可在编程工具中被可视化处理的可复用的软件组件。因此 JavaBean 具有 4 个基本特性：独立性、可重用性、可视化和状态可以保存。

事实上，JavaBean 有三层含义。首先，JavaBean 是一种规范，一种在 Java（包括 JSP）中可重复使用的 Java 组件的技术规范。为编写 JavaBean，该类的定义必须是具体的和公共的，并且具有无参数的构造器。JavaBean 通过提供符合一致性模式的公共方法访问私有成员属性。

其次，JavaBean 是一个 Java 的类。一般地，这个 Java 类将对应一个独立的.java 文件，在大多数情况下，是一个 public 类型的类。

最后，当 JavaBean 这样的一个 Java 类在具体的 Java 程序中被实例化之后，有时也会将这样的一个 JavaBean 的实例称为 JavaBean。

基本上，JavaBean 可以看成是一个黑盒子，即只需要知道其功能而不必管其内部结构的软件设备。黑盒子只介绍和定义其外部特征和与其他部分的接口，如按钮、窗口、颜色、形状、句柄等。通过将系统看成使用黑盒子关联起来的通信网络，完全可以忽略黑盒子内部的系统细节，从而有效地控制系统的整体性能。作为一个黑盒子的模型，JavaBean 有三个接口面，可以独立进行开发：

(1) JavaBean 可以调用的方法。

(2) JavaBean 提供的可读写的属性。

(3) JavaBean 向外部发送的或从外部接收的事件。

5.1.2 JavaBean 的编写规范

JavaBean 分为可视组件和非可视组件。在 JSP 中主要使用非可视组件，对于非可视组件，不必去设计它的外观，主要关心它的属性和方法。

编写 JavaBean 就是编写一个 Java 类，只要按以下规范编写一个类，就可以定义一个 JavaBean：

(1) 如果类的成员变量的名字是 xxx，那么为了更改或获取成员变量的值，在类中使用两个方法：getXxx()，用来获取属性 xxx；setXxx()，用来修改属性 xxx。

(2) 对于 boolean 类型的成员变量，允许使用 is 代替 get 和 set。

(3) 类中方法的访问属性必须是 public 的。

(4) 类中如果有构造方法，那么这个构造方法也是 public 的，并且是无参数的。

例如：

```
package beans;
public class ExampleBean {
    private String name;
    public ExampleBean(){ name = "testname"; }
    public String getName(){ return name; }
    public void setName(String name){ this.name = name; }
}
```

注意：编写 JavaBean 时一定要放在一个命名包里，而不能放在默认包里，也就是在程序文件的起始位置加 package packageName。若不如此，在使用时会出现这样的错误：

```
org.apache.jasper.JasperException: Unable to compile class for JSP:
An error occurred at line: 18 in the jsp file: /testJavabean.jsp
```

错误提示在 testJavabean.jsp 中使用了没有定义的类。事实上，是因为没有将 JavaBean 定义到一个包中，导致无法找到该对象。因为 Java 技术不允许命名包中的类去调用默认包里的类，也不允许在命名包里使用 import classname 来引用默认包里的类。所以，必须将 JavaBean 定义在一个包中。

5.2 在 JSP 中使用 JavaBean

当编写完成 JavaBean 类之后，编译将其发布到 Web 应用的 WEB-INF/classes 文件夹下，就可以通过 JSP 动作标签来使用。

5.2.1 JavaBean 对象的创建和作用范围

如果需要在 JSP 页面中使用一个 JavaBean 对象，可以通过动作标签<jsp: useBean>来引用。完整的语法结构应该是：

```
< jsp:useBean id = "beanInstanceName" scope = "page|request|session|application" class =
"package.class" />
```

在此标签中，有 id、scope 和 class 三个属性必须定义。

首先是 id。id 定义一个 JavaBean 类实例的引用名称，如果这个实例已经存在，将直接引用这个实例；如果这个实例尚未存在，将通过在 class 中定义的类进行实例化。

第二个是 class。用来明确当前 JavaBean 对象所属的类。

最后一个是 scope。scope 用来约束 JavaBean 对象存在的范围，即定义该对象所绑定的区域及其有效范围。它的值可以是 page、request、session 或 application。

page：这个 JavaBean 对象存在于该 JSP 文件以及此文件中的所有静态包含文件中，直到页面执行完毕为止。

request：JavaBean 对象存在于该页面的 request 中，该 JavaBean 在相邻的两个页面中有效。

session：JavaBean 对象存在于 session 中，该 JavaBean 在整个用户会话过程中都有效。

application：JavaBean 对象存在于 application 中，该 JavaBean 在当前整个 Web 应用的范围内有效。

以下例子使用 java.util.Date 类，测试不同的 scope 值的效果。TestScope.jsp 中主要代码：

```
<%@ page contentType="text/html;charset=gb2312" session="true" %>
<html>
<head><title>比较四种生命周期类型</title></head>
```

```
    <body><div align="center">
    <jsp:useBean id="date" scope="session" class="java.util.Date"/>
    <% out.println(date); %>
    <hr>
    </div></body>
</html>
```

将 scope 属性值分别替换为 page、request、session 和 application 进行测试。可以看出，当 scope 的值为 page 时，JavaBean 对象每次都要重新构造，所以每次访问页面时间均不同。如果 scope 的值为 request 时，由于每次刷新页面都是独立的请求，因此显示时间也不同。如果 scope 的值为 session 时，可以看到同一客户端连续刷新页面，由于 JavaBean 对象始终保持，因此显示时间是相同的；如果使用不同客户端访问，各个客户端之间显示时间是不同的。如果 scope 的值为 application 时，第一次访问此页面时 JavaBean 对象创建，其有效性与 Web 应用一致，因此不管使用几个客户端访问，它的显示时间总是不变的。

【例 5.1】 使用 JavaBean 技术实现及时显示当前站点累计访问用户数。具体要求如下：

(1) 访问数存储在物理文件中。

(2) 将最新的访问数返回到页面上。

(3) 不能通过不停地刷新页面增加访问数量。

根据要求，可以将增加访问数和显示访问数分别定义在两个 JavaBean 类中；显示时 JavaBean 的存在范围设置为 page，而增加访问数的范围设置为 session。

com.ch05.bean.Addone.java：

```
import java.io.*;
import java.lang.*;
public class Addone{
    public addone(){
    try{
      BufferedReader buff = new BufferedReader(new Filereader("counter.txt"));
      String s = buff.readLine();
      int i = Integer.parseInt(s);
      i++;
      System.out.println(i);
      buff.close();
      s = Integer.toString(i);
      PrintWriter pw = new PrintWriter(new BufferedWriter(new FileWriter("counter.txt")));
      pw.println(s);
      pw.close();
    }catch(IOException e){
    System.out.println(e.toString());
    }
  }
}
```

com.ch05.bean.Display.java

```
import java.io.*;
import java.lang.*;
public class Display{
  private int number;
  public int getNumber(){
    return number;
  }
  public void setNumber(){
    try{
      BufferedReader buff = new BufferedReader(new FileReader("counter.txt"));
      String s = buff.readLine();
      number = Integer.parseInt(s);
    }catch(IOException e){
      System.out.println(e.toString());
    }
  }
}
```

访问页面中主要代码 Exm5-1\count.jsp：

```
<jsp:useBean id = "s" scope = "session" class = " com.ch05.bean.Addone.java "/>
<jsp:useBean id = "p" scope = "page" class = " com.ch05.bean. Display.java "/>
本站已经有
<%
  p.setNumber();
  out.print(p.number);
%>
人访问,欢迎您!
```

按照例题要求,将用户访问的数据通过流对象存储在名为 counter.txt 的文件中。当有用户访问页面时,首先判断用户是否为新的访问用户,如果是新的用户,则需要更新文件中的数据,使原来数值加 1；如果是旧用户,则不需要更新文件中的数据,只需要访问该文件显示最新数据。可以看到,显示访问数和更新访问数并非同时执行。因此,显示访问用户数和更新访问用户数可以定义在不同的 JavaBean 中。在页面上,无须再来判断访问用户是否为新用户,直接声明两个 JavaBean 实例：其中一个对应更新访问用户类 Addone,并将生存期 scope 置为“session”。这样同一客户端访问该页面时,只有第一次访问时执行 JavaBean 的实例化并完成数据更新的任务,其余访问都不进行实例化工作,保证了访问数不会被不断刷新页面而增加。第二个实例对应显示访问用户类 Display,并将生存期 scope 置为“page”。这样,每当客户端访问该页面时,JavaBean 对象都需要被实例化,及时获取访问数存储文件中的数据,在页面上显示出最新的用户访问访问量。

5.2.2　JavaBean 属性访问

在 JSP 中,通过<jsp:setProperty>与<jsp:getProperty>动作标签实现 JavaBean 属

性的访问。

1. <jsp:setProperty>标签

语法规范：<jsp: setProperty name = "beanname" property = "proname" value = "provalue"| param ="pid"/>

作用：为<jsp:useBean >中已声明的对象属性赋值。

各个属性含义为：name 用来明确当前访问 JavaBean 的名称；property 用来指明 JavaBean 中需要赋值的属性名称；value 是将要赋值给属性的数据值；param 指明 JSP 页面中保存数据值的对象名称。需要注意的是，value 和 param 不能同时使用。

2. <jsp:getProperty>标签

语法规范：<jsp:getProperty name="beanname" property="proname"/>

作用：获取<jsp:useBean >已声明的对象的属性值。

各个属性含义为：name 明确当前访问 JavaBean 的名称；property 明确 JavaBean 中需要获取属性的名称。

3. JavaBean 属性访问标签的使用

在 JSP 页面中，通过使用 JavaBean 动作标签，可以灵活地使用 JavaBean 对象，设置和获取对象属性，进而调用对象方法实现相应的逻辑处理和获得需要的显示数据。例如：

com. ch05. bean. Test. java

```
public class Test{
    String se = "No";
    public String getSe() {
        return se;
    }
    public void setSe(String se) {
        this.se = se;
    }
}
```

showTest. jsp 页面中 JavaBean 标签代码为：

```
<jsp:useBean id = "te" class = "com.ch05.bean.Test" scope = "page" />
<jsp:setProperty name = "te" property = "se" value = "Yes" />
  se 值为: <jsp:getProperty name = "te" property = "se" />
```

运行结果将显示修改过的 te 对象属性化的值为：Yes。

【例 5.2】 定义 JavaBean，计算给定半径下圆的面积。

JavaBean 文件 com. ch05. bean. Cicrle. java：

```
package Bean;
import java.io.*;
```

```
public class Circle{
    double radius;
    public int getRadius(){ return radius;    }
    public void setRadius(int newRadius){ radius = newRadius;    }
    public double circleArea() { return Math.PI * radius * radius;    }
}
```

Exm5-2\TestCircle.jsp 页面使用 JavaBean：

```
<jsp:useBean id = "girl" class = "com.ch05.bean.Circle" scope = "page" >
    </jsp:useBean>
<jsp: setProperty id = "girl" property = " radius " value = "100"/ >
  <P>圆的半径是:
    <jsp: getProperty id = "girl" property = " radius "/ >
<P>圆的面积是:
    <% = girl.circleArea() %>
```

【例 5.3】 表单数据的处理。

在 Web 开发的实际应用中，JavaBean 技术可以应用于针对表单数据的处理。如程序 FormBean.java 所示。

com.ch05.bean.FormBean.java

```
import java.io. * ;
public class FormBean {
private int id = 0;
    private String nickname = "";
    public void setId(int id) { this.id = id; }
    public int getId()    { return id;    }
    public void setNickname(String name)    { this.nickname = name;    }
    public String getNickname()    { return nickname;    }
}
```

编写 JSP 文件，使用这个 Bean，如程序 Exm5-3\from.jsp 所示。

```
<form action = "" method = "post">
    id:<input type = text name = "id"><br>
    nickname:<input type = text name = "nickname"><br>
    <input type = submit value = "submit"/>
</form>
    <jsp:useBean id = "st" class = "std.FormBean"/>
    <jsp:setProperty name = "st" property = " * "/>
    <hr/>
    <jsp:getProperty name = "st" property = "id"/><br>
    <jsp:getProperty name = "st" property = "nickname"/>
```

这种方法利用表单中对应 name 的表单域的值去填充 Bean 里面相应的属性。这里 <jsp:setProperty name="st" property=" * "/>命令中，property 的值设置为"＊"，表示表单域名称与 st 对象属性名称一致的通配符；例子中，id 被填充到 Bean 的 id 属性中，nickname 被填充到 Bean 的 nickname 属性。初次访问该页面时，读取 id 的值为 0，nickname 默认为空；当填写表单提交后，显示新数据。

5.2.3 多页面数据共享

可以这样去理解共享 JavaBean 的概念：在一个 JSP 页面或 Servelet 中修改了 JavaBean 的属性，然后在另一个页面中读取这个 JavaBean 的属性，可以看到属性值的变化。这是实现数据共享的一种重要方式，也是 MVC 架构的基础。

JavaBean 共有 4 种范围：page、request、session 和 application。page 对应于本页面的使用，是不可以共享的 Bean。后三种都可以共享，范围递增。在共享 Bean 的应用中，使用 forward 和 include 方法来完成请求的转发和包含。除了这两种方法之外，其他的方法是无效的或不建议使用的。根据 JavaBean 的范围，共享分为请求共享、会话共享和应用共享。

1. 请求共享

请求共享在 request 范围内共享，具体示例如下。

scopePagea. jsp

```
<jsp:useBean id = "st" class = "com.ch05.bean.FormBean" scope = "request"/>
<jsp:setProperty name = "st" property = "id" value = "999"/>
<jsp:forward page = "scopePageb.jsp"/>
```

执行 scopePagea. jsp 的时候，自动转移到 scopePageb. jsp 页面。

scopePageb. jsp

```
<jsp:useBean id = "st" class = " com.ch05.bean.FormBean" scope = "request"/>
<jsp:getProperty name = "st" property = "id"/>
```

可以看到，在 scopePageb. jsp 中读取到的 id 属性值为 999，发出请求的 JSP 或 Servlet 修改的属性值在接受请求的 JSP 或 Servlet 中可以读出来。但是，如果两个程序之间没有发生请求关系，数据就无法共享。

2. 会话共享

会话共享在 session 范围内共享，属于应用程序的用户会话，与表示方式无关，但是却可以获得指向资源和其他数据的引用，这些数据有助于用户会话来维护和保存状态信息。例如，一个会话 JavaBean 可以通过会话保存用户的姓名和地址。会话 JavaBean 在 session 范围内共享数据，它的作用范围比请求 JavaBean 大很多，即使两个文件没有发生请求关系，只要是同一 session 发出的请求，也可以共享数据，如以下程序所示。

scopeSessiona. jsp

```
<jsp:useBean id = "st" class = " com.ch05.bean.FormBean" scope = "session"/>
<jsp:setProperty name = "st" property = "id" value = "999"/>
<a href = "scopeSessionb.jsp"> to b</a>
```

scopeSessionb. jsp

```
<jsp:useBean id="st" class=" com.ch05.bean.FormBean" scope="session"/>
<jsp:getProperty name="st" property="id"/>
```

单击链接进入到另外一个页面后，同样可以看到属性的值为 999。

3. 应用共享

应用共享是应用程序在 application 范围内共享 JavaBean。它的范围是最大的。两个文件没有发生请求关系，也不是连在一起的页面之间，且可以是不同 session、不同客户端发出请求，可以通过应用共享实现共享数据，如以下程序所示。

scopeApplicationa. jsp

```
<jsp:useBean id="st" class=" com.ch05.bean.FormBean" scope="application"/>
<jsp:setProperty name="st" property="id" value="999"/>
```

scopeApplicationb. jsp

```
<jsp:useBean id="st" class=" com.ch05.bean.FormBean" scope="application"/>
<jsp:getProperty name="st" property="id"/>
```

先执行 scopeApplicationa. jsp，然后在另外的客户端访问并执行 scopeApplicationb. jsp，可以看到 JavaBean 对象属性值为 999。

5.3 JavaBean 应用实例

5.3.1 字符串有效性验证

许多网站在用户注册时，要求用户名只能由字母、数字和下划线组成，用户名中不能包含特殊字符，且首字符必须为字母。这个功能的逻辑设计可以是：通过逐个取得字符串各个字符并且将合法字符保留在新字符串中，最后比较两个字符串长度是否一致。若一致，表示该名字合法，否则不合法。这个校验逻辑，通常使用 JavaBean 技术实现。

【例 5.4】 定义 JavaBean，实现用户名有效性验证。

com. ch05. bean. StringUtil. java

```
public class StringUtil {
  private String cue;                          //提示信息
  private boolean valid;                       //是否有效
  private String str;                          //要判断的用户名称
  public boolean isValid(){
    char[] cArr = str.toCharArray();
    int firstChar = (int)cArr[0];
    StringBuffer sb = new StringBuffer("");
```

```
    if((firstChar>=65&&firstChar<=90)||(firstChar>=97&&firstChar<=122)){
                                                        //首字符判断
      for(int i=1;i<cArr.length;i++){
        int asc=cArr[i];                                //获取ascii码
          if((asc>=48&&asc<=57)&&(asc>=65&&asc<=90)||(asc>=97&&asc<=122)||(asc==
95)){
            sb.append(cArr[i]);
          }
      }
      int length=cArr.length-sb.toString().length();//去掉首字符后剩余字符与原字符串长度差
      if(length==1){
        this.setCue("用户名格式正确!");
        this.valid=true;
    }else{
        this.setCue("用户名只能由字母、数字和下划线组成");
        this.valid=false;
  }else{
        this.setCue("用户名首字符必须为字母");
        this.valid=false;
      }
     return this.valid;
  }
  public String getCue() {return cue;     }
  public void setCue(String cue) {this.cue = cue;     }
  public String getStr() {return str;     }
  public void setStr(String str) {  this.str = str;     }
  public void setValid(boolean valid) {   this.valid = valid;     }
}
```

在注册页面表单信息代码如下。

exm5-4\reg.jsp

```
<form action = "check.jsp" method = "post">
  <table><tr><td>请输入用户名:</td>
        <td><input type = "text" name = "name"/>
<font>只能由字母数字下划线组成</font></td>
</tr><tr><td colspan = "2" >
  <input type = "submit" value = "验证"/>
</td></tr>
</table></form>
```

校验页面中的主要代码如下。

exm5-4\check.jsp

```
<% String name = request.getParameter("name"); %>
<jsp:useBean id = "strName" class = "com.ch05.bean.StringUtil" scope = "page" />
<jsp:setProperty name = "strName" property = "str" value = "<% = name %>"/>
输入的用户名为:<jsp:getProperty name = "strName" property = "str" /></br>
```

```
是否有效：<jsp:getProperty name="strName" property="valid" /></br>
提示信息：<jsp:getProperty name="strName" property="cue" /></br>
```

5.3.2 输出分页导航

在Web开发中，当页面显示的数据量较大时，显示的数据需要做分页处理。当程序从数据文件或数据库中取得数据以后，数据的显示已经和存储数据文件无关了，因此数据的显示也可以抽象成为一种通用的逻辑。用JavaBean技术将这一逻辑封装起来，做成标准的分页导航JavaBean组件，能够大大减少重复性开发工作。

【例5.5】 定义JavaBean，实现分页导航的功能。

1. 分页逻辑设计

通过数据总量和每页需显示的数据数，可以计算出总页数。根据当前页的页码可以确定是否是首页、尾页，进而生成分页导航的HTML链接来。主要代码如下。

com.ch05.testBean.PageContent.java

```
public class PageContent {
    private int pageSize = 5;                    //每页显示记录数
    private int currentPage = 1;                 //当前页
    private int totalPage = 0;                   //总页数
    private int totalRows = 0;                   //总记录数
    private boolean hasBefore = false;           //是否有上页
    private boolean hasNext = false;             //是否有下页
    private String linkHtml = "";                //用于分页的HTML代码
    private String pageURl = "";                 //链接地址
    public String getLinkHtml() {                //获得分页导航代码
    this.linkHtml += "共" + this.totalRows + "条记录    ";
    if(this.hasBefore){
        this.linkHtml += "<a href='" + this.pageURl + "?currPage=1'>首页</a>";
        this.linkHtml += "    ";
        this.linkHtml += "<a href='" + this.pageURl + "?currPage=" + this.currentPage + "
                                        &action=before'>上一页</a>";
        this.linkHtml += "    ";
    }else{
        this.linkHtml += "首页    上一页    ";
    }
    if(this.hasNext){
        this.linkHtml += "<a href='" + this.pageURl + "?currPage=" + this.currentPage + "
&action=next'>

                                                    下一页</a>";
        this.linkHtml += "    ";
        this.linkHtml += "<a href='" + this.pageURl + "?currPage=" + this.totalPage + "'>尾
页</a>";
        this.linkHtml += "    ";
    }else{
```

```
        this.linkHtml += "下一页     尾页     ";
    }
    this.linkHtml = "当前为" + this.currentPage + "/" + this.totalPage + "页";
    return linkHtml;
  }
  public int getTotalPage() {                                    //计算总页数
     this.totalPage = ((this.totalRows + this.pageSize) - 1)/this.pageSize;
     return totalPage;
  }
  public void firstPage(){                                       //单击"首页"
        this.currentPage = 1;
        this.setHasBefore(false);
        this.refresh();
  }
  public void refresh(){                                         //判断是否有上下页
     if(this.totalPage <= 1){                                    //总页数不超过1页
         this.setHasBefore(false); this.setHasNext(false);
     }else if(this.currentPage == 1){                            //当前为首页
         this.setHasBefore(false); this.setHasNext(true);
     }else if(this.currentPage == this.totalPage){               //当前为末页
         this.setHasBefore(true); this.setHasNext(false);
     }else{                                                      //通常情况
         this.setHasBefore(true); this.setHasNext(true);
     }
  }
  public void lastPage(){                                        //单击"尾页"
     this.currentPage = this.totalPage;
     this.setHasNext(false);
     this.refresh();
  }
  public void nextPage(){                                        //单击"下一页"
     if(this.currentPage < this.totalPage){
         this.currentPage++;
     }
     this.refresh();
  }
  public int getCurrentPage() {return currentPage; }
  public void setCurrentPage(int currentPage) {this.currentPage = currentPage; }
  public boolean isHasBefore() {return hasBefore; }
  public boolean isHasNext() {return hasNext;}
  public int getPageSize() {  return pageSize;}
  public void setPageSize(int pageSize) {this.pageSize = pageSize;}
  public void setPageURl(String pageURl) { this.pageURl = pageURl;}
  public int getTotalRows() {  return totalRows;}
  public void setTotalRows(int totalRows) { this.totalRows = totalRows;}
  public void setTotalPage(int totalPage) { this.totalPage = totalPage;}
  public void beforePage(){                                      //单击"上一页"
      this.currentPage--;
      this.refresh();
  }
}
```

2. 前端显示页面设计

当实例化 JavaBean 对象后，通过 setTotalRows()方法设置数据总数，并调用 getTotalPage()方法计算出总页数；通过 request 对象获取 URL 链接，并且获取请求上页或下页的标识，结合当前页面数值计算出需要显示的数据首行位置，并及时更新 JavaBean 对象的当前页，显示正确的导航链接，输出当前页所需数据。

exm5-5\testPage.jsp

```
<%
HashMap hmap = new HashMap();
for(int i = 1;i < 54;i++){hmap.put("" + i, "value" + i);}
%>
<jsp:useBean id = "page1" class = "com.ch05.testBean.PageContent " scope = "page">
</jsp:useBean>
<% int currPage = request.getParameter("currPage")!= null Integer.parseInt(request.getParameter
                                                                ("currPage").trim()):1;
  String action = request.getParameter("action");
  if(currPage > 1){
  if(action!= null){
     if(action.trim().equals("next")){
         page1.nextPage();
     }else{
         page1.beforePage();
     }
  }}
  page1.setCurrentPage(currPage);
  page1.setTotalRows(hmap.size());
  page1.getTotalPage();
  page1.refresh();
  page1.setPageURl(request.getScheme() + "://" + request.getServerName() + ":" + request.
getServerPort()
                                                    + request.getRequestURI());
  out.print(page1.getLinkHtml());
%>
<table>
<% for(int i = 1;i <= page1.getPageSize();i++){
    if(hmap.get("" + ((page1.getCurrentPage() - 1) * page1.getPageSize() + i))!= null){
      out.print("<tr><td>");
     out.print("" + ((page1.getCurrentPage() - 1) * page1.getPageSize() + i));
     out.print("</td><td>");
     out.print(hmap.get("" + ((page1.getCurrentPage() - 1) * page1.getPageSize() + i)));
     out.print("</td></tr>");
    }
} %>
</table>
```

显示效果如图 5.1 所示。

此例中，类 Page 作为分页使用的 JavaBean，定义了每页显示数据行数 pageSize，需要显示

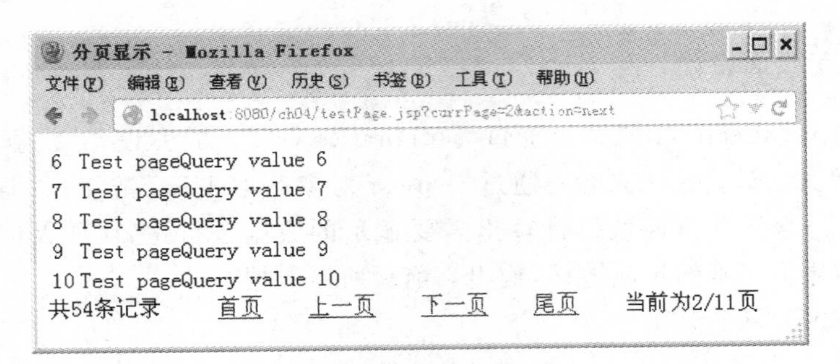

图 5.1　分页显示效果图

数据的总数 totalRows，需要显示数据的总页数 totalPage，当前显示的页数 currentPage＝1，链接地址 URI，分页导航链接字符串 linkHtml，以及当前页是否具备上下页标识 hasBefore 和 hasNext 等属性。主要逻辑是围绕 getLinkHtml()方法展开，getLinkHtml()方法用来生产分页导航链接字符串。这个 JavaBean 记录需显示数据的总数和每页显示的数据条数，进而可以计算出显示页码的范围；当接收到需显示页码数时，可以结合每页显示条数计算出需显示第一条数据的位置，通过循环完成显示任务。在生成导航链接字符串时，需要考虑当前页的位置是否为首页、末页或其他页，根据不同情况，生成不同形式的导航链接。因此，在该 JavaBean 中，需要设计判断当前页是否具有前一页、后一页的方法，并且实现接收页面单击“上一页”和“下一页”时更新页码的功能。

5.3.3　JavaBean 实现 BBS 发帖流程

在由 JSP 技术、Servlet 技术和 JavaBean 技术支持的 Web 程序开发中，MVC 模型的分工是非常清晰的，JavaBean 作为 Model 层，负责实现每个具体的应用逻辑和功能。这个分工使得 JavaBean 能够独立地考虑业务逻辑，尽可能提高其通用性。因此，系统中 JavaBean 的设计直接影响到该系统的可用性、灵活性和可扩展性。

BBS 是广为人知的、较为经典的 Web 应用实例，下面针对 BBS 系统最基本的业务功能发帖和浏览帖子，来学习如何利用 JavaBean 实现业务逻辑的组件化设计。BBS 系统的发帖和浏览帖子这两个功能是密切相关的；通常在新发帖子之后，就可以跳转至浏览页面，直接看到增加结果。如图 5.2 所示模型将这两个业务贯穿成为一个完整的流程。

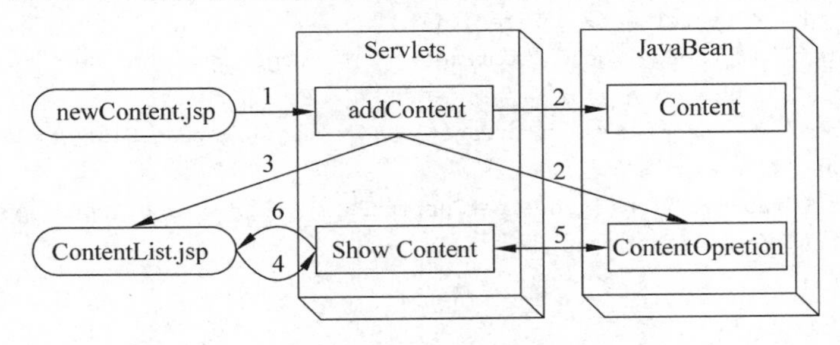

图 5.2　BBS 系统发帖流程

首先从发帖页面 newContent.jsp 起，在页面中添写表单并提交到对应的 Servlet 类的 addContent 中；addContent 通过帖子 Bean 类 Content 将表单数据封装起来，同时调用帖子操作 Bean 类 ContentOpretion 中的添加功能，将新帖添加到帖子数组中；然后重定向到帖子列表浏览页面 contentList.jsp 中，显示添加结果。

在 contentList.jsp 中，首先要判断页面中是否有要显示的帖子列表，如果没有自动将请求转发给其对应的 Servlet 类 ShowContent；当类 ShowContent 接收到该请求时，需要从请求对象中获取筛选数据的条件，如是否要求显示某个父帖及其全部回帖，或是显示所有父帖；按照请求要求，调用帖子操作 Bean 类 ContentOpretion 中对应的数据获取方法，将所需数据取回并且添加到 session 对象中，回传到 contentList.jsp 页面中，最后将数据显示在此页面。当然，完全可以使用例 5.5 中所定义的 JavaBean 实现帖子列表的分页显示功能。

【例 5.6】 使用 JSP+Servlet+JavaBean 模式，实现 BBS 发帖流程。

1. 定义表单页面

表单页面如图 5.3 所示。

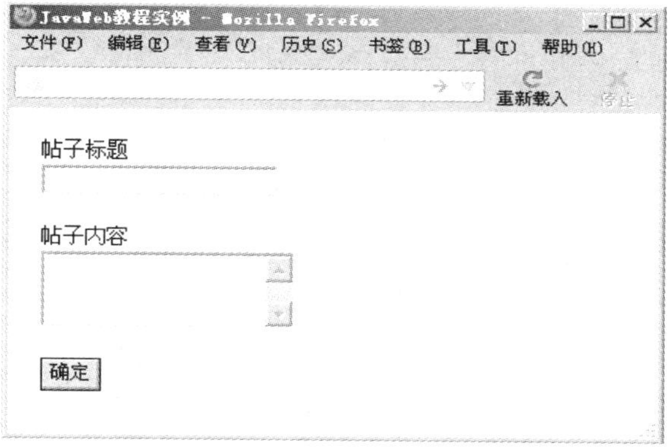

图 5.3 发帖表单

exm5-6\newContent.jsp

```
<%@ page language = "java" contentType = "text/html; charset = GBK" pageEncoding = "UTF - 8" %>
<!DOCTYPE html PUBLIC " - //W3C//DTD HTML 4.01 Transitional//EN"
                                                   "http://www.w3.org/TR/html4/loose.dtd">
<html>
<head>
<meta http - equiv = "Content - Type" content = "text/html; charset = GBK">
<title>加新帖</title>
</head>
<body>
    <div class = "contentBox">
    <form id = "content" method = "post" action = "addContent">
        <input type = "hidden" name = "sid" value = "${sid}">
        帖子标题<br/><input type = "text" name = "title"></input><p/>
        帖子内容<br/><textarea rows = "3" cols = "20" name = "content"></textarea><p/>
        <input type = "submit" value = "确定">
```

```
    </form>
    </div>
</body>
</html>
```

2. 定义帖子 Bean 类

com. ch05. testBean. Content. java

```
import java.sql.Timestamp;
public class Content {
    private int id;                         //帖子编号
    private int userid;                     //发帖用户 id
    private String title;                   //帖子标题
    private String content;                 //帖子内容
    private int pid;                        //父帖 id
    private Timestamp creatDate;            //发帖时间
    private int isLegal;                    //是否审核,1 为是,0 为否
    public int getId() {return id;  }
    public void setId(int id) {this.id = id; }
    public int getUserid() {return userid;  }
    public void setUserid(int userid) {  this.userid = userid;   }
    public String getTitle() {return title;  }
    public void setTitle(String title) {  this.title = title;  }
    public String getContent() {  return content;   }
    public void setContent(String content) {  this.content = content;  }
    public int getPid() {return pid;  }
    public void setPid(int pid) {this.pid = pid;  }
    public Timestamp getCreatDate() {return creatDate;  }
    public void setCreatDate(Timestamp creatDate) {this.creatDate = creatDate;  }
    public int getIsLegal() {return isLegal;   }
    public void setIsLegal(int isLegal) {this.isLegal = isLegal;  }
}
```

3. 定义帖子操作 JavaBean 类

该类是具体完成帖子增加、删除和查找操作的实现类。其中,为存储所有帖子而不至丢失,定义类成员 ContentList 为帖子集合。为保证新帖 id 的唯一性,定义类成员 newId 标识未被使用的 id 号。addContent()方法中,如果待添加的帖子父帖标识 pid 为 0,标志着该帖非回复帖,设置其父帖号与自身 id 相同。定义两个查帖方法:方法 queryAll(pid)是用来查找父帖号为 pid 的帖子和所有回复的,而方法 queryAll()是用来查找所有非回复帖子列表的。帖子删除方法为 deleteContent(id,type),其中用 type 标识删除方式,如果 type=1 则表示只做帖子号为 id 值的单帖删除操作;如果 type=2 则表示要删除父帖号为 id 值的所用帖子的删除操作。

com. ch05. testBean. ContentOpretion. java

```
import java.util.List;
import java.util.ArrayList;
public class ContentOpretion {
    private static List ContentList = new ArrayList();        //帖子集合
    private static int newId = 1;                              //新帖 id
    public void addContent(Content content) {                  //添加新帖
        content.setId(newId);
        if(content.getPid() == 0) content.setPid(newId);
        ContentList.add(content);
        newId++;
    }
    public Content findByid(int id) {                          //按 id 查找单一贴子
      Content content = null;
      java.util.ListIterator<Content> listIt = ContentList.listIterator();
      while(listIt.hasNext()){
          content = listIt.next();
          if(content.getId() == id){
              return content;
          }
      }
      return null;
    }
    public List<Content> queryAll(int pid) {                   //按父帖 id 查找帖子
        java.util.ArrayList<Content> subList = new ArrayList<Content>();
        java.util.ListIterator<Content> listIt = ContentList.listIterator();
        while(listIt.hasNext()){
            Content content = listIt.next();
            if(content.getPid() == pid){
                subList.add(content);
            }
        }
        return subList;
    }
    public List<Content> queryAll() {                          //查找所有非回复帖子
        java.util.ArrayList<Content> subList = new ArrayList<Content>();
        java.util.ListIterator<Content> listIt = ContentList.listIterator();
        while(listIt.hasNext()){
            Content content = listIt.next();
            if(content.getPid() == content.getId()){
                subList.add(content);
            }
        }
        return subList;
    }
    public void deleteContent(int id, int type){   //删除帖子 type = 1 单帖删除 type = 2 按父帖删除
        java.util.ListIterator<Content> listIt = ContentList.listIterator();
        while(listIt.hasNext()){
            Content content = listIt.next();
```

```
                if(type == 1){
                    if(content.getId() == id){
                        ContentList.remove(content);
                    }
                }
               if(type == 2){
                    if(content.getPid() == id){
                        ContentList.remove(content);
                    }
                }
            }
        }
        public int getSize(){      //获取帖子总数
            return ContentList.size();
        }
    }
```

4. 定义添加帖子的 Servlet 类

该类获取表单数据并封装到 Bean 对象中，使用帖子操作对象执行添加操作，最后重定向到帖子浏览页面。

com.ch05.servlet.addContent.java

```
import java.io.IOException;
import java.sql.Timestamp;
import javax.servlet.ServletException;
import javax.servlet.http.HttpServlet;
import javax.servlet.http.HttpServletRequest;
import javax.servlet.http.HttpServletResponse;
import TestBean.*;
public class addContent extends HttpServlet {
    private static final long serialVersionUID = 1L;
    public addContent() {
        super();
    }
    protected void doGet(HttpServletRequest request, HttpServletResponse response) throws
ServletException, IOException {
        doPost(request,response);
    }
    protected void doPost(HttpServletRequest request, HttpServletResponse response) throws
ServletException, IOException {
        String pid = request.getAttribute("pid")!= null String.valueOf(request.getAttribute
("pid")):"";
        Content content = new Content();
        content.setTitle(request.getParameter("title"));
        content.setContent(request.getParameter("content"));
        Timestamp tt = new Timestamp(new java.util.Date().getTime());
        content.setCreatDate(tt);
```

```
            content.setIsLegal(0);
            content.setUserid(1);
            if(pid!= null&&pid!= "")content.setPid(Integer.parseInt(pid.trim()));
            ContentOpretion manager = new ContentOpretion();
            manager.addContent(content);
            response.sendRedirect("/testBBS/contentList.jsp");
        }
    }
```

5. 定义浏览帖子的 Servlet 类

该 Servlet 是专门针对帖子浏览功能设计的，根据请求参数是否有父帖 pid 值，可以确定查找数据的方式。同时，为了更加友好地显示数据，可利用例 5.4 中 JavaBean 类 PageContent，为显示数据增加分页导航的功能。可以看到，独立的 JavaBean 会给程序开发者带来极大的便利。当需要显示的数据和分页对象属性设置完毕后，将数据对象和分页对象分别设置于 session 对象的属性中，然后转向 contentList.jsp 页面。

com.ch05.servlet.ShowContent.java

```
package Servlet;
import java.io.IOException;
import java.util.List;
import javax.servlet.ServletException;
import javax.servlet.http.HttpServlet;
import javax.servlet.http.HttpServletRequest;
import javax.servlet.http.HttpServletResponse;
import TestBean.*;
public class showContent extends HttpServlet {
    private static final long serialVersionUID = 1L;
  public showContent() {
      super();     }
protected void doGet(HttpServletRequest request, HttpServletResponse response) throws
ServletException, IOException {
        doPost(request,response);}
protected void doPost(HttpServletRequest request, HttpServletResponse response) throws
ServletException, IOException {
        ContentOpretion manager = new ContentOpretion();
        Object obj = request.getParameter("pid");
        int id = 0;
        int currPage = request.getParameter("currPage")!= null
Integer.parseInt(request.getParameter("currPage").trim()):1;      //取得当前页数
        if(obj!= null) id = Integer.parseInt((String) obj);
        List<> contentList;
        if(id!= 0) contentList = manager.queryAll(id);
        else contentList = manager.queryAll();
        PageContent page = new PageContent();                          //新建一个 Page 实例
  String action = request.getParameter("action");
         if(currPage > 1){
```

```
            if(action!= null){
                if(action.trim().equals("next")){
                    page.nextPage();
                }else{
                    page.beforePage();
                }
            }}
            page.setCurrentPage(currPage);
            page.setTotalRows(contentList.size());
            page.getTotalPage();
            page.refresh();
            javax.servlet.http.HttpSession session = request.getSession();
            session.setAttribute("page", page);
            session.setAttribute("contentList", contentList);
            session.setAttribute("pid", id);
            request.getRequestDispatcher("/contentList.jsp").forward(request, response);
        }
    }
```

6. 定义帖子浏览页面

该页面功能是帖子的显示。它既可以显示所有父帖的列表，也可以显示某一父帖及其所有回复，显示内容要根据请求需求来确定。从 Servlet 类 ShowContent 中得知，显示数据和方式，都被置于 session 对象属性之中。因此，如果 session 中没有这两个对象，就必须向 ShowContent 提交请求，当获得这两个对象后，按分页显示要求显示在页面上，之后必须清空 session 对象中的 PageContent 和 List 对象，确保以后的浏览正常进行。

exm5-6\contentList.jsp

```
<%@page import = "java.util.*" %>
<%@page import = "com.ch05.servlet.*" %>
<%@page import = "com.ch05.testBean.*" %>
<%@ page language = "java" contentType = "text/html; charset = utf - 8" pageEncoding = "utf -
8" %>
<html><head>
  <meta http - equiv = "Content - Type" content = "text/html; charset = GBK">
  <link rel = "stylesheet" href = "../style.css" type = "text/css" /><title>内容</title>
</head><body>
<% ArrayList < Content > list = session. getAttribute ( " contentList")! = null (ArrayList
<Content>)
session.getAttribute("contentList"):null;
    PageContent page1 = session.getAttribute("page")!= null(PageContent)
session.getAttribute("page"):null;
    if(page1 == null||list == null){
       request.getRequestDispatcher("showContent").forward(request, response);
    }else{
    String action = request.getParameter("action");
```

```
        if(page1.getCurrentPage()>1){
            if(action!= null){
                if(action.trim().equals("next")){
                    page1.nextPage();
                }else{
            page1.beforePage();
        }
}}
page1.setPageURl(request.getScheme() + "://" + request.getServerName() + ":" +
request.getServerPort() + request.getRequestURI());
if(list.size()!= 0){
%><table>
<% int pageNo = page1.getCurrentPage();
    for(int i = 0;i<(page1.getPageSize()< list.size()?page1.getPageSize():list.size());i++){
        if(list.get(((pageNo - 1) * 15 + i)) == null){break;}
        out.print("<tr><td>");
            out.print("" + ((pageNo - 1) * 15 + i + 1));
            out.print("</td><td>");
            out.print(((Content)list.get(((pageNo - 1) * 15 + i))).getTitle());
            out.print("</td></tr>");      }
%></table>
<% out.print(page1.getLinkHtml());
    session.removeAttribute("page");
    session.removeAttribute("contentList");
    }else{
        out.print("没有记录!");
} } %></body></html>
```

显示结果如图 5.4 所示。

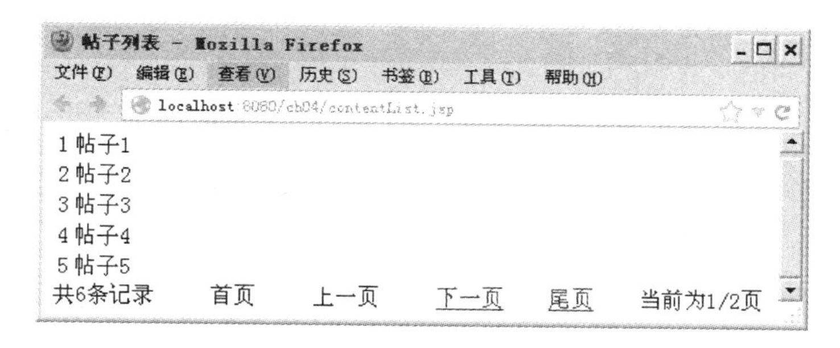

图 5.4 浏览帖子列表

习题

一、填空题

1. ________和 JSP 相结合,可以实现表现层和商业逻辑层的分离。

2. 在 JSP 中可以使用________操作来设置 Bean 的属性,也可以使用________操作来获取 Bean 的值。

3. ________操作可以定义一个具有一定生存范围以及一个唯一 id 的 JavaBean 的实例。

4. JavaBean 有 4 个 scope，分别为________、________、________和________。

二、简答题

1. 为登录过程编写一个 JavaBean，要求如下：

(1) 定义一个包，将该 bean 编译后生成的类存入该包中。

(2) 设计两个属性 name 和 pass。

(3) 设计访问属性的相应方法。

2. 简述 JavaBean 的定义规范和应用特点。

3. 为方便与用户联系，在用户注册表单中包含电子邮箱属性。设计一 JavaBean，用以校验用户电子邮箱属性填写是否合法。电子邮箱格式构成：用户名@域名。其中，用户名由三位以上的字母数字组合而成。

第6章 JDBC技术

任何系统的应用都离不开数据库，Web应用系统也不例外。在Web开发中，数据库的处理是所用业务逻辑的基础，没有持久化的数据存储其他的功能都是无稽之谈。Java技术提供了数据库处理的接口组件JDBC。本章介绍JDBC技术及其在Web开发中的应用。

6.1 JDBC基础

6.1.1 JDBC概述

JDBC(Java Data Base Connectivity，Java数据库连接)是一种用于执行SQL语句的Java API，可以为多种关系数据库提供统一访问，它由一组用Java语言编写的类和接口组成。JDBC为工具/数据库开发人员提供了一套标准的API，据此可以构建更高级的工具和接口，使数据库开发人员能够用纯Java API编写数据库应用程序。

JDBC独立于任何一个数据库，是面向标准SQL的数据库访问组件。因此，通过JDBC向各种关系数据发送SQL语句就是一件很容易的事。换言之，有了JDBC API，就不必为访问Sybase数据库专门写一个程序，为访问Oracle数据库又专门写一个程序，或为访问Informix数据库又编写另一个程序等，程序员只需用JDBC API写一个程序就够了，它可向相应数据库发送SQL调用。同时，将Java语言和JDBC结合起来使程序员不必为不同的平台编写不同的应用程序，只须写一遍程序就可以让它在任何平台上运行，这也是Java语言"编写一次，处处运行"的优势。

JDBC为SQL访问提供一套纯Java API和一套简单的机制，它允许数据库供应商提供自己的驱动程序，插入到驱动管理器，并可以使第三方驱动程序向驱动管理器注册。根据API编写的程序都可以与驱动管理器进行通信，而驱动管理器则通过插入其中的驱动程序与实际数据库进行通信。

JDBC与数据库的通信如图6.1所示。

JDBC驱动程序可以归结为以下几类。

第1类驱动程序将JDBC翻译成ODBC，然后使用一个ODBC驱动程序与数据库进行通信。Sun公司发布的JDK中包含这样的驱动程序：JDBC/ODBC桥。不过在使用桥接器

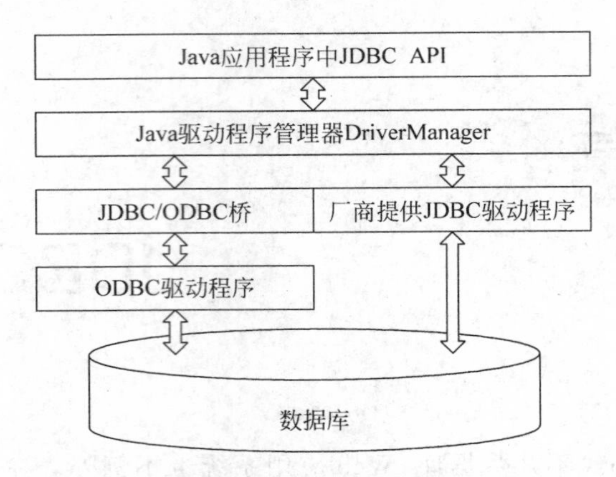

图 6.1 JDBC 到数据库的通信路径

之前需要对 ODBC 进行相应的部署和正确的设置。该类型驱动的优点是可以利用现存的 ODBC 数据源来访问数据库。缺点是从效率和安全性的角度来说比较差。

第 2 类驱动程序是由部分 Java 程序和部分本地代码组成的,用于数据库的客户端 API 进行通信。在使用这种驱动之前,不仅需要安装 Java 类库,还需要安装一些与平台相关的代码。

第 3 类驱动程序是纯 Java 类库,它使用一种与具体数据库无关的协议将数据库请求发送给服务器构件,然后该构件再将数据库请求翻译成特定数据库协议。该类驱动的优点是安全性较好,缺点是两段通信,效率比较差。

第 4 类驱动程序是纯 Java 类库,它将 JDBC 请求直接翻译成特定的数据库协议。

类型 2～类型 4 的驱动程序完全是用 Java 开发,它们的区别在于连接 DBMS 的方式。类型 2 的驱动程序通过 DBMS 本身的 API 连接 DBMS,例如,使用标准的(非 ODBC)Oracle 编程接口访问 Oracle。类型 3 和类型 4 的驱动程序用于通信网络。类型 3 驱动程序把 JDBC 翻译成独立于 DBMS 的网络协议,这种协议随后被翻译成特定 DBMS 使用的网络协议。类型 4 驱动程序则把 JDBC 调用直接翻译成特定 DBMS 使用的网络协议。

目前,大部分数据库供应商都为他们的产品提供第 3 类和第 4 类驱动程序。与数据库供应商提供的驱动程序相比,许多第三方公司开发了很多更符合标准的产品,它们支持更多的平台,运行性能也更佳,某些情况下甚至具有更高的可靠性。

6.1.2 JDBC API 介绍

JDBC 基本结构非常简单,可分为驱动程序层和应用程序层,如图 6.2 所示。驱动程序层由驱动管理类和驱动程序构成,应用程序层由连接接口、SQL 语句接口和二元组接口构成。驱动管理类从 jdbc. driver 系统特性调用驱动程序类,连接数据库并返回连接对象,连接对象通过应用程序 API 执行需要的 SQL 命令,获取数据库记录,从而完成数据库操作。

JDBC 需要完成三件事：与数据库建立连接、发送操作数据库的语句并处理结果。下列代码段给出了以上三步的基本示例。

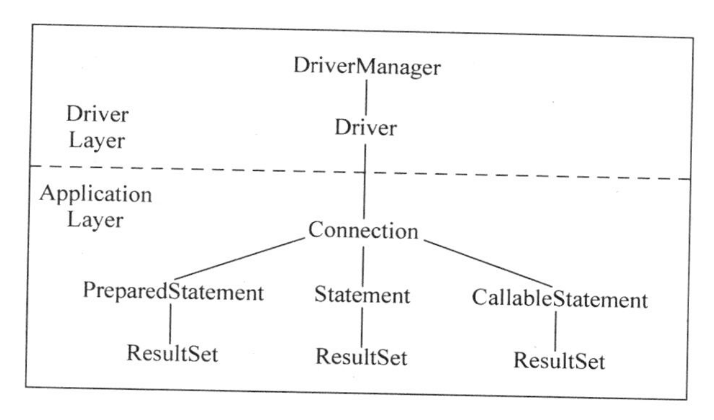

图 6.2 JDBC 驱动层应用层关系

```
Connection con = DriverManager.getConnection("jdbc:odbc:wombat","login","password");
                                                        //用 odbc 桥
Statement stmt = con.createStatement();
ResultSet rs = stmt.executeQuery("SELECT a, b, c FROM Table1");
while (rs.next()) {
    int x = rs.getInt("a");
    String s = rs.getString("b");
    float f = rs.getFloat("c");
}
```

为完成以上任务,JDBC API 包含以下接口。

1. Driver 接口与 DriverManager 类

Java 程序在对具体的数据库连接进行操作之前,都必须将与之对应的 JDBC 驱动程序加入到 classpath 中。所有的 JDBC 驱动程序都必须实现 Driver 接口,DriverManager 类主要负责管理 JDBC 驱动,以及提供建立在这些驱动之上的数据库连接 Connection。常用方法如表 6.1 所示。

表 6.1 DriverManager 类常用方法

方法名称	描述
void registerDriver(Driver driver)	将指定的 JDBC 驱动程序注册到 DriverManager 中
void deregisterDriver(Driver driver)	将指定的 JDBC 驱动程序从 DriverManager 中删除
Connection getConnection(String url, String user, String password)	根据指定的 URL、账号和密码建立与数据库的连接,返回 Connection
Connection getConnection(String url)	根据指定的 url 建立与数据库的连接,返回 Connection

2. Connection 接口

一个应用程序可与单个数据库有一个或多个连接,或者可与许多数据库有连接。通过 DriverManager 的 getConnection()方法建立与数据库的连接并返回 Connection,此时的 Connection 其实就代表了与数据库的连接,然后通过 Connection 提供的一些方法进行有关操作。常用方法如表 6.2 所示。

表 6.2 Connection 接口常用方法

方法名称	描述
void close()	关闭该连接
void commit()	提交事务
Statement createStatement()	建立并返回一个 Statement 对象
DatabaseMetaData getMetaData()	取得数据库的 MetaData 数据
boolean isClosed()	判断该连接是否已经关闭
PreparedStatement prepareStatement(String sql)	建立并返回一个 PreparedStatement 对象
void rollback()	事务回滚
void setAutoCommit (Boolean autoCommit)	设置该 Connection 对象是否采用自动事务提交模式

3. Statement 接口

建立了与数据库的连接以后，对于一些静态的 SQL 语句，可以用 Statement 对象来执行。Statement 对象可通过 Connection 对象的 createStatement ( ) 方法获得。每个 Connection 对象都可以创建一个或一个以上的 Statement 对象。同一个 Statement 对象可以用于多个不相关的命令和查询。但是，一个 Statement 对象最多只能打开一个结果集。常用方法如表 6.3 所示。

表 6.3 Statement 接口常用方法

方法名称	描述
void close()	关闭该 Statement 对象并释放资源
ResultSet executeQuery(String sql)	执行指定的 SQL 语句并返回一个 ResultSet 对象
int executeUpdate(String sql)	执行指定的 SQL 语句并返回影响的行数
int getMaxRows()	返回该 Statement 对象所支持的 ResultSet 对象的最大行数
void setMaxRows(int max)	设定该 Statement 对象所支持的 ResultSet 对象的最大行数

executeUpdate 方法将返回受 SQL 命令影响的行数。该方法既可以执行诸如 INSERT、UPDATE 和 DELETE 之类的操作，也可以执行诸如 CREATE TABLE 和 DROP TABLE 之类的数据定义命令。但是，执行 SELECT 查询时必须使用 executeQuery 方法。另外，还有一个 execute 方法可以执行任意的 SQL 语句，此方法通常只用于为用户提供交互查询。

4. PreparedStatement 接口

PreparedStatement 接口继承 Statement 接口，其实例包含已编译的 SQL 语句。包含在 PreparedStatement 对象中的 SQL 语句可具有若干参数。这些参数的值在 SQL 语句创建时不被指定，用问号“?”保留参数的占位符；在该 SQL 语句执行之前，通过适当的 setXXX 方法提供每个问号的值。

由于 PreparedStatement 对象已预编译过，所以其执行速度要快于 Statement 对象。因此，多次执行的 SQL 语句经常创建为 PreparedStatement 对象，以提高效率。常用方法如表 6.4 所示。

表 6.4 PreparedStatement 接口常用方法

方法名称	描 述
ResultSet executeQuery()	执行查询并取得 ResultSet 对象
void setDate(int index,Date x)	为指定参数赋 java. sql. Date 类型值
void setDouble(int index, double x)	为指定参数赋 double 类型值
void setInt(int index, int x)	为指定参数赋 int 类型值
void setString(int index, String x)	为指定参数赋 String 类型值

5. ResultSet 接口

查询数据库的最后目的是想得到一个满足条件的结果记录集，然后再对该记录集中的数据进行操作。通过前面的 Statement 对象和 PreparedStatement 对象能够执行指定的查询 SQL 语句，并返回代表结果记录集的 ResultSet 对象，该 ResultSet 对象除了包含查询结果记录集外，还维护着一个指向当前数据行的游标，通过改变游标的位置来达到操作不同记录的目的。一个 Statement 对象最多只能打开一个结果集，如果需要执行多个查询操作，且需要同时分析查询结果，那么必须创建多个 Statement 对象。常用方法如表 6.5 所示。

表 6.5 ResultSet 接口常用方法

方法名称	描 述
boolean absolute(int row)	将游标定位到指定的记录号
void afterLast()	将游标定位到最后一条记录的后面
void beforeFirst()	将游标定位到第一条记录的前面
void close()	关闭该 ResultSet 对象并释放资源
boolean first()	将游标定位到第一条记录
boolean last()	将游标定位到最后一条记录
boolean next()	将游标定位到下一条记录
boolean previous()	将游标定位到前一条记录
boolean isAfterLast()	判断游标是否指向最后一条记录的后面
boolean isBeforeFirst()	判断游标是否指向第一条记录的前面
boolean isFirst()	判断游标是否指向第一条记录
boolean isLast()	判断游标是否指向最后一条记录
int getRow()	返回游标指向的记录号
boolean getBoolean(int columnIndex)	从当前行中指定序号的字段取得一个 boolean 类型的值
boolean getBoolean(String columnIndex)	从当前行指定的字段名中取得一个 boolean 类型的值
Date getDate(int columnIndex)	从当前行中指定序号的字段取得一个 java. sql. Date 类型的值
Date getDate(String columnIndex)	从当前行指定的字段名中取得一个 java. sql. Date 类型的值
double getDouble(int columnIndex)	从当前行中指定序号的字段取得一个 double 类型的值
double getDouble(String columnIndex)	从当前行指定的字段名中取得一个 double 类型的值
int getInt(int columnIndex)	从当前行中指定序号的字段取得一个 int 类型的值
int getInt(String columnIndex)	从当前行指定的字段名中取得一个 int 类型的值
long getLong(int columnIndex)	从当前行中指定序号的字段取得一个 long 类型的值
long getLong(StringcolumnIndex)	从当前行指定的字段名中取得一个 long 类型的值
String getString(int columnIndex)	从当前行中指定序号的字段取得一个 String 类型的值
String getString(String columnIndex)	从当前行指定的字段名中取得一个 Sring 类型的值

注：除非使用 ORDER BY 子句指定行的顺序，结果集中行的顺序是任意的。

查看每一行时，可以通过访问器方法获取其中每一列的内容信息，例如：

```
String sname = rs.getString(2);
int age = rs.getInt("sage");
```

如表 6.5 所示，不同的数据类型有不同的访问器，比如 getString 和 getDouble。每个访问器都有两种形式，一种接收数字参数，另一种接收字符串参数。当使用数字参数时，是指该数字所对应的列。例如，rs.getString(1)返回的是当前行中第一列的值。与数组的索引不同，数据库的列序号是从 1 开始计算的。当使用字符串参数时，指的是结果集中以该字符串为列名的列。例如，rs.getInt("sage")返回列名为 sage 的列所对应的值。使用数字参数效率更高一些，但是使用字符串参数可以使代码易于阅读和维护。

当 get 方法的类型和列的数据类型不一致时，每个 get 方法都会进行合理的类型转换。例如，调用 rs.getString("sage")时，该方法会将 sage 列的整数值转换成字符串。但是，SQL 的数据类型和 Java 的数据类型并非完全一致。如表 6.6 所示是两者数据类型对照表。

表 6.6 数据类型对照表

SQL 数据类型	Java 数据类型
INTEGER 或 INT	int
SMALLINT	shot
NUMERIC(m,n),DECIMAL(m,n)	java.math.BigDecimal
FLOAT(n)	double
REAL	folat
DOUBLE	double
CHARACTER(n)或 CHAR(n)	String
VARCHAR(n)	String
BOOLEAN	Boolean
DATE	java.sql.Date
TIME	java.sql.Time
TIMESTAMP	java.sql.Timestamp
BLOB	java.sql.Blob
CLOB	java.sql.Clob
ARRAY	java.sql.Array

6.2 JDBC 开发的基本过程

在 Java 程序中通过 JDBC 操作数据库一般分为以下几个步骤，如图 6.3 所示。

将数据库的 JDBC 驱动加载到 classpath 中，在基于 Java EE 的 Web 应用实际开发过程中，通常要把目标数据库产品的 JDBC 驱动复制到 WEB-INF/lib 下。

(1) 加载 JDBC 驱动，并将其注册到 DriverManager 中。

(2) 建立与数据库的连接，取得 Connection 对象。

(3) 建立 Statement 对象或 PreparedStatement 对象。

(4) 执行 SQL 语句。

(5) 访问结果记录集 ResultSet 对象。

(6) 依次将 ResultSet、Statement、PreparedStatement、Connection 对象关闭，释放所用的资源。

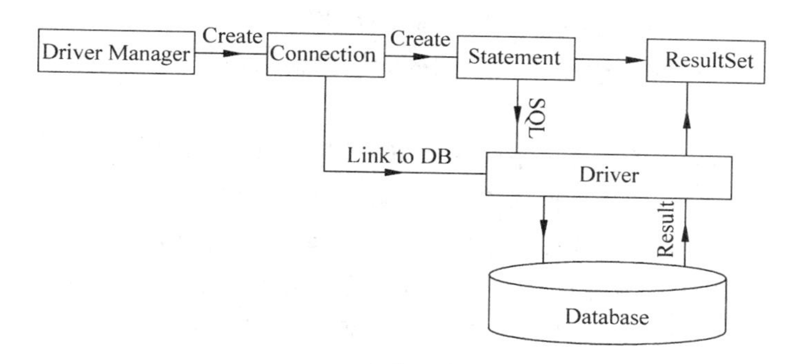

图 6.3 JDBC 开发过程

6.2.1 加载 JDBC 驱动程序

使用加载 JDBC 驱动，并将其注册到 DriverManager 中。注册驱动程序有以下三种方式。

方式一：Class.forName("oracle.jdbc.driver.OracleDriver")；

Java 规范中明确规定，所有的驱动程序必须在静态初始化代码块中将驱动注册到驱动程序管理器中。

方式二：Driver drv = new oracle.jdbc.driver.OracleDriver()；
DriverManager.registerDriver(drv)

方式三：编译时在虚拟机中加载驱动。

```
javac -D jdbc.drivers = oracle.jdbc.driver.OracleDriver xxx.java
java -D jdbc.drivers = 驱动全名类名
```

该方法是使用系统属性名，加载驱动，其中-D 表示为系统属性赋值。

常见的数据库驱动全名如下。

Oracle：oracle.jdbc.driver.OracleDriver

MySQL：com.mysql.jdbc.Driver

SQL Server：com.microsoft.jdbc.sqlserver.SQLServerDriver

JDBC-ODBC 数据源驱动：sun.jdbc.odbc.JdbcOdbcDriver

6.2.2 建立数据库连接

1. JDBC URL 基本概念

在连接数据库时，必须指定数据源以及各种附加参数。例如，网络协议的驱动程序需要设置端口，而 ODBC 驱动程序则需要设置各种属性。JDBC URL 提供了一种标识数据库的方法，可以使相应的驱动程序能识别该数据库并与之建立连接。实际上，驱动程序设计人员决定用什么 JDBC URL 来标识特定的驱动程序，而用户只须使用与所用的驱动程序一起提供的 URL 即可。JDBC 的作用是提供某些约定，程序员在构造它们的 JDBC URL 时应该遵循这些约定。

(1) 由于 JDBC URL 要与各种不同的驱动程序一起用，因此，这些约定应非常灵活。首先，它们应允许不同的驱动程序使用不同的方案来命名数据库。例如，ODBC 子协议允许(但不是要求)URL 含有属性值。

(2) JDBC URL 应允许驱动程序程序员将一切所需的信息编入其中。这样就可以让要与数据库对话的应用程序打开数据库连接，而无须要求用户去做任何系统管理工作。

(3) JDBC URL 应允许某种程度的间接性。也就是说，JDBC URL 可指向逻辑主机或数据库名，而这种逻辑主机或数据库名将由网络命名系统动态地转换为实际名称。这可以使系统不必将特定主机声明为 JDBC 名称的一部分。网络命名服务(例如：DNS，NIS 和 DCE)有多种，而对于使用哪种命名服务并无限制。

2. JDBC URL 格式

JDBC URL 的标准语法如下所示。它由三个部分组成，各部分间用冒号分隔。

```
jdbc: <子协议>: <子名称>
```

JDBC URL 的三个部分可以分解如下：

(1) jdbc——协议。JDBC URL 中的协议总是 jdbc。

(2) <子协议>——驱动程序名或数据库连接机制(这种机制可由一个或多个驱动程序支持)的名称。子协议名的典型示例是“odbc”，该名称是为用于指定 ODBC 风格的数据资源名称的 URL 专门保留的。例如，为了通过 JDBC-ODBC 桥来访问某个数据库，可以用如下所示的 URL：

```
jdbc:odbc:mydatabase
```

本例中，子协议为“odbc”，子名称“mydatabase”是本地 ODBC 数据资源。如果要用网络命名服务(这样 JDBC URL 中的数据库名称不必是实际名称)，则命名服务可以作为子协议。例如，可用如下所示的 URL：

```
jdbc: dcenaming: accounts
```

本例中，该 URL 指定了本地 DCE 命名服务应该将数据库名称“accounts”解析为更为具体的可用于连接真实数据库的名称。

(3) <子名称>——一种标识数据库的方法。子名称可以依不同的子协议而变化，用子名称的目的是为了定位数据库提供足够的信息。如果数据库是通过 Internet 来访问的，在 JDBC URL 中应将网络地址作为子名称的一部分包括进去，且必须遵循如下所示的标准 URL 命名约定：

```
//主机名: 端口/子协议
```

MySQL 是一种开放源代码的关系型数据库管理系统，使用通用的结构化查询语言进行数据库管理，它被广泛地应用在 Internet 上的中小型网站中。由于其体积小、速度快、跨平台、总体拥有成本低，尤其具备开放源码这一特点，使得许多网站都选择 MySQL 作为网站数据库。本书案例所采用的数据库即为 MySQL。下面给出 JDBC 连接 MySQL 数据库的 URL 示例。

MySQL JDBC URL 格式如下：

```
jdbc:mysql://[host: port],[host: port]…/[database][?参数名 1][ = 参数值 1][& 参数名 2][ = 参数值 2]…
```

现只列举几个重要的参数，如表 6.7 所示。

表 6.7 数据连接参数说明

参数名称	参数说明	默认值
user	数据库用户名(用于连接数据库)	
password	用户密码(用于连接数据库)	
useUnicode	是否使用 Unicode 字符集，如果参数 characterEncoding 设置为 gb2312 或 gbk，本参数值必须设置为 true	false
characterEncoding	当 useUnicode 设置为 true 时，指定字符编码。比如可设置为 gb2312 或 gbk	false
autoReconnect	当数据库连接异常中断时，是否自动重新连接	false
autoReconnectForPools	是否使用针对数据库连接池的重连策略	false
failOverReadOnly	自动重连成功后，连接是否设置为只读	true
maxReconnects	autoReconnect 设置为 true 时，重试连接的次数	3
initialTimeout	autoReconnect 设置为 true 时，两次重连之间的时间间隔，单位：秒	2
connectTimeout	和数据库服务器建立 socket 连接时的超时，单位：毫秒。0 表示永不超时，适用于 JDK 1.4 及更高版本	0
socketTimeout	socket 操作(读写)超时，单位：毫秒。0 表示永不超时	0

对应中文环境，通常 MySQL 连接 URL 可以设置为：

```
String url = "jdbc:mysql://localhost:3306/test user = root&password = &useUnicode = true
                            &characterEncoding = gbk&autoReconnect = true&failOverReadOnly
= false";
```

使用 DriverManager 类的 getConnection(String JDBCURL)方法建立数据库连接：

```
Class.forName("com.mysql.jdbc.Driver")
Connection conn  =  DriverManager.getConnection(url);
```

6.2.3 创建一个 Statement 或 PreparedStatement

(1) 利用 Connetcion 实例的 createStatement()方法来创建一个 Statement 实例。代码示例：

```
Class.forName("com.mysql.jdbc.Driver");
String url = "jdbc:mysql://127.0.0.1:3306/test";
Connection conn = DriverManager.getConnection(url,"root","123456");
```

```
Statement stm = conn.createStatement();
String sql = "select id,username from t_user ";
stm.excuteQuery(sql);
```

createStatement()方法有两个参数,第一个参数设置对象中的光标是否能够上下移动,它的值有三种：TYPE_FORWARD_ONLY 只支持结果集 forward 操作；TYPE_SCROLL_SENSITIVE 支持结果集 forward、back、random、last、first 操作,在操作时对其他会话改变的数据是敏感的,当查询结果集缓冲到 catch 中,其他会话修改了数据库中的数据,会反映到本结果集中；TYPE_SCROLL_INSENSITIVE 支持结果集 forward、back、random、last、first 操作,在操作时其他会话更改了数据库中数据时是不敏感的,从数据库取出数据后,会把全部数据缓存到 cache 中,对结果集的后续操作,是操作的 cache 中的数据,数据库中记录发生变化后,不影响 cache 中的数据。

第二个参数设定 ResultSet 对象是只读还是可改变的：CONCUR_READ_ONLY,结果集的数据只能读；CONCUR_UPDATABLE 在结果集中的数据记录可以任意修改,然后更新到数据库,可以插入、删除和修改。

(2) 利用 Connetcion 实例的 preparedStatement()方法创建一个 PreparedStatement 实例。代码示例：

```
Class.forName("com.mysql.jdbc.Driver");
String url = "jdbc:mysql://127.0.0.1:3306/test";
Connection conn = DriverManager.getConnection(url,"root","123456");
String sql = "select * from t_user where id = ?";
PreparedStatement ps = conn.preparedStatement(sql);
ps.setString(1,"90102301");
ps.executeQuery();
```

(3) 使用 Statement 对象的 ResultSet executeQuery(String sql)或 int executeUpdate-(String sql)执行 SQL 语句。SQL 语句中的 select 命令执行数据查询的操作,当查询结果非空时,返回一个二元组数据。这与 insert、update 和 delete 命令的返回结果集有明显区别。Statement 对象专门针对 select 命令定义了 executeQuery()方法,其他三个命令则使用 executeUpdate()方法。

6.2.4 获得 SQL 语句的执行结果

当 SQL 命令为 select 时,Statement 通过 executeQuery(String sql) 方法的执行可以实现查询并且返回一个结果集 ResultSet。通过遍历这个结果集,可以获得 select 语句的查询结果,ResultSet 的 next()方法会操作一个游标从第一条记录的前面开始读取,直到最后一条记录。

除了实现对数据库的查询和更新操作之外,JDBC 还提供关于数据库结构和表的详细信息。例如,可以获取某个数据库的所有表的列表,也可以获得某个表中所有列的名称及其数据类型。如果在开发业务应用时使用事先定义好的数据库,那么数据库结构和表信息就不是非常有用。因为在设计数据库表时,就已经知道了它们的结构。但是,如果想设计数据库工具，数据库的结构信息是极其有用的。

在 SQL 中，描述数据库或其组成部分的数据称为元数据（区别于那些存在数据库中的实际数据）。可以获得三类元数据：关于数据库的元数据、关于结果集的元数据以及关于预备语句的元数据。

如果要了解数据库的更多信息，可以从数据库连接中获取一个 DatabaseMetaData 对象。

```
DatabaseMetaData meta = con.getMetaData();
```

之后，就可以获取某些元数据。例如，调用：

```
ResultSet rs = meta.getTables(null,null,new String[ ]{"TABLE"});
```

将返回一个包含所有数据库表信息的结果集。该结果集中的每一行都包含数据库中一张表的相关信息。其中的第三列，即表的名称，因此，使用 rs.getSring(3)就可以获得表名称。

DatabaseMetaData 类用于提供有关数据库的数据。第二个元数据类 ResultSetMetaData 则用于提供结果集的相关信息。每当通过查询得到一个结果集，都可以获取该结果集的列数以及每一列的名称、类型和字段宽度。比如：

```
ResultSet mrs = stat.executeQuery("SELECT * FROM " + tableName);
ResultSetMetaData meta = mrs.getMetaDate();
```

然后，可以通过 meta.getColumnCount()获得记录集中列的个数，通过 getColumnName(i) 获得第 i 列的名称，这里的第一列的序号是从 1 开始的。例如：

```
Class.forName(driver);                           //1.加载驱动
con = DriverManager.getConnection(url);          //2.建立连接
String sql = "select * from student";            //3.创建数据库操作对象
pstmt = con.prepareStatement(sql);
rs = pstmt.executeQuery();                       //4.获得结果集元数据信息
ResultSetMetaData md = rs.getMetaData();
StringBuffer sb = new StringBuffer();
int colnum = md.getColumnCount();
for (int i = 1; i <= colnum; i++) {
    System.out.print("student 表中第" + i + "列的信息: ");
    System.out.print("列名" + md.getColumnName(i) + " ");
    System.out.println("列类型" + md.getColumnTypeName(i) + ";");
}
```

6.2.5 关闭对数据库的操作

当使用完 ResultSet、Statement 或 Connection 对象时，应立即调用 close 方法。这些对象使用了规模较大的数据结构，不应该等待垃圾回收器来处理它们。如果 Statement 对象上有一个打开的结果集，那么调用 close 方法将自动关闭该结果集。同样地，调用 Connection 类的 close 方法将关闭该连接上的所有语句。

注意：要按先 ResultSet 结果集，后 Statement，最后 Connection 的顺序关闭资源，因为 Statement 和 ResultSet 是需要连接时才可以使用的，所以在使用结束之后有可能其他的 Statement 还需要连接，所以不能先关闭 Connection。

```
rs.close(); stmt.close(); con.close();
```

6.2.6 完整过程代码片段

(1) 加载 JDBC 驱动，并将其注册到 DriverManager 中：

```
Class.forName("com.mysql.jdbc.Driver").newInstance();      //MySQL 数据库
```

(2) 建立数据库连接，取得 Connection 对象，例如：

```
String url = "jdbc:mysql://localhost:3306/testDB
user = root&password = root&useUnicode = true&characterEncoding = gb2312";      //MySQL 数据库
Connection conn = DriverManager.getConnection(url);
```

(3) 建立 Statement 对象或 PreparedStatement 对象，例如：

```
Statement stmt = conn.createStatement();                    //建立 Statement 对象
String sql = "select * from user where userName = and password = ";
PreparedStatement pstmt = Conn.prepareStatement(sql);      //建立 ProparedStatement 对象
pstmt.setString(1,"admin");
pstmt.setString(2,"123456");
```

(4) 执行 SQL 语句，例如：

```
String sql = "select * from users";
ResultSet rs = stmt.executeQuery(sql);          //执行动态 SQL 查询
ResultSet rs = pstmt.executeQuery();
stmt.executeUpdate(sql);                         //执行 insert update delete 等语句,先定义 sql
```

(5) 访问结果记录集 ResultSet 对象，例如：

```
while(rs.next){
out.println("第一个字段内容为: " + rs.getString());
out.println("第二个字段内容为: " + rs.getString(2));
}
```

(6) 依次将 ResultSet、Statement、PreparedStatement、Connection 对象关闭，释放所占用的资源，例如：

```
rs.close(); stmt.clost();pstmt.close();con.close();
```

需要说明的是,所有的 JDBC API 提供的方法,都可能抛出 SQLException 类型的异常对象,因此使用这些 API 对象时,必须提供异常处理的控制逻辑。

【例 6.1】 在 JSP 页面中使用 JDBC 组件实现数据库访问完成数据处理逻辑。假设某学生管理系统中,对学生基本信息数据需要常用的增加、删除、修改和查询的维护功能,因此需建立学生基本信息表 studentInfo,结构如表 6.8 所示。

表 6.8 studentInfo 表结构

序号	字段名	类型	备注
1	id	int	主键,自动增加
2	name	varchar (20)	姓名,非空 NOT NULL
3	class	varchar (20)	班级,非空 NOT NULL
4	studentNo	varchar (20)	学号
5	age	int	年龄

以查询学生信息为例,在 JSP 页面中,完成显示所有学生信息数据和查询指定学号学生的信息数据功能。

分析上述功能,如果对于单纯的数据库操作,只需使用查询命令:

```
select * from studentInfo                              //获取所有学生信息
select * from studentInfo where studentNo = stNo       //获取学号为 stNo 的学生信息
```

而在 JSP 页面中实现此功能,除了上面数据查询命令之外,还需要完成连接数据库,初始化资源对象以及处理查询结果的显示等逻辑,详细代码如下:

exm6-1\studentList.jsp

```
<%@ page language = "java" contentType = "text/html; charset = gb2312" import = "java.sql.*
" %>
<html><head><title>学生信息</title></head>
<body>
<div align = "center">
<table height = "400" align = "center" border = "2" width = "60%" cellpadding = "1" cellspacing
= "1"
                                                    bordercolor = "#0000FF" bgcolor =
"#CCFF66">
    <tr><td colspan = "5" align = "center" class = "title" height = "30">学生信息表</td></tr>
    <tr><td align = "center">编号</td>
        <td align = "center">姓名</td>
        <td align = "center">班级</td>
        <td align = "center">学号</td>
        <td align = "center">年龄</td></tr>
<%
String sNo = new String(request.getParameter("sNo").getBytes("ISO-8859-1"),"utf-8");
try {
    Class.forName("com.mysql.jdbc.Driver");                  //加载驱动程序
    String url = "jdbc:mysql://127.0.0.1:3306/test";         //URL 指向要访问的数据库名 test
```

```
    String user = "root";                                   //MySQL 配置时的用户名
    String password = "123456";                             //MySQL 配置时的密码
    Connection connection = DriverManager.getConnection(url, user, password);
                                                                              //连接数据库
  if(!connection.isClosed())      System.out.println(" 学生信息: ");
  Statement statement = connection.createStatement(); //构造 statement 资源
  String sql  =  (sNo == null || sNo == "")" select  *  from studentInfo":" select  *  from
studentInfo where studentNo = " + sNo);                 //初始化要执行的 SQL 语句
  ResultSetrs = statement.executeQuery(sql);            //执行 SQL 语句并返回结果集
   while(rs.next()) {                                   //获取每个记录各字段的值
       int id = rs.getInt("id");
       String name = rs.getString("name");
       String team = rs.getFloat("class");
       String studentNo = rs.getString("studentNo");
       int age = rs.getInt("age");
       out.println("<tr><td>" + id + "</td><td>" + name + "</td><td>" + team + "</td>
            <td>" + studentNo + "</td><td> " + age + "</td></tr>");  //输出结果到页面
     }
       rs.close();                                       //关闭结果集
       connection.close();                               //关闭连接
     } catch(ClassNotFoundException e) {
         out.println("连接失败!");
         e.printStackTrace();
     } catch(SQLException e) {
         e.printStackTrace();
     } catch(Exception e) {
         e.printStackTrace();
     }
 %>
</table></div>
  <table align = "center"><tr>
  <form action = "search.jsp" method = post>
     <td><input name = "sNo" id = "sNo" type = "text"/></td>
     <td><input type = "submit" value = "查询"/></td>
    </tr></form></table>
  </body>
</html>
```

输入地址“localhost：8080/ch06/exm6_1/studentList.jsp”，结果如图 6.4 所示。

图 6.4 查询学生信息

在实际应用开发中，数据库的访问是经常性的，譬如本例中对学生信息数据的增加、修改和删除等操作。显而易见，在每个业务处理页面中都进行数据库的连接和必要资源的初始化是大量重复的工作。因此，有必要将这部分逻辑独立出来。可以将这段代码独立编写成一个 JSP 文件，其他需要使用这部分代码的页面使用编译指令<%@ include file="…" %>或动作指令<jsp:include page="…"/>来引用。如将上面代码中数据连接部分独立定义为 conn.jsp 文件：

```
<% try {
        Class.forName("com.mysql.jdbc.Driver");                //加载驱动程序
        String url = "jdbc:mysql://127.0.0.1:3306/test";       //URL 指向要访问的数据库名 test
        String user = "root";                                  //MySQL 配置时的用户名
        String password = "123456";                            //MySQL 配置时的密码
        Connection connection = DriverManager.getConnection(url, user, password);
                                                               //连接数据库
        Statement statement = connection.createStatement();   //构造 statement 资源
%>
```

在删除页面 del.jsp、修改页面中 modify.jsp 和增加页面 add.jsp 中，可引用：

```
<%@ include file="conn.jsp" %>
    ...
```

这几个页面请读者自己来实现。

事实上，对于功能完整、结构相对独立、应用较为频繁的模块，在开发中通常需要使用 JavaBean 技术来封装，从而大大提高模块的复用，增强程序结构的灵活性和可扩展性。对于 JDBC 组件的使用就是一个非常典型的例子。这部分内容在本章第 6.5 节详细介绍。

6.3 标准 SQL 介绍

6.3.1 SQL 基本概念

SQL(Structrued Query Language，结构化查询语言)是用于访问和处理数据库标准的计算机语言。目前，各种数据库管理系统几乎都支持 SQL，或者提供 SQL 的接口。这就使得无论是大型计算机、中型计算机、小型计算机以及微型计算机上的各种数据库系统都有了共同的存取语言标准接口，为更广泛的数据共享提供了统一的方法。

SQL 包括数据定义语言、数据操作语言及数据控制语言三个部分：数据定义语言(Data Definition Language，DDL)，用来建立数据库、数据对象和定义其列；数据操作语言(Data Manipulation Language，DML)，用来插入、修改、删除、查询，可以修改数据库中的数据；数据控制语言(Data Controlling Language，DCL)，用来控制数据库组件的存取允许、存取权限等。

SQL 的功能有：面向数据库执行查询，从数据库取回数据；在数据库中插入新的记录；更新数据库中的数据；从数据库删除记录；创建新数据库；可在数据库中创建新表；可在数据库中创建存储过程；在数据库中创建视图；设置表、存储过程和视图的权限。

6.3.2 SQL数据操作语句介绍

事实上，在Web应用程序的开发中，除特殊需求之外，对数据库的定义和权限控制的工作通常都在系统配置和部署时完成，基本不在应用程序的处理逻辑之内。应用程序的主要任务是根据业务逻辑需求，实现数据增加、删除、修改和查询等数据处理功能逻辑。针对这个特点，这里只对SQL中数据操作语句作简要介绍，其他部分语句的使用将不再赘述。

建立数据库BBSDataBase中注册用户表usersInfo，表结构如表6.9所示。

表6.9 usersInfo表结构

序号	字段名	类 型	备 注
1	id	int	主键，自动增加
2	name	varchar(20)	用户名，唯一，非空
3	password	varchar (6)	密码，非空
4	email	varchar (30)	用户邮箱
5	qq	varchar (20)	用户QQ号码

数据操作语言使用INSERT、SELECT、UPDATE及DELETE语句来操作数据库对象所包含的数据。

1. INSERT语句

INSERT语句用来在数据表或视图中插入一行数据。

语法：INSERT INTO 表名称 VALUES (值1, 值2,…) 或

INSERT INTO 表名称 (列1, 列2,…) VALUES (值1, 值2,…)

使用下面的语句实现在userInfo表中添加新的用户数据：

```
INSERT INTO userInfo VALUES (1, 'admin','admin ', 'admin@163.com','23453621')
```

当userInfo表中没有id值为1，并且name值为admin的记录时，表中会添加一条id值为1，用户名为admin，密码为admin，电子邮箱为admin@163.com，qq号码为23453621的新记录。

也可以使用语句：

```
INSERT INTO userInfo (name,password) VALUES ('testUser', 'test')
```

来实现添加记录的任务，由于主键id具备自动增加的属性，同时除用户名和密码外，其余字段都没有特殊约束条件，当原表中不存在用户名为testUser的记录时，表中会添加一条用户名为testUser，密码为test，id值自动生成，其余字段值都为空值的新记录。

这两种形式的SQL语句都是比较常用的。第一种形式中，VALUES中的数据按表中列的顺序依次对应添加；第二种形式则按照VALUES前面给出列名称的顺序对应添加数据。无论使用哪种形式添加数据，都遵循添加数据与对应字段类型匹配的原则，否则添加任务会失败。

2. UPDATE 语句

UPDATE 语句用来更新或修改表中一行或多行的数据值。

语法：UPDATE 表名称 SET [列名称 = 新值,…] WHERE 列名称 = 某值

使用下面的语句实现对 userInfo 表中用户名为 admin 的记录修改其密码的任务：

```
UPDATE userInfo SET password = 'adminPass' WHERE name = 'admin'
```

执行后，对应数据 password 字段值更新为 adminPass。语法中，where 表示条件子句，其后的表达式是更新记录时的筛选条件。如果不写该子句，数据库系统会更新表中所有记录对应字段的值，因此该子句非常重要。使用 UPDATE 语句时，要确定在 WHERE 子句中提供充分的筛选条件，这样才不会不经意地改变一些不该改变的数据。

如果需要修改数据的字段有多个，可以用逗号作分隔符，写在 SET 之后，如：

```
UPDATE userInfo SET qq = '34201', email = 'admin@126.com' WHERE name = 'admin'
```

3. DELETE 语句

DELETE 语句用来删除数据表中的一行或多行数据。

```
DELETE FROM 表名称 WHERE 列名称 = 值
```

使用下面的语句实现删除 userInfo 表中用户名为 testUser 记录的任务：

```
DELETE FROM userInfo WHERE name = 'testUser'
```

其中，WHERE 子句仍然是执行删除操作的筛选条件，如果不写该条件，这个命令将删除该表中所有的数据。

4. SELECT 语句

SELECT 语句用来检索数据表中的数据，WHERE 子句决定数据检索的条件。事实上，在使用数据操作语句时，最为灵活和复杂的就是 SELECT 检索语句。该语句可以检索一个或多个数据表，检索的结果存储在一个结果表中，对这个结果表，仍然可以继续进行检索。

语法：

```
SELECT [ALL|DISTINCT|DISTINCTROW|TOP]
{*|表名.*|[表名.]field1[AS alias1][,[表名.]field2[AS alias2][,…]]}
FROM 被检索数据表[,…] [WHERE…] [GROUP BY…] [HAVING…]
[ORDER BY…]
```

在上面的语法表达中，中括号括起来的部分表示是可选的，大括号括起来的部分表示必须从中选择其中的一个。其中各个子句和谓词的含义如下。

1) FROM 子句

FROM 子句指定了 SELECT 语句中字段的来源。FROM 子句后面是包含一个或多个的表达式，其中的表达式可为单一表名称、已保存的查询或由多个表连接所得的复合结果。

2) ALL、DISTINCT、DISTINCTROW、TOP 谓词

ALL 返回满足 SQL 语句条件的所有记录；DISTINCT 如果有多个记录的选择字段的数据相同，只返回一个；DISTINCTROW 如果有重复的记录，只返回一个；TOP 显示查询头尾若干记录，也可返回记录的百分比，这时要用 TOP N PERCENT 子句，其中 N 表示百分比。

3) 用 AS 子句为字段取别名

可以为返回的列取一个新的标题，或者经过对字段的计算或总结之后，产生一个新的值，希望把它放到一个新的列里显示，则用 AS 保留。

4) WHERE 子句指定检索条件

该子句中使用＝、＞、＜、＞＝、＜＝、＜＞、!＞和!＜定义关系表达式；使用 NOT、AND、OR 定义逻辑表达式；使用 BETWEEN …AND…定义检索区间；使用 IN 运算符匹配列表中的任意值；使用 LIKE 运算符检验字符串数据类型的字段值是否匹配一指定模式。

5) 用 ORDER BY 子句排序结果

ORDER 子句按一个或多个字段排序查询结果，默认为升序排序(ASC)，也可以是降序(DESC)。ORDER 子句中定义了多个字段，则按照字段的先后顺序排序。

6) 用 GROUP BY 和 HAVING 子句分组和总结查询结果

在 SQL 的语法里，GROUP BY 和 HAVING 子句用来对数据进行汇总。GROUP BY 子句指明了按照哪几个字段来分组，而将记录分组后，用 HAVING 子句过滤这些记录。

需要注意的是，虽然 SQL 能够提供很强大的查询功能，但是在实际的程序开发中，应尽量避免使用过度复杂的 SQL 查询子句。如果需要，可通过程序逻辑来实现数据的筛查。

6.4 事务处理

6.4.1 事务

1. 事务的概念

事务(TRANSACTION)是现代数据库理论中的核心概念之一。如果一组处理步骤或者全部发生或者一步也不执行，称该组处理步骤为一个事务。当所有的步骤像一个操作一样被完整地执行，称该事务被提交。由于其中的一部分或多步执行失败，导致没有步骤被提交，则事务必须回滚到最初的系统状态。事务是作为单个逻辑工作单元执行的一系列操作。这些操作作为一个整体一起向系统提交，要么都执行，要么都不执行，是一个不可分割的工作逻辑单元。

2. ACID 原则

事务必须服从 ISO/IEC 所制定的 ACID 原则。ACID 是原子性(Atomicity)、一致性(Consistency)、隔离性(Isolation)和持久性(Durability)的简称。

原子性(Atomicity)：事务是一个完整的操作。事务的各步操作是不可分的；要么都执

行，要么都不执行。

一致性(Consistency)：当事务完成时，数据必须处于一致状态。

隔离性(Isolation)：对数据进行修改的所有并发事务是彼此隔离的，这表明事务必须是独立的，它不应以任何方式依赖于或影响其他事务。

永久性(Durability)：事务完成后，它对数据库的修改被永久保持，事务日志能够保持事务的永久性。

事务的原子性表示事务执行过程中的任何失败都将导致事务所做的任何修改失效。一致性表示当事务执行失败时，所有被该事务影响的数据都应该恢复到事务执行前的状态。隔离性表示并发事务是彼此隔离的。持久性表示当系统或介质发生故障时，确保已提交事务的更新不能丢失。持久性通过数据库备份和恢复来保证。

6.4.2 JDBC 事务管理

在 JDBC 的数据库操作中，一项事务是由一条或是多条表达式所组成的一个不可分割的工作单元。通过提交 commit()或是回退 rollback()来结束事务的操作。关于事务操作的方法都位于接口 java. sql. Connection 中。

首先，在 JDBC 中，事务操作默认是自动提交。也就是说，一条对数据库的更新表达式代表一项事务操作。操作成功后，系统将自动调用 commit()来提交，否则将调用 rollback()来回退。

其次，在 JDBC 中，可以通过调用 setAutoCommit(false)来禁止自动提交。之后就可以把多个数据库操作的表达式作为一个事务，在操作完成后调用 commit()来进行整体提交。倘若其中一个表达式操作失败，都不会执行到 commit()，并且将产生响应的异常。此时就可以在异常捕获时调用 rollback()进行回退。这样做可以保持多次更新操作后，相关数据的一致性。

默认情况下，数据库连接处于自动提交模式。每个 SQL 命令一旦被执行便被提交给数据库。命令被提交，就无法进行回滚操作。

如果要检查当前数据库是否是自动提交模式，可以调用 Connection 类中的 getAutoCommit 方法。

可以使用以下命令关闭自动提交模式：

```
conn.setAutoCommit(false);
```

现在可以使用通常的方法创建一个语句对象：

```
Statement stat = con.createStatement();
```

然后，任意多次地调用 executeUpdate 方法：

```
stat.executeUpdate("delete Content where uid = " + uersid);
stat.executeUpdate("delete UserInfo where id = " + uersid );
```

执行了所有命令之后，调用 commit 方法：

```
con.commit();
```

如果出现错误，则调用：

```
con.rollback();
```

此时，程序将自动撤销上次提交以来的所有命令。当事务被 SQLException 异常中断时，通常的办法是发起回滚操作。

将多个命令组合成事务的主要原因是为了确保数据库的完整性。例如，在 BBS 系统中，假设需要删除某个注册用户，那么该用户曾经所有的发帖都应该随之删除。因此，删除用户表中指定用户操作和删除帖子表中指定发帖 ID 号帖子的操作就必须形成一次事务。这个事务要么成功执行所有操作并被提交，要么在中间某个位置发生失败。在这种情况下，可以执行回滚操作，则数据库将自动撤销上次提交事务以来的所有更新操作产生的影响。在第 6.5 节中，将实现 BBS 系统中删除用户的事务处理程序。

6.5 JDBC 应用举例

在 Web 应用开发中，实现业务逻辑最后的环节就是数据库的访问和操作。通过前面几个章节内容的介绍，结合本章知识，可以形成基本的 Web 应用开发模型：JSP＋Servlet＋JavaBean＋JDBC。在此模型中，JSP 页面作为用户与应用系统的边界，Servlet 负责接受用户请求，并分派给对应的 JavaBean 来处理，获取处理结果后反馈给客户端。在这个过程中，为了提高业务逻辑与数据库访问的相对独立性，便于程序的维护和扩展，通常需要将二者分别定义在不同的 JavaBean 中，这样就形成了多层次的程序结构，如图 6.5 所示。

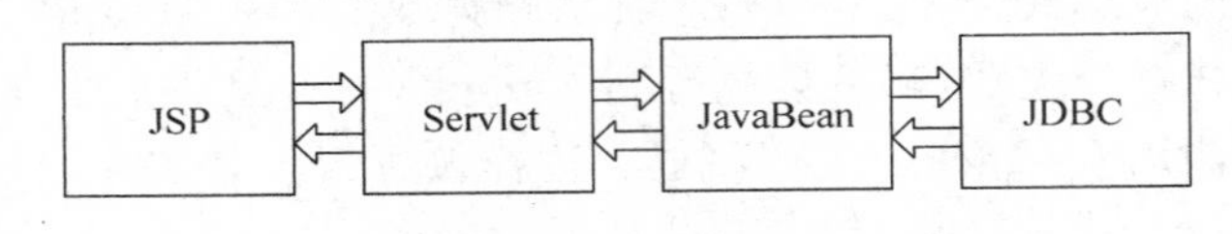

图 6.5 Java Web 多层程序框架

6.5.1 JDBC 组件的应用

数据库连接是 Web 应用系统中所有需要数据库操作功能所必需的资源，因此将连接数据库的工作独立封装在一个 JavaBean 中，作为整个系统公共的连接工具是最佳的方案。对应不同的业务处理，数据库操作的表对象是不同的，因此连接工具类中不涉及任何一个具体的表，只定义数据访问所需资源的建立和关闭方法。下面的程序实现一个连接该数据库的工具类 DBUtil.java。

【例 6.2】 使用 JavaBean 技术封装数据库连接工具类。

com.ch06.testBean.DBUtil.java

```
import java.sql.*;
public class DBUtil {
    private static String driver = "com.mysql.jdbc.Driver";
    private static String url = "jdbc:mysql://localhost:3306/TestDataBase";
    private static String user = "root";
```

```
    private static String password = "123456";
    public static Connection getConnection(){                    //取得连接
        try {
            Class.forName(driver);
        } catch (Exception e) {
            e.printStackTrace();
            return null;
        }
        Connection connection = null;
        try {
            connection = DriverManager.getConnection(url, user, password);
        } catch (SQLException e) {e.printStackTrace(); }
        return connection;
    }
    public static boolean closeConnection(Connection conn){     //关闭连接
        try {
            if(conn!= null&&! conn.isClosed())onn.close();
            return true;
        } catch (SQLException e) {
            e.printStackTrace();
        }
        return false;
    }
    public static boolean closePStat(PreparedStatement pstat){ //关闭 PreparedStatement 资源
        try {
            if(pstat!= null&&! pstat.isClosed())     pstat.close();
            return true;
        } catch (SQLException e) {
            e.printStackTrace();
        }
        return false;
    }
    public static boolean closeStat(Statement stat){             //关闭 Statement 资源
        try {
            if(stat!= null&&! stat.isClosed())     stat.close();
            return true;
        } catch (SQLException e) {
            e.printStackTrace();
        }
        return false;
    }
}
```

通常 Web 系统中的应用主体是系统用户，对系统用户的管理是不可缺少的。用户管理系统包括普通用户的注册业务、登录业务和更改密码业务以及系统管理员浏览用户业务和删除用户业务。对用户管理子系统来说，每个业务本质上就是对数据库中用户表 userInfo 数据的操作。注册对应添加记录操作，登录对应检索单条记录操作，更新密码对应数据更新操作，浏览用户对应查询全部用户数据操作，删除对应删除数据操作。因此，可以封装

JavaBean 来实现用户管理中每个具体任务对应的数据库操作方法。用户注册是经常使用的功能，其本质就是在数据库用户表中插入一条新的记录。下面的程序实现了对用户表数据不同的操作需求。

【例 6.3】 使用 JavaBean 技术封装用户管理操作类。

com. ch06. testBean. UserOperation. java

```
import java.sql.*;
import java.util.*;
public class UserOperation {
    private Connection connection = null;                    //连接对象
    private PreparedStatement pstatement = null;             //预编译 SQL 处理对象
    private String sql = "";                                 //SQL 语句
public PreparedStatement init(String sql) {
                                 //初始化,使用连接工具类创建连接对象和 SQL 处理对象
        connection = DBUtil.getConnection();
        try {
            pstatement = connection.prepareStatement(sql);
        } catch (SQLException e) {
            e.printStackTrace();
        }
        return pstatement;}
    public void close(PreparedStatement pstat, Connection conn) { //关闭资源对象
        DBUtil.closePStat(pstat);
        DBUtil.closeConnection(conn);
    }
    public boolean login(String username, String password) {      //用户登录逻辑
        sql = "select id,password from userInfo where username = '" + username + "'";
          PreparedStatement pstat = init(sql);
          try {ResultSet rs = pstat.executeQuery(sql);
            while(rs.next()) {
                if (rs.getString("password").equals(password)) {
                return true;
                }
            }
        } catch (SQLException e) {
            e.printStackTrace();
        }finally{
            close(pstat, connection);     }
        return false;
    }
    public boolean register(User user) {                          //用户注册逻辑
        PreparedStatement pstat = null;
        sql = "insert into userInfo(password,username,QQ,email) values (?,?,?,?)";
        try {   pstat = init(sql);
            pstat.setString(1, user.getPassword());
            pstat.setString(2, user.getUserName());
            pstat.setString(3, user.getQQ());
            pstat.setString(4, user.getEmail());
```

```
            pstat.executeUpdate();                      //执行插入操作
            return true;
        } catch (SQLException e) {
            e.printStackTrace();
        }finally{close(pstat, connection);
        }
        return false;
    }
    public List<User> queryAll() {                      //获取全部用户数据
        sql = "select id,username from userInfo";
        List<User> allUser = new ArrayList<User>();
        PreparedStatement pstat = init(sql);
        try {
            ResultSet rs = pstat.executeQuery(sql);
            while(rs.next()){
            User user = new User();
            user.setId(rs.getInt("id"));
            user.setUserName(rs.getString("username"));
            allUser.add(user);
            }
        } catch (SQLException e) { e.printStackTrace();
        }finally{    close(pstat, connection);
        }
        return allUser;
    }
    public boolean modUser(User user) {                 //修改用户信息
    sql = "update userInfo set password = '" + user.getPassword() + "'" + ",qq = " + user.getQQ() +
"'" + ",email = '" + user.getEmail() + "'";
        PreparedStatement pstat = init(sql);
        try {pstat.executeUpdate();
            return true;
        } catch (SQLException e) { e.printStackTrace();
        }finally{close(pstat, connection);
        }
        return false;
    }
    public boolean delUserById(int id) {                //删除用户
            sql = "delete from userInfo where id = '" + id + "'";
            boolean result = false;
            PreparedStatement pstat = init(sql);
            try { result = pstat.execute();
            } catch (SQLException e) { e.printStackTrace();
            }finally{  close(pstat, connection);
            }
        return result;
    }
    public List<User> findUserByName(String name) {     //按用户名查找用户
        sql = "select * from userInfo where name = '" + name + "'";
        List<User> allUser = new ArrayList<User>();
```

```
        PreparedStatement pstat = init(sql);
        try {ResultSet rs = pstat.executeQuery();
            while(rs.next()){
            User user = new User();
            user.setId(rs.getInt("id"));
            user.setUserName(rs.getString("name"));
            user.setEmail(rs.getString("email"));
            user.setPassword(rs.getString("password"));
            user.setQQ(rs.getString("qq"));
            allUser.add(user);
            }
        } catch (SQLException e) { e.printStackTrace();
        }finally{ close(pstat, connection);
        }
        return allUser;
    }
    public User findUserById(int id) {       //按 id 查找用户
        sql = "select * from userInfo where id = '" + id + "'";
        PreparedStatement pstat = init(sql);
        User user = new User();
        try {
            ResultSet rs = pstat.executeQuery();
            while(rs.next()){
            user.setId(rs.getInt("id"));
            user.setUserName(rs.getString("name"));
            user.setEmail(rs.getString("email"));
            user.setPassword(rs.getString("password"));
            user.setQQ(rs.getString("qq"));
            }
        } catch (SQLException e) { e.printStackTrace();
        }finally{close(pstat, connection);
        }
        return user;
    }
}
```

用户信息 JavaBean 类 com.ch06.testBean.User.java：

```
public class User {
    private int id;                          //数据库主键
    private String userName;                 //用户名
    private String password;                 //密码
    private String QQ;                       //用户 QQ 号码
    private String email;                    //用户电子邮箱
    public int getId() {return id;  }
    public void setId(int id) {this.id = id;  }
    public String getUserName() {return userName;  }
    public void setUserName(String userName) {  this.userName = userName;  }
    public String getPassword() {return password;  }
```

```
    public void setPassword(String password) {this.password = password;}
    public String getQQ() {return QQ;  }
    public void setQQ(String qQ) {QQ = qQ; }
    public String getEmail() {return email;  }
    public void setEmail(String email) {this.email = email;  }
}
```

用于接收请求表单数据并调用 JavaBean 类 UserOperation 完成注册和登录业务的 Servlet。

用户注册 Servlet 类 com.ch06.servlet .AddUser.java：

```
import java.io.IOException;
import javax.servlet.ServletException;
import javax.servlet.http*;
import TestBean.*;
public class AddUser extends HttpServlet {
    public AddUser() {
        super();
    }
    protected void doGet(HttpServletRequest request, HttpServletResponse response) throws
ServletException, IOException {
        doPost(request,response);}
    protected void doPost(HttpServletRequest request, HttpServletResponse response) throws
ServletException, IOException {
     User user = new User();
     user.setPassword(request.getParameter("password"));   //表单信息封装为 Bean 对象
     user.setUserName(request.getParameter("username"));
     user.setEmail(request.getParameter("email"));
     user.setQQ(request.getParameter("qq"));
     UserOperation manager = new UserOperation();              //创建 UserOperation 对象
    if(manager.findUserByName(user.getUserName()) == null){ //判断用户名是否存在
     manager.register(user);                                   //注册新用户,并登录
     request.getRequestDispatcher("/login").forward(request, response);
            }else{                                        //如果用户名已存在,跳转到注册页面
            response.sendRedirect("/test/register.jsp reg = " + user.getUserName().trim());
        }
    }
}
```

用户登录 Servlet 类 com.ch06.servlet .UserLogin.java：

```
import java.io.IOException;
import javax.servlet.*;
import TestBean.*;
public class UserLogin extends HttpServlet {
    public UserLogin() {
        super();
    }
```

```
    protected void doGet(HttpServletRequest request, HttpServletResponse response) throws
                                                      ServletException, IOException {
        doPost(request,response);
    }
    protected void doPost(HttpServletRequest request, HttpServletResponse response) throws
                                                      ServletException, IOException {
        RequestDispatcher rd;
        String username = request.getParameter("username");    //获取表单参数
        String pass = request.getParameter("password");
        TestBean.UserOperation manager = new UserOperation();  //实例化用户管理对象
        String info = manager.login(username, pass);          //取得登录用户的 id 和角色信息
        if(manager.login(username, pass)){                     //判断登录是否成功
            User user = manager.findUserByName(username);
            int id = user.getId();
            HttpSession session = request.getSession(true);    //建立会话并保存参数
            session.setAttribute("name", username);
            session.setAttribute("userid", id);
            if(username.equals("admin")){
                                    //如果为管理员登录,设置会话管理员标记,跳转至管理页面
            session.setAttribute("isAdmin",1);
            request.getRequestDispatcher("/manager.jsp").forward(request, response);
           }else {                          //如果非管理员,设置会话标记,跳转至帖子列表页面
            session.setAttribute("isAdmin", 0);
            request.getRequestDispatcher("/contentList.jsp").forward(request, response);
            }
        }else{                                                  //登录失败,返回登录页面
            request.getRequestDispatcher("/login.jsp").forward(request, response);
        }
    }
}
```

在前端 JSP 表示层,定义 register.jsp 注册页面和 login.jsp 登录页面,其中注册页面、登录页面分别包含如图 6.6 和图 6.7 所示表单信息。

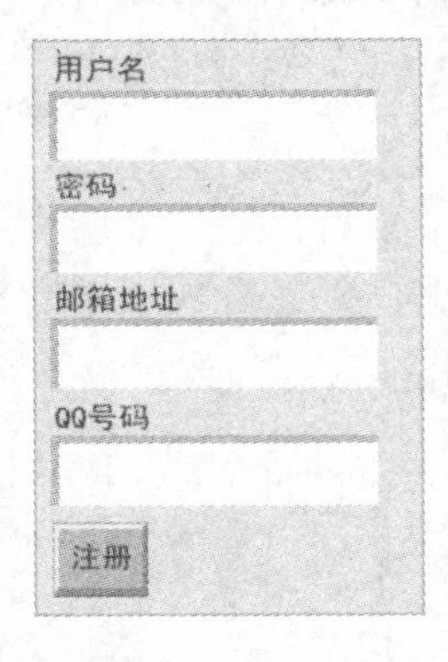

图 6.6 系统注册表单

图 6.7 系统登录表单

需要注意的是,在登录页面中必须含有以下代码,当新用户注册时所用用户名已经在系统中注册时,提醒当前注册用户。

```
<%
  String reg1 = request.getParameter("reg");
   if(reg1!= null){
          response.getWriter().println("<center>用户名" + reg1 + "已经被注册过了,请重新注
册。</center>");
   }%>
```

6.5.2 事务处理实例

如前所述,在 BBS 系统中,如果删除某个注册用户,那么该用户曾经所有的发帖数据都应该随之删除。显然,这个操作涉及两个表 Users 和 Topic 的数据删除,且在执行该删除操作时,必须保证两个删除命令同时执行。因此,删除用户表中指定用户操作和删除帖子表中指定发帖人帖子的操作就形成了一次事务。

在开发过程中,通常将对每个实体数据表的数据操作都封装到一个 JavaBean 中,称之为数据访问对象(Data Access Objects,DAO);而将提出数据操作要求的业务逻辑封装到另外一个 JavaBean 中,称之为业务对象(Business Object,BO)。数据操作方式由业务逻辑来控制,然后交给数据访问对象实现具体的操作。显然,事务处理是业务逻辑的要求,因此事务的建立是在业务逻辑中完成的。

为简化起见,Users 表和 Topic 表的定义如表 6.10 和表 6.11 所示。

表 6.10 Users 表结构

序号	字段名	类　型	备　注
1	uid	varchar(20)	用户名,唯一,非空
2	pwd	varchar(6)	密码,非空

表 6.11 Topic 表结构

序号	字段名	类　型	备　注
1	id	int	主键,自动增加
2	title	varchar(6)	帖子标题
3	content	varchar(1000)	帖子内容
4	uid	varchar(20)	发帖用户
5	pid	int	父帖 ID

业务分析:首先在用户列表显示页面显示所有用户,每个用户后面都有删除用户的链接;当单击“删除”链接后,系统将处理删除该用户及其所发帖子的操作,然后返回用户列表界面。

显然除了前端显示页面外,需要设计显示用户和删除用户的 Servlet 用来响应各自的业务请求;当 Servlet 接收到用户请求时,即可调用业务处理对象(BO)的相应处理逻辑;当 BO 对象完成业务处理时,需要根据业务中数据处理要求访问涉及的数据访问对象(DAO);DAO 接到数据处理请求后,连接数据库,完成数据处理。最后,将处理结果逐次反馈,直到 Servlet 并反映在前端对应的 JSP 页面,发送给客户端浏览器。

BBS 系统删除用户设计如图 6.8 所示。

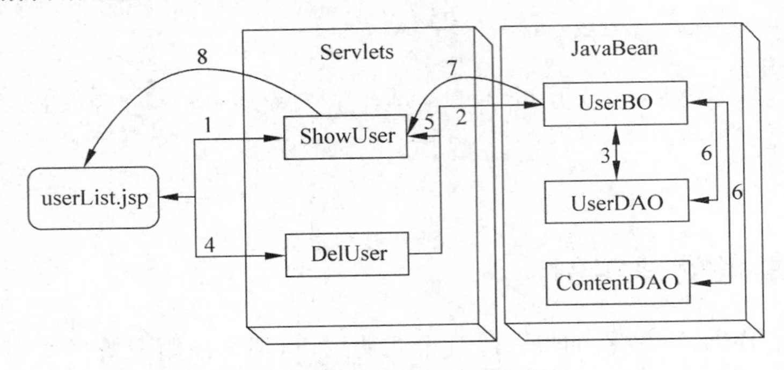

图 6.8 BBS 系统删除用户设计

【例 6.4】 BBS 系统中删除用户的事务操作。

根据数据表结构定义用户和帖子的实体 JavaBean 对象，分别如下。

com. ch06. testBean. UserBean. java

```
public class User{
    private String uid;
    private String pwd;
    public String getUid() {return uid;  }
    public void setUid(String uid) {this.uid = uid;  }
    public String getPwd() {return pwd;  }
    public void setPwd(String pwd) {  this.pwd = pwd;  }
}
```

com. ch06. testBean. Content. java

```
public class Content {
    private int id;
    private int userid;
    private String title;
    private String content;
    private int pid;
    public int getId() {return id;  }
    public void setId(int id) {this.id = id;  }
    public int getUserid() {return userid;  }
    public void setUserid(int userid) {  this.userid = userid;  }
    public String getTitle() {return title;  }
    public void setTitle(String title) {  this.title = title;  }
    public String getContent() {  return content;  }
    public void setContent(String content) {  this.content = content;  }
    public int getPid() {return pid;  }
    public void setPid(int pid) {  this.pid = pid;  }
}
```

对应 Users 表和 Topic 表的数据访问对象 JavaBean 如下。

com. ch06. testBean. UserDAO. java

```
import java.sql.ResultSet;
import java.sql.SQLException;
public class UserDAO {
    private java.sql.Connection con = null;
    private java.sql.Statement stmt = null;
    private java.sql.ResultSet rs = null;
    public void addContent(UserBean user)throws SQLException{
    String sql = "insert into users (uid,pwd) values ('" + user.getUid() + "','" + user.getPwd() +
"')";
        if(stmt!= null) stmt.executeUpdate(sql);
    }
    public int delUser(UserBean user) throws SQLException{
        String sql = "delete from users where uid = '" + user.getUid() + "'";
         if(stmt!= null){ System.out.print(sql);  return stmt.executeUpdate(sql);}
        return -1;
    }
    public ResultSet findUserAll()throws SQLException{
        String sql = "select * from users";
        if(stmt!= null) rs = stmt.executeQuery(sql);
        return rs;
    }
    public java.sql.Connection getCon() {  return con;  }
    public void setCon(java.sql.Connection con) {  this.con = con;  }
    public java.sql.Statement getStmt() {  return stmt;  }
    public void setStmt() {
        try{
          if(con!= null)this.stmt = con.createStatement();
        }catch(SQLException e){}
    }
}
```

com. ch06. testBean. ContentDAO. java

```
import java.sql.*;
public class ContentDAO {
    private java.sql.Connection con = null;
    private java.sql.Statement stmt = null;
    private java.sql.ResultSet rs = null;
    public void addContent(Content content)throws SQLException{
        String sql = "insert into topic (title,content,uid,pid) values ("
                                  + content.getTitle() + "," + content.getUserid() + "," + content.
getPid() + ")";
        if(stmt!= null) stmt.executeUpdate(sql);
    }
    public int delContent(Content content) throws SQLException{
        String sql = "del from topic where id = " + content.getId();
        if(stmt!= null) return stmt.executeUpdate(sql);
```

```
        return -1;
    }
    public int delContentBYUID(String uid) throws SQLException{
        String sql = "delete from topic where uid='" + uid + "'";
        if(stmt!= null) return stmt.executeUpdate(sql);
        return -1;
    }
    public ResultSet findContentAll()throws SQLException{
        String sql = "select * from topic";
        if(stmt!= null) rs = stmt.executeQuery(sql);
        return rs;
    }
    public java.sql.Connection getCon() {   return con;     }
    public void setCon(java.sql.Connection con) {   this.con = con;   }
    public java.sql.Statement getStmt() {   return stmt;   }
    public void setStmt() {
        try{     if(con!= null) this.stmt = con.createStatement();   }catch(SQLException e)
{}
    }
}
```

针对用户管理的业务逻辑对象 JavaBean 如下。

com.ch06.testBean.UserBO.java

```
import java.util.*;
import java.sql.*;
public class UserBO {
    private java.sql.Connection con = null;
    public UserBO(){        con = DBUtil.getConnection();       }
    public void delUser(UserBean user){
      ContentDAO cd = new ContentDAO();
      UserDAO ud = new UserDAO();
      try{
        con.setAutoCommit(false);
        ud.setCon(con);  cd.setCon(con);   ud.setStmt(); cd.setStmt();  ud.delUser(user);
        cd.delContentBYUID(user.getUid());
            con.commit();
        }catch(SQLException e){
            try{
            if(con!= null) con.rollback();
            }catch(SQLException e1){
                e1.printStackTrace();
            }
        }finally{
            DBUtil.closeConnection(con);
        }
    }
    public ArrayList<UserBean> listAll(){
     ArrayList<UserBean> ulist = new ArrayList();
```

```
        UserDAO ud = new UserDAO();
        ResultSet rs = null;
            try{
                ud.setCon(con);   ud.setStmt(); rs = ud.findUserAll();
                while(rs.next()){
                    UserBean user = new UserBean();
                    user.setUid(rs.getString("uid")); user.setPwd(rs.getString("pwd"));
                    ulist.add(user);
                }
                DBUtil.closeStat(ud.getStmt());
            }catch(SQLException e){
                try{   if(con!= null) con.rollback();
                }catch(SQLException e1){   e1.printStackTrace();   }
            }finally{   DBUtil.closeConnection(con); return ulist; }
        }
    }
```

用来处理显示用户和删除用户的 Servlet 如下。

显示用户 com.ch06.servlet.ShowUser.java：

```
import java.io.IOException;
import java.util.List;
import javax.servlet.ServletException;
import javax.servlet.http.HttpServlet;
import javax.servlet.http.HttpServletRequest;
import javax.servlet.http.HttpServletResponse;
import TestBean.*;
public class ShowUser extends HttpServlet {
    public ShowUser() {
      super();
    }
protected void doGet (HttpServletRequest request, HttpServletResponse response) throws
ServletException, IOException {
        UserBO manager = new UserBO();
        List<UserBean> userList;
        userList = manager.listAll();
        javax.servlet.http.HttpSession session = request.getSession();
        session.setAttribute("flag","T" );
        if(userList!= null)
            if(!userList.isEmpty())session.setAttribute("userList", userList);
        request.getRequestDispatcher("/userList.jsp").forward(request, response);
    }
    protected void doPost(HttpServletRequest request, HttpServletResponse response) throws
ServletException, IOException {
       this.doGet(request, response);
    }
}
```

删除用户 com.ch06.servlet.DelUser.java：

```
import java.io.IOException;
import javax.servlet.ServletException;
import javax.servlet.http.HttpServlet;
import javax.servlet.http.HttpServletRequest;
import javax.servlet.http.HttpServletResponse;
import TestBean.UserBO;
import TestBean.UserBean;
public class DelUser extends HttpServlet {
    public DelUser() { super(); }
    protected void doGet(HttpServletRequest request, HttpServletResponse response) throws
ServletException, IOException {   doPost(request,response);   }
    protected void doPost(HttpServletRequest request, HttpServletResponse response) throws
ServletException, IOException {
        UserBO manager = new UserBO();
        UserBean user = new UserBean();
        String uid = request.getParameter("uid").trim(); user.setUid(uid);
        manager.delUser(user);
        request.getRequestDispatcher("ShowUser").forward(request, response);
    }
}
```

前端显示用户的 JSP 页面：

```
<html>
<head>
<%@ page language = "java" contentType = "text/html; charset = utf-8" import = "TestBean.*,
java.util.*"
    pageEncoding = "utf-8" %>
<meta http-equiv = "Content-Type" content = "text/html; charset = utf-8">
<title>用户浏览</title>
</head>
<%
ArrayList<UserBean> uList = new ArrayList();
String flag = (String)session.getAttribute("flag");
if(flag == null) {      flag = "F";          }
if(flag == "F"){   response.sendRedirect("ShowUser");}
elseif(flag == "T"){
    uList = (ArrayList<UserBean>)session.getAttribute("userList");
    System.out.print(uList.size());}
%>
<body><table>
  <tr><td>序号</td><td>用户名</td></tr>
  <%
  ListIterator uLI = uList.listIterator();
  int i = 0;
  while(uLI.hasNext()){
      UserBean user = (UserBean)uLI.next();
```

```
        out.print("<tr><td>" + (++i) + "</td><td>" + user.getUid() + "</td><td><a href =
'DelUser uid = " + user.getUid() + "'>删除</a><td></tr>");
    }
    session.setAttribute("flag", "F");
    %>
</table></body></html>
```

其中,关于数据库连接的对象使用例6.2中的类com.ch06.testBean.DBUtil.java。

习题

一、填空题

1. ________是关系型数据库的标准语言。

2. 加载数据库驱动可使用________、________、________来注册驱动。

3. 当对对象进行批量更新时,采用________创建对象效率较高,且在SQL语句中使用“?”占位符;采用________创建则效率较低。

4. Statement接口提供了最常见的执行SQL的方法是________、________。

5. 在JDBC中,可对数据库进行遍历,以数组形式得到数据表、表字段属性、数据库版本号等信息,通过________接口可以实现。

6. JDBC中,通过Statement类所提供的方法,可以利用标准的SQL对数据库进行________、________、________操作。

7. ResultSet类负责对数据库的________、________、________操作,之后对结果进行________。其中,ResultSet通过________指向数据库中记录,来提高工作效率。

8. JDBC中________类对象保存了所有________类对象中关于字段信息,提供多个方法来取得这些信息。

9. 在JDBC中可使用滚动结果集向前和向后移动,可跳到任意行是用________方法,此方法接受两个参数,分别是________和________。

10. SQL中有4种基本操作语句:________、________、________、________。

二、简答题

1. 简述JDBC的概念。

2. 简述JDBC关键的类和方法。

3. 试用JDBC连接一个简单的数据库。

4. 建立userInfo表,补充JSP表单和对应Servlet,实现完整的Web用户管理系统。

5. 试用MySQL数据库工具创建一个简单的数据库bbs,其中包含两个表格:

bbs_user(id,username,realname,password,favorite,is_admin)和bbs_topic(id,title,content,userid,creat_date),其中字段userid是bbs_topic的外码,参照bbs_user的主码id。使用该数据表,采用JSP+Servlet+JavaBea+JDBC的方式,实现发帖、浏览帖子、查询帖子和删除帖子程序。

第7章 BBS系统设计与实现

通过前几章的学习，读者已经了解并掌握了 Java Web 中 JSP、Servlet、JavaBean 和 JDBC 技术。本章将综合使用这些技术，开发一个简单的 BBS(电子公告板)应用系统，展现 Web 应用系统开发的分析、设计和实现基本过程。通过这一应用系统的开发过程的学习，一方面要加深前面所学知识的掌握；另一方面要体会理解 MVC 模式设计思想，并应用掌握技术进行实践。在 BBS 系统中，JSP 页面作为前端表现层，不参与任何系统内部的逻辑操作，只负责与用户进行交互；Servlet 作为控制器，负责转发数据流和控制页面的跳转；而模型则由 JavaBean、JDBC 和相应的数据库来实现，整个系统的核心处理逻辑都在该层完成。

7.1 BBS 功能需求

BBS 是常用的 Web 应用之一，通常具有发布并回复信息、用户管理和内容管理等功能，本章介绍的是一个简单的 BBS，需要满足以下功能：

(1) 用户管理功能(包括注册、登录、删除用户、修改个人信息功能)。

(2) 内容管理功能(发布信息、修改信息、回复相关信息功能)。

7.1.1 用户管理功能

用户管理功能包含新用户的注册、用户登录、查看信息等功能。另外以管理员角度来讲，查找及删除用户等功能也是必不可少的，如图 7.1 所示的用例图表示了各个功能和它们之间的关系。其中，删除用户的功能包含了查找用户功能，而修改个人信息功能又包含了查看个人信息功能。用户角色包括普通用户和系统管理员两个角色。

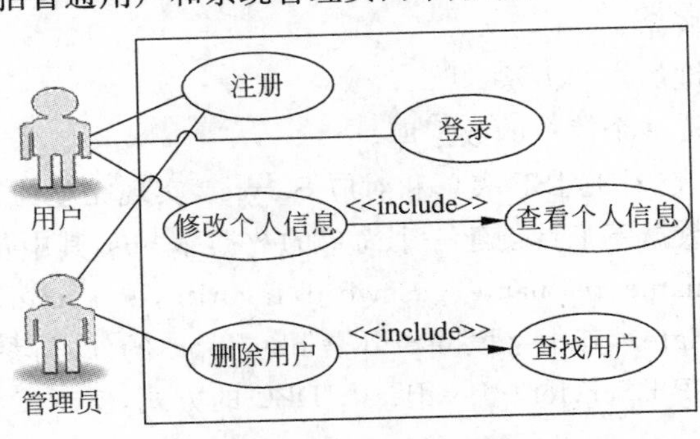

图 7.1　用户管理用例图

用户登录功能为用户提供一个登录界面，当用户输入登录信息后，提交给服务器并完成登录校验；用户注册功能提供注册界面，供用户填写用户信息，并提交给服务器。用户登录时，如果用户是管理员，将会进入管理员专用页面，如果是普通用户则跳转至论坛主页面。登录和注册界如图 7.2 所示。

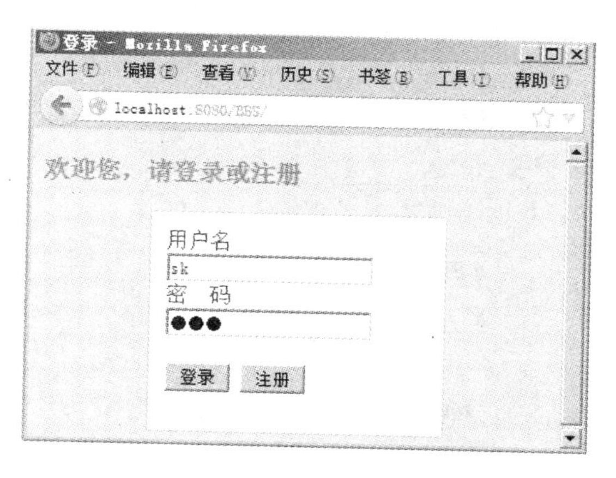

图 7.2　登录界面

管理员拥有一个专门的页面用来查看用户列表，其中包含查找、修改和删除用户功能，该页面效果如图 7.3 所示。

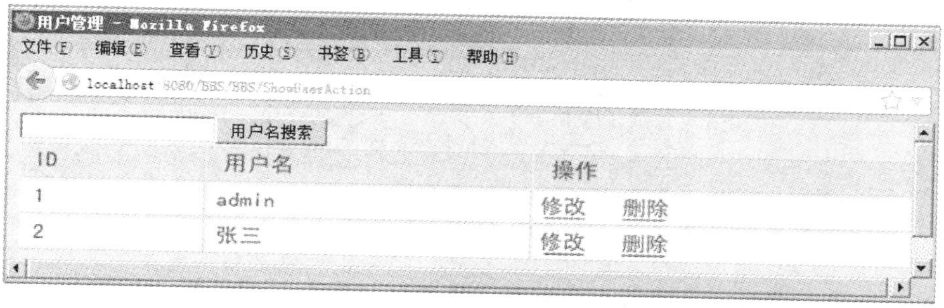

图 7.3　用户管理界面

在用户列表中，每一个用户名之后都有相应的操作，如果点击修改，则会弹出相应修改界面；在页面的最上方是一个搜索框，可以按照用户名搜索用户；图 7.4 是修改用户信息界面，通过用户 id 获取用户相关信息，此时的修改界面已经预先填充了用户的相关信息，便于管理员参照原来信息进行修改。

以上简单介绍了 BBS 中有关用户管理的功能及其相关界面，接下来将介绍内容管理的功能说明和界面。

7.1.2　内容管理功能

内容管理包括普通用户使用的发布信息，回复信息功能以及管理员使用的删除信息，新建板块，删除板块等功能。内容管理用例图如图 7.5 所示。

在用户登录以后，将看到一个论坛的板块列表，点击即可进入浏览该板块的帖子列表，

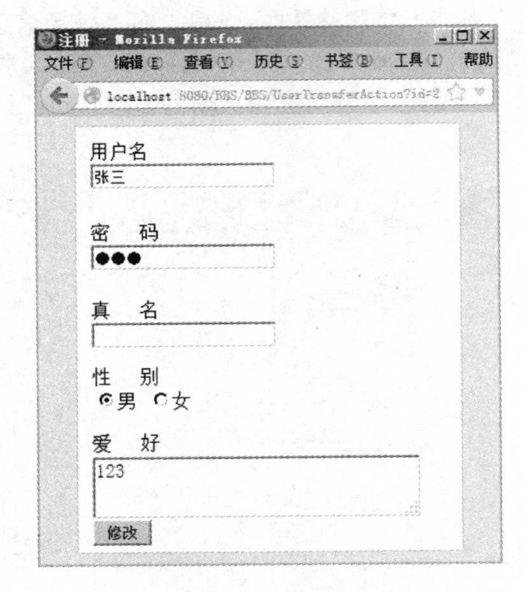

图 7.4 修改用户信息

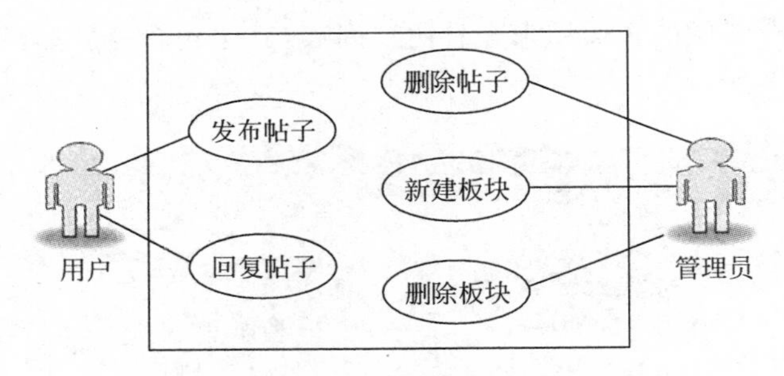

图 7.5 内容管理用例图

在帖子名称上单击即可浏览该帖子详细内容及所有与之有关的回复。板块列表、帖子列表及帖子详情如图 7.6～图 7.8 所示。

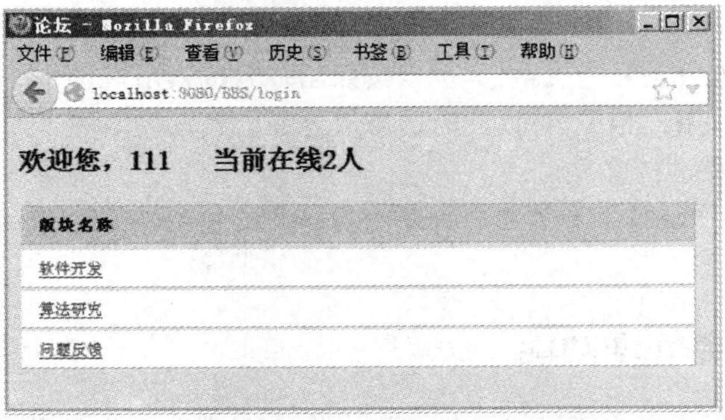

图 7.6 板块列表

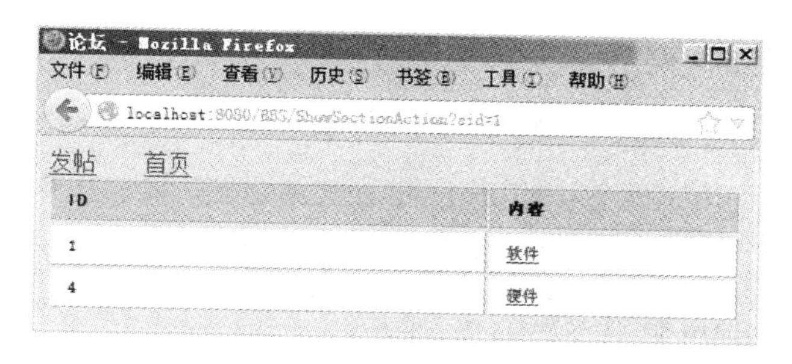

图 7.7 帖子列表

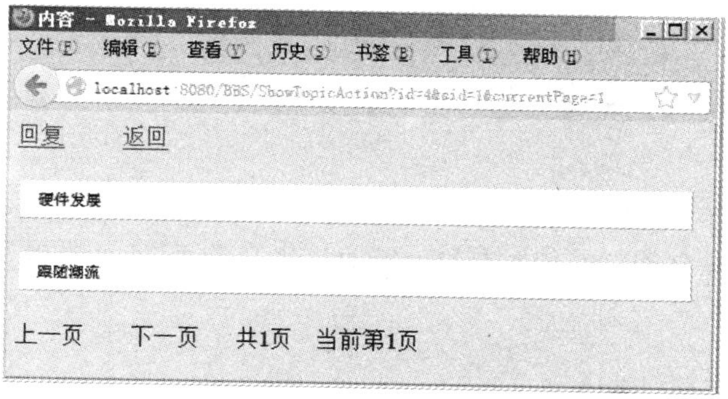

图 7.8 帖子详情

在帖子列表中用户可以实现发布帖子功能，在帖子详情中可以实现回复功能，界面如图 7.9 所示。

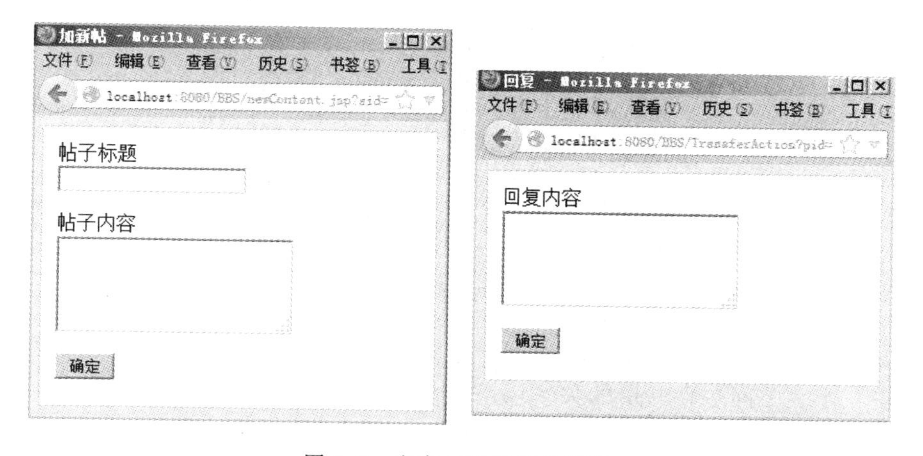

图 7.9 发布与回复信息界面

以上就是 BBS 基本功能和相关界面的介绍，接下来具体分析 BBS 的结构，设计数据库并完成相关功能模块。

7.1.3 BBS 其他功能

过滤器和监听器技术在 Web 应用中作用非常广泛，例如，中文乱码问题的处理、在线用户数的统计等。通过过滤器和监听器技术，可以很好地解决此类问题。

1. 字符过滤器

字符过滤器 CodeFilter 位于 servlets 包下，主要的功能是将字符编码转为中文，过滤器的结构在前几章中已经有过介绍，关键代码请参照例 4.6。

2. 在线用户列表监听器

这个监听器的功能主要是显示当前在线的用户人数。该监听器的关键代码请参照例 4.7。

7.2 模型层设计与实现

模型层是 MVC 设计模式中重要的一环，其中包括较多的知识点，比如底层数据库的设计与建立、程序对于数据库的操作以及数据库的优化等，本节将介绍相关的知识并完成 BBS 模型层的设计与开发。

7.2.1 表格的设计

本系统需要三个表格来实现内容管理及用户管理的功能，三个表格的关系图如图 7.10 所示。

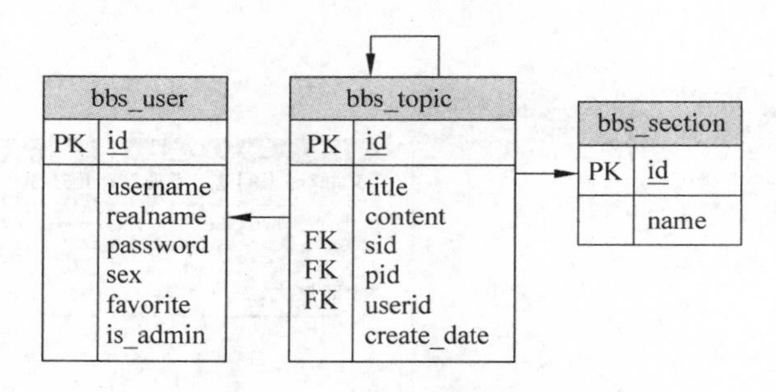

图 7.10 BBS 数据库结构

其中 bbs_user 存储用户信息，bbs_topic 存储帖子信息，而 bbs_section 主要存储板块信息。BBS 中三个表之间包含一定的关系，其中 bbs_topic 中有 sid、pid、userid 三个外键，分别参照 bbs_user 当中的 id，bbs_section 当中的 id 以及 bbs_topic 本身的 id。

注意，在实际的开发过程中，有时为了方便数据库的移植，除主键外，外键不在数据库层面定义，开发者只要清楚外键及其参照，外键功能由程序实现即可。本章的 BBS 项目就采取这种方式。

在用户管理模块中，需要实现用户的注册、登录等功能，所以创建一个独立的用户表格是很重要的，在表格中应当有用户的 id、用户名、姓名等个人信息的字段。具体表格设计参见表 7.1。

表 7.1 bbs_user 表

序号	字段名	类　　型	描　　述
1	id	整型(int)	自增,主键
2	username	字符串(varchar)	用户名
3	realname	字符串(varchar)	真实姓名
4	password	字符串(varchar)	密码
5	sex	字符串(varchar)	性别
6	favorite	字符串(varchar)	爱好
7	is_admin	字符串(varchar)	是否是管理员

内容管理涉及两个表,一个是帖子表,一个是板块表。帖子表包括帖子的 id、标题、内容等,特别要注意的是 sid 和 pid 这两个字段,sid 存放的是该帖子的板块 id,与分类表当中的 id 相同; pid 中存放的则是相关帖子的 id,如果 pid 的值为 0,则代表该信息是新发布的帖子,否则代表该信息是对某个帖子的回复,两个表格的具体结构如表 7.2 和表 7.3 所示。

表 7.2 bbs_topic 表

序号	字段名	类　　型	描　　述
1	id	整型	自增,主键
2	title	字符串	帖子标题
3	content	字符串	帖子内容
4	userid	整型	帖子发布人的 id
5	pid	整型	所回复帖子的 id
6	sid	整型	板块 id
7	create_date	日期型	消息发布日期

表 7.3 bbs_section 表

序号	字段名	类　　型	描　　述
1	id	整型	自增,主键
2	name	字符型	板块名称

7.2.2 数据库工具类级 DAO 的开发

1. 通用工具类

在管理模块中,首先要完成的是模型(Model)层代码,所有的模型层代码都放在 daos 和 pojos 这两个包中,dao 包的功能是实现最基本的数据库操作并返回数据以便其他代码调用。

DbUtil 类是连接数据库的一个基本类,包括打开连接等基本的数据库操作,dao 包中几乎所有的类都使用到了这个类。详细代码参见 com. ch07. util. Dbutil. java,主要方法功能如表 7.4 所示。

表 7.4 DbUtil 方法

方法名	参数	返回值	功能
getConnection	无	Connection	取得数据库连接
closeConnection	Connection conn	boolean	关闭数据库连接
closePStat	PreparedStatement pstat	boolean	关闭 PreparedStatement
closeStat	Statement stat	boolean	关闭 Statement

Page 类是一个辅助类,主要用来实现分页查询等功能,在浏览信息时能更加清晰,详细代码参见 com. ch07. util. Page. java。主要方法功能如表 7.5 所示。

表 7.5 Page 方法

方法名	参数	返回值	功能
calculate()	无	无	计算当前页、总页数等信息

2. pojos 包

pojos 包中的类是参照数据库里的表而设计的,其中包括三个类,分别对应数据库中的 bbs_user、bbs_topic、bbs_section 表,如图 7.11 所示,表中的每一个字段对应类中的一个属性。注意,类中除了属性及其相应的 getter、setter 方法外,不再有任何的其他方法,这种形式的类叫作 POJO(Plain Old Java Object),也就是普通的 JavaBean。

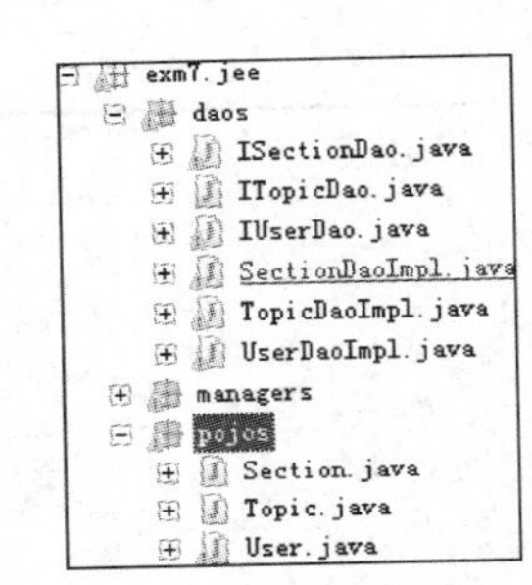

图 7.11 模型层结构示意图

3. 内容管理 DAO 的设计

DAO(Data Access Object)是 Java Web 开发中的重要技术,DAO 主要负责与数据库的通信和操作,在 DAO 中需要实现基本的 CRUD(增删查改),让更高一级的程序调用、组合 DAO 中的基本操作以便完成更复杂的业务逻辑。

ITopicDao 是一个接口,主要定义对 bbs_topic 表的数据操作,包括 addTopic 方法(发帖)、queryAll(查看)方法等,而 TopicDaoImpl 类则实现这个接口并重写以上方法。请读者注意,在软件开发中,接口的定义是非常重要的一步,统一的接口有助于团队之间的开发协作,并为以后的软件维护和升级留下空间,本书后面的例子都将遵守这个规则,也希望读者在实际操作时主动使用接口技术。以下是 ITopicDao 接口的代码。

com. ch07. daos. ITopicDao. java

```
import java.util.List;
import com.ch07.pojos.*;
import com.ch07.util.Page;
public interface ITopicDao {
```

```
        public boolean addTopic(Topic topic);                    //添加帖子
        public boolean delTopic(Topic topic);                    //删除帖子
        public Topic getById(int id);                            //根据 ID 取得帖子
        public Topic getByTitle(String title);                   //根据名称取得帖子
        public List<Topic>queryAll(int sid);                     //取得 sid 相关的所有信息
        public List<Topic> queryOne(int id);                     //取得 id 相关的所有帖子
        public List<Topic> queryOnePage(Page page, int pid);     //按参数取得一页帖子
        public int getTotalRow(int sid, int type);               //取得记录总数
}
```

类 TopicDaoImpl 实现了该接口，首先利用 DbUtil 中的工具方法实现对数据库的连接等操作，具体方法的实现如下。

com. ch07. daos. TopicDaoIml. java

```
import java.sql.Connection;
import java.sql.Date;
import java.sql.PreparedStatement;
import java.sql.ResultSet;
import java.sql.SQLException;
import java.util.ArrayList;
import java.util.List;
import com.ch07.pojos.Topic;
import com.ch07.util.DbUtil;
import com.ch07.util.Page;
public class TopicDaoImpl implements ITopicDao {
    private Connection connection = null;
    private PreparedStatement pstatement = null;
    private int totalRow = 0;
    public void setTotalRow(int totalRow) {
        this.totalRow = totalRow;
    }
    public PreparedStatement init(String sql) {
        connection = DbUtil.getConnection();
        try {
            pstatement = connection.prepareStatement(sql);
        } catch (SQLException e) {
            e.printStackTrace();
        }
        return pstatement;
    }
    public void close(PreparedStatement pstat, Connection conn) {
        DbUtil.closeConnection(conn);
        DbUtil.closePStat(pstat);
        }
    ...
    }
```

其次是发表新帖子的方法，请读者注意，传统的论坛有发新帖和回复两大主要功能，但其实实现方式是一致的，所不同的是新帖的 pid(根信息)值是 0，而回复的 pid 是所回复帖子

的 id，这样就用一个方法实现了发帖/回复功能，具体方法的实现如下。

```
public boolean addTopic(Topic Topic) {
        String sql = "insert into bbs_topic(userid,pid,title,content,creat_date,sid) values
(?,?,?,?,?,?)";
        try {
            PreparedStatement pstat = init(sql);
            pstat.setInt(1, Topic.getUserid());
            pstat.setInt(2, Topic.getPid());
            pstat.setString(3, Topic.getTitle());
            pstat.setString(4, Topic.getContent());
            pstat.setTimestamp(5, Topic.getCreatDate());
            pstat.setInt(6, Topic.getSid());
            pstat.executeUpdate();
            close(pstat, connection);
            return true;
        } catch (SQLException e) {
            e.printStackTrace();
        }
        return false;
    }
```

接下来实现删除帖子的功能，具体代码如下。

```
public boolean delTopic(Topic Topic) {
        String sql = "delete from bbs_topic where id = ?";
        try {
            PreparedStatement pstat = init(sql);
            pstat.setInt(1, Topic.getId());
            pstat.executeUpdate();
            close(pstat, connection);
            return true;
        } catch (SQLException e) {
            e.printStackTrace();
        }
        return false;}
```

TopicDaoImpl 中一个很重要的功能是分页浏览信息，使用了 Page 类的一些方法，具体实现代码如下。

```
    public List<Topic> queryOnePage(Page page, int id) {
        List<Topic> allTopic = new ArrayList<Topic>();
        String sql = "select * from bbs_topic where pid = '" + id+ "' or id = '" + id +
"'" + "order by id";
        PreparedStatement pstat = init(sql);
        try {
            pstat.setMaxRows(page.getPageSize() * page.getCurrentPage());
                                                    //在结果集中只能包含指定的记录条数
```

```
            ResultSet rs = pstat.executeQuery();
            if (page.getFirstRow() > 0) {      //关键语句：调整首行记录位置
                rs.absolute(page.getFirstRow());
            }
            while (rs.next()) {
                Topic Topic = new Topic();
                Topic.setId(rs.getInt("id"));
                Topic.setUserid(rs.getInt("userid"));
                Topic.setPid(rs.getInt("pid"));
                Topic.setTitle(rs.getString("title"));
                Topic.setContent(rs.getString("content"));
                Topic.setCreatDate(rs.getTimestamp("creat_date"));
                allTopic.add(Topic);
            }
            rs.close();
            close(pstat, connection);
        } catch (SQLException e) {
            e.printStackTrace();
        }
        return allTopic;
    }
```

在浏览帖子的时候，有时会要求将某个帖子单独列出以便修改，具体代码如下。

```
public Topic getById(int id) {
    Topic Topic = null;
    String sql = "select * from bbs_topic where id =" + id + ";
    PreparedStatement pstat = init(sql);
    try {
        ResultSet rs = pstat.executeQuery();
        while (rs.next()) {
            Topic tTopic = new Topic();
            tTopic.setContent(rs.getString("Content"));
            tTopic.setTitle(rs.getString("title"));
            Topic = tTopic;
        }
        rs.close();
        close(pstat, connection);
    } catch (SQLException e) {
        e.printStackTrace();
    }
    return Topic;
}
```

4. 用户管理 DAO 的设计

IUserDao 是一个接口，主要定义了对于 t_user 这个表的数据操作，包括 register 方法（添加新用户）、login 方法等，而 UserDaoImpl 类则要实现这个接口并重写以上方法来实现操作。以下是 IUserDao 接口的代码。

com. ch07. daos. IUserDao. java

```
import java.util.List;
import com.ch07.pojos.User;
public interface IUserDao {
    public String login(String username,String password);     //用户登录
    public boolean register(User user);                        //用户注册
    public List queryAll();                                    //查询所有用户
    public boolean modUser(User user);                         //修改用户信息
    public boolean delUserById(int id);                        //删除指定 id 的用户
    public List findUserByName(String name);                   //通过用户名查找用户
    public User findUserById(int id);                          //通过 id 查找用户
}
```

类 UserDaoImpl 实现了 IUserDao 代码，首先要写出基本的 JDBC 代码用来连接和关闭数据库，代码如下。

com. ch07. daos. UserDaoImpl. jsva

```
public class UserDaoImpl implements IUserDao {
    private Connection connection = null;
    private PreparedStatement pstatement = null;
    private String sql = "";
    public PreparedStatement init(String sql) {
        connection = DbUtil.getConnection();
        try {
            pstatement = connection.prepareStatement(sql);
        } catch (SQLException e) {
            e.printStackTrace();
        }
        return pstatement;
    }
        public void close(PreparedStatement pstat, Connection conn) {
        DbUtil.closeConnection(conn);
        DbUtil.closePStat(pstat);
    }
//其他代码
}
```

接下来要实现的是 register 这个方法，代码如下。

com. ch07. daos. UserDaoImp. java

```
public boolean register(User user) {
sql = " insert into t _ user ( password, username, realname, sex, favorite, isAdmin )
values (?,?,?,?,?,?)";
try {
            PreparedStatement pstat = init(sql);
            pstat.setString(1, user.getPassword());
```

```
            pstat.setString(2, user.getUserName());
            pstat.setString(3, user.getRealname());
            pstat.setString(4, user.getSex());
            pstat.setString(5, user.getFavorite());
            pstat.setInt(6, 0);
            pstat.executeUpdate();
            close(pstat, connection);
            return true;
        } catch (SQLException e) {
            e.printStackTrace();
        }
        return false;
    }
```

与 register 相关的还有 login 方法，其实现代码如下。

com.ch07.daos.UserDaoImp.java

```
public String login(String username, String password) {
        sql = "select id,password,isAdmin from t_user where username = '" + username + "'";
        PreparedStatement pstat = init(sql);
        try {
            ResultSet rs = pstat.executeQuery(sql);
              while(rs.next()) {
                if (rs.getString("password").equals(password)) {
                    String info = rs.getString("id") + "#" + rs.getString("isAdmin");
                    close(pstatement, connection);
                    return info;
                }
            }
        } catch (SQLException e) {
            e.printStackTrace();
        }
        close(pstatement, connection);
        return null;
}
```

接下来实现删除用户方法，根据用户 id 确定被删除的对象，如果读者有需要可以修改这个方法，实现根据不同条件删除用户，代码如下。

com.ch07.daos.UserDaoImp.java

```
public boolean delUserById(int id) {
            sql = "delete from t_user where id = '" + id + "'";
            boolean result = false;
            PreparedStatement pstat = init(sql);
            try {
                result = pstat.execute();
```

```
            } catch (SQLException e) {
                e.printStackTrace();
            }
            close(pstat, connection);
        return result;}
```

查询的方法分为两类，一类是根据某些条件查出符合要求的数据项，另一类是一次性查询出所有的数据项，然后分页显示，在这里需要用到 Page.java 这个工具类辅助程序完成这个功能，代码如下。

com.ch07.daos.UserDaoImp.java

```
public List<User> findUserByName(String name) {
    sql = "select * from t_user where username = '" + name + "'";
    List<User> allUser = new ArrayList<User>();
    PreparedStatement pstat = init(sql);
    try {ResultSet rs = pstat.executeQuery();
        while(rs.next()){
        User user = new User();user.setId(rs.getInt("id"));
        user.setUserName(rs.getString("username"));
        user.setRealname(rs.getString("realname"));
        user.setFavorite(rs.getString("favorite"));
        user.setPassword(rs.getString("password"));
        user.setHome(rs.getString("home"));
        user.setSex(rs.getString("sex"));
        user.setAdmin(rs.getInt("isAdmin"));
        user.setTel(rs.getString("tel"));
        allUser.add(user);
        }
        close(pstat, connection);
    } catch (SQLException e) {e.printStackTrace();}
    return allUser;}
    public User findUserById(int id) {                  //根据用户 id 查找用户
    sql = "select * from t_user where id = '" + id + "'";
    PreparedStatement pstat = init(sql);
    User user = new User();
    try {ResultSet rs = pstat.executeQuery();
     while(rs.next()){
        user.setId(rs.getInt("id"));
        user.setUserName(rs.getString("username"));
        user.setRealname(rs.getString("realname"));
        user.setFavorite(rs.getString("favorite"));
        user.setPassword(rs.getString("password"));
        user.setHome(rs.getString("home"));
        user.setSex(rs.getString("sex"));
        user.setAdmin(rs.getInt("isAdmin"));
        user.setTel(rs.getString("tel"));
        }
        close(pstat, connection);
```

```
        } catch (SQLException e) {
            e.printStackTrace();}
        return user;}
    public List<User> queryAll() {//取得全部记录
        sql = "select id,username from t_user";
        List<User> allUser = new ArrayList<User>();
        PreparedStatement pstat = init(sql);
        try {ResultSet rs = pstat.executeQuery(sql);
         while(rs.next()){
            User user = new User();
            user.setId(rs.getInt("id"));
            user.setUserName(rs.getString("username"));
            allUser.add(user);}
          } catch (SQLException e) {
            e.printStackTrace();}
        close(pstat, connection);
      return allUser;
}
```

最后要完成的是修改用户的功能，代码如下。

com.ch07.daos.UserDaoImp.java

```
public boolean modUser(User user) {
        sql = "update t_user set username='" + user.getUserName() + "'" + ",realname = '" +
user.getRealname() + "'"
                + ",password= '" + user.getPassword() + "'" + ",sex= '" + user.getSex() + "'"
                + " ,favorite= '" + user.getFavorite() + "'"
                + "where id = '" + user.getId() + "'";
        PreparedStatement pstat = init(sql);
        try {
            pstat.execute();
                return true;
        } catch (SQLException e) {
        e.printStackTrace();}
return false;}
```

5. 添加 manager 层

除了 DAO 之外，还需要在控制层和 DAO 之间增加一个新的层——manager 层（也叫 service 层），这一层的主要功能是调用 DAO，通过对 DAO 基础操纵的组合实现更为复杂的业务逻辑。控制层不直接和 DAO 接触，而通过 manager 层调用 DAO，当 DAO 层发生变化时，控制层的代码可以不用修改（或只修改一部分），增加了代码的可重用性。由于本系统业务逻辑比较简单，这里的 manager 层只是简单调用了 DAO 中的同名方法，在以后较为复杂的设计中，manager 层会发挥更大的作用。

7.3 内容管理功能分析与设计

在完成了数据库和模型层的设计之后，本节和7.4节将详细介绍两个模块控制层和表现层的设计和开发，控制层使用Servlet技术，而表现层使用JSP完成。

7.3.1 内容管理功能分析

BBS的内容管理主要有按类别发布消息、回复指定消息等功能，以发布消息为例，在发布消息之前，系统自动取得当前用户的id和当前分类的id并将这些信息和用户发布的信息组合成完整的内容，如果添加成功则自动刷新信息列表页面，这时用户就能看到新发布的信息。相关流程如图7.12所示。

图7.12 信息发布流程

回复信息的流程与之类似，不同的是除了用户id、分类id之外，系统还会将要回复信息的id也附加在用户新输入的内容之后，这样当用户查看信息时，该信息与其相关回复都会显示在同一页面。回复信息时所调用的页面流程图如图7.13所示。

图7.13 回复流程

7.3.2 控制器类

在MVC设计模式中，控制器主要负责数据的收集、转发和页面跳转的控制。本系统的控制层主要通过Servlet实现。

在设计Servlet之前，对应添加信息的控制器名为AddTopicServlet，主要功能是通过页面接收数据并调用TopicDaoImpl实现插入数据，AddTopicServlet中的doPost代码如下。

com.ch07.servlets.AddTopicServlet.java

```
protected void doPost (HttpServletRequest request, HttpServletResponse response) throws
ServletException, IOException {
        Topic Topic = new Topic();
```

```
        Topic.setTitle(request.getParameter("title"));      //取得网页请求的各项参数
        Topic.setContent(request.getParameter("content"));
        Timestamp tt = new Timestamp(new java.util.Date().getTime());
        Topic.setCreatDate(tt);
        Topic.setIsLegal(0);
        Topic.setUserid(Integer.parseInt((String) request.getSession().getAttribute
("userid")));
        Topic.setPid(0);
        Topic.setSid(Integer.parseInt(request.getParameter("sid")));

        ITopicManager manager = new TopicManagerImpl();
        manager.addTopic(Topic);
                                                        //调用 manager 的相关方法
        request.getRequestDispatcher("/BBS/ShowSectionAction").forward(request, response);
                                                        //确定跳转页面
    }
```

回复帖子的代码与发新帖相似，所不同的是回复帖子的时候，Servlet 要接收一个主帖的 id 以便确定回复的目标，这一功能由两个 Servlet 完成：DataTransferServlet 负责转发主帖 id 到回复页面，而 ReplyTopicServlet 负责将页面上的回复内容添加到主帖的回复当中，具体代码如下。

com.ch07.servlets.DataTransferServlet.java

```
protected void doPost (HttpServletRequest request, HttpServletResponse response) throws
ServletException, IOException {
        int pid = Integer.parseInt(request.getParameter("pid"));  //获取主帖 id
        request.getSession().setAttribute("pid", pid); //将 id 添加到 session 的 pid 变量中
        request.getRequestDispatcher("/replyContent.jsp").forward(request, response);
}
```

com.ch07.servlets.ReplyTopicServlet.java

```
protected void doPost (HttpServletRequest request, HttpServletResponse response) throws
ServletException, IOException {
        int id = Integer.parseInt(request.getParameter("pid"));    //获取主帖 id
        int sid = Integer.parseInt(request.getParameter("sid"));   //获得用户 id
        Topic topic = new Topic();
        topic.setTitle("");
        topic.setContent(request.getParameter("content"));
        Timestamp tt = new Timestamp(new java.util.Date().getTime());
        topic.setCreatDate(tt);
        topic.setIsLegal(0);
        topic.setUserid(Integer.parseInt((String) request.getSession().getAttribute
("userid")));
        topic.setPid(id);
        topic.setSid(sid);
        ITopicManager manager = new TopicManagerImpl();
        manager.addTopic(topic);
```

```
    request.getRequestDispatcher("/ShowTopicAction id = " + id + "&sid = " + 3 + "&currentPage
= " + 1).forward(request, response);
    }
```

7.3.3 视图层页面

内容管理的视图页面主要有 mainBBS.jsp(显示所有板块)、content.jsp(显示主帖和回帖)、newContent.jsp(发新帖)、replyContent.jsp(回帖)以及 section.jsp(显示单一板块的所有帖子)。本节主要介绍显示信息页面,在用户管理功能中介绍新增数据库信息的页面。

1. 显示板块页面

在进入 BBS 主页之前,需要调用 UserDao 类中的 log 的方法判断用户是否存在,当用户存在时,跳转到 LoginServlet,取得板块等信息后,跳转到 mainBBS.jsp 页面。

这个页面的主要功能是显示所有的版块,具体代码如下。

BBS/WebContent/mainBBS.jsp

```
<%@ page  import = "com.ch07.pojos.*;java.util.*" %>
<html>
<head>
<meta http-equiv = "Content-Type" content = "text/html; charset = GBK">
<title>论坛</title>
</head>
<body>
    <% String name  =  session.getAttribute("name").toString();
      Integer size  =  (Integer)application.getAttribute("size");
      List<Section> sections = (List<Section>)session.getAttribute("allSection"); %>
    <h3>
    欢迎您,<% = name %>   当前在线<% = size %>人
    </h3>
    <table>
        <tr>  <th>分类名称</th> </tr>
    <% Iterator<Section> it  =  sections.iterator() ;
        while(it.hasNext()){
            Section section  = it.next(); %>
        <tr>
            <td>
                <a href  =  "ShowSectionAction?sid = <% = section.getId() %>"><% = section.
getName() %></a>
            </td>
        </tr>
    <% } %>
    </table>
</body>
</html>
```

修改完毕后,还需要在 web.xml 文件中配置,在 web.xml 中添加以下代码。

BBS/WebContent/WEB-INF/web.xml

```
<jsp-config>
    <taglib>
      <taglib-uri>http://java.sun.com/jsp/jstl/core</taglib-uri>
      <taglib-location>/WEB-INF/tld/c.tld</taglib-location>
    </taglib>
  </jsp-config>
```

2. 显示帖子页面

这个页面的主要功能是显示版块内的所有帖子，关键代码如下。

BBS/WebContent/section.jsp

```
<body>
    <% Integer sid = (Integer)session.getAttribute("sid"); %>
    <a href = "newContent.jsp?sid=<% = sid %>">发布信息</a><a href = "BBS/QueryAllAction">
首页</a>
    <table>
        <tr>
            <th> id</th>
            <th>内容</th>
        </tr>
    <% List<Topic> list = (List<Topic>)session.getAttribute("allContent");
      Iterator<Topic> it = list.iterator();
      while(it.hasNext()){
          Topic topic = it.next(); %>
        <tr>
            <td>
                <% = topic.getId() %>
            </td>
            <td>
                        <a href = "ShowTopicAction?id=<% = topic.getId() %>&sid=<% = sid %>
&currentPage=1">
                    <% = topic.getTitle() %></a>
            </td>
        </tr>
        <% } %>
    </table>
</body>
```

3. 显示帖子内容

这个页面的主要功能是显示主帖和回帖，主要代码如下。

BBS/WebContent/Content.jsp

```
<body>
<% Integer pid = (Integer) session.getAttribute("pid");
```

```
    Integer sid = (Integer)session.getAttribute("sid");
    List<Topic> contents = (List<Topic>) session.getAttribute("contentList");
    Page page1 = (Page)session.getAttribute("page");
%>
    <a href = "TransferAction?pid=<% = pid %>">回复</a> <a href = "ShowSectionAction?sid=
<% = sid %>">返回</a>
        </br>
        <table>
        <% Iterator<Topic> it = contents.iterator();
        while(it.hasNext()){
        Topic topic = it.next(); %>
        <tr>
            <td>
                <% = topic.getContent() %>
            </td>
            </tr>
        <%} %>
            </table>
            </br>
        <% - - 页面跳转,分静态和动态两种 - - %>
        <% if (page1.getCurrentPage()<= 1) { %>
上一页
        <%} %>
        <% if (page1.getCurrentPage()> 1) { %>
        <a href = "ShowTopicAction?id=<% = pid %>&sid=<% = sid %>&currentPage=<% =
page1.getCurrentPage() - 1 %>">上一页</a>
        <%} %>
        <% if (page1.getCurrentPage()>= page1.getTotalPage()) { %>
下一页
        <%} %>
        <% if (page1.getCurrentPage()< page1.getTotalPage()) { %>
<a href = "ShowTopicAction?id=<% = pid %>&sid=<% = sid %>&currentPage=<% = page1.
getCurrentPage() + 1 %>">下一页</a>
        <%} %>
        共<% = page1.getTotalPage() %>页 当前第<% = page1.getCurrentPage() %>页
</body>
```

7.3.4 关联各个层

在完成了所有的代码后，需要配置WEB-INF目录下的web.xml文档，将Servlet、DAO和JSP关联起来，实现完整的功能。与内容管理相关的代码如下。

BBS/WebContent/WEB-INF/web.xml

```
xmlns:web = "http://java.sun.com/xml/ns/javaee/web-app_2_5.xsd" xsi:schemaLocation = "
http://java.sun.com/xml/ns/javaee http://java.sun.com/xml/ns/javaee/web-app_2_5.xsd" id
= "WebApp_ID" version = "2.5">
  <display-name>BBS</display-name>
  <welcome-file-list>
```

```
    <welcome-file>login.jsp</welcome-file>
  </welcome-file-list>
  <servlet>
    <description></description>
    <display-name>BBSServlet</display-name>
    <servlet-name>BBSServlet</servlet-name>
    <servlet-class>com.ch07.jee.servlets.BbsServlet</servlet-class>
  </servlet>
    <description></description>
    <display-name>ShowTopicServlet</display-name>
    <servlet-name>ShowTopicServlet</servlet-name>
    <servlet-class>com.ch07.jee.servlets.ShowTopicServlet</servlet-class>
  </servlet>
  <servlet-mapping>
    <servlet-name>ShowTopicServlet</servlet-name>
    <url-pattern>/ShowTopicAction</url-pattern>
  </servlet-mapping>
  <servlet>
    <description></description>
    <display-name>AddTopicServlet</display-name>
    <servlet-name>AddTopicServlet</servlet-name>
    <servlet-class>com.ch07.jee.servlets.AddTopicServlet</servlet-class>
  </servlet>
  <servlet-mapping>
    <servlet-name>AddTopicServlet</servlet-name>
    <url-pattern>/AddTopicAction</url-pattern>
  </servlet-mapping>
  <servlet>
   <servlet>
    <description></description>
    <display-name>ModTopicServlet</display-name>
    <servlet-name>ModTopicServlet</servlet-name>
    <servlet-class>com.ch07.jee.servlets.ModTopicServlet</servlet-class>
  </servlet>
  <servlet-mapping>
    <servlet-name>ModTopicServlet</servlet-name>
    <url-pattern>/ModTopicServlet</url-pattern>
  </servlet-mapping>
  <servlet>
```

完成了内容管理的相关开发，接下来将介绍用户管理的功能与实现。

7.4 用户管理功能分析与设计

7.4.1 用户管理功能分析

用户管理主要包括添加用户(注册)、用户登录、修改用户信息、删除用户等。

用户注册的流程是：用户先通过注册页面 register.jsp 填写个人信息，当单击“确定”按钮后，个人信息由 AddUserServlet 接收并插入到数据库中，然后转到论坛主界面。流程图如图 7.14 所示。

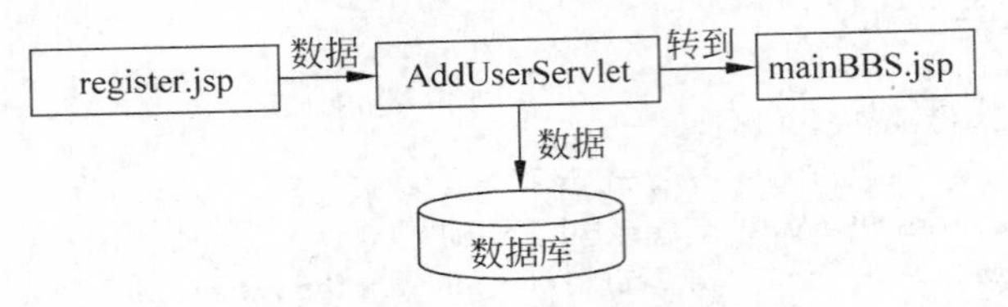

图 7.14　用户注册流程

其他的功能基本上和注册功能相似，都是由表现层（*.jsp）文件接收信息，并由控制层（xxxServlet）负责转发或调用模型完成相应功能。

修改信息的主要流程是：在用户列表中选择要修改的用户后，进入修改界面，这时会弹出 modUser.jsp 页面，在该页面中用户的相关信息都已经显示在相应的文本框中，编辑文本框中的内容即可实现修改用户信息。修改用户信息相关流程如图 7.15 所示。

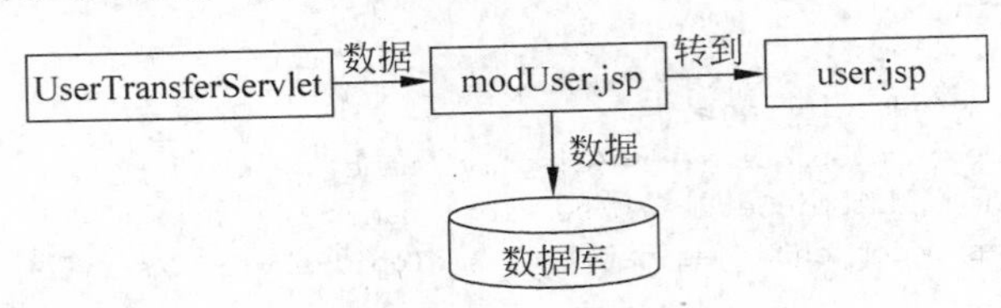

图 7.15　修改用户流程

删除用户的主要流程是：管理员在列表页面中选择要删除的用户后，将该用户的 id 发送到 Servlet，这个 Servlet 将实现删除用户的功能。删除功能的流程图如图 7.16 所示。

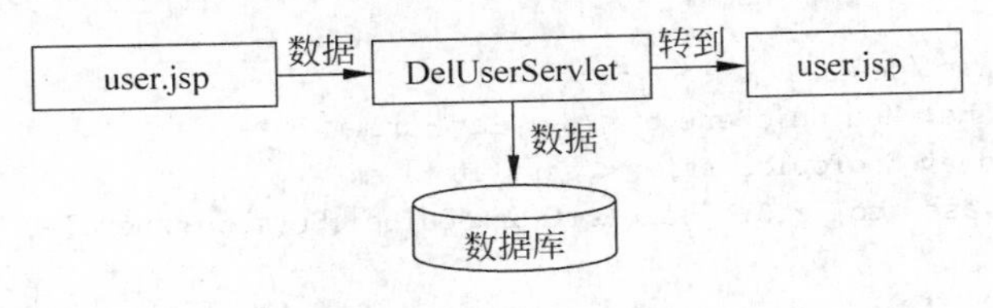

图 7.16　删除用户流程

7.4.2　控制器类

针对以上三个流程，首先实现的是添加用户的 AddUserServlet，代码如下。

com.ch07.servlets.AddUserServlet.java

```
public class AddUserServlet extends HttpServlet {
    private static final long serialVersionUID = 1L;
      public AddUserServlet() {
        super();
    }
protected void doGet ( HttpServletRequest request, HttpServletResponse response ) throws
ServletException, IOException {
        doPost(request,response);}
```

```
protected void doPost (HttpServletRequest request, HttpServletResponse response) throws
ServletException, IOException{
        //新建 user 实例
        User user = new User();
        //将网页上的信息分别填入对应的项目内
        user.setPassword(request.getParameter("password"));
        user.setUserName(request.getParameter("username"));
        user.setRealname(request.getParameter("realname"));
        user.setSex(request.getParameter("sex"));
        user.setFavorite(request.getParameter("favorite"));
        //实例化 UserManagerImpl
        IUserManager manager = new UserManagerImpl();
        //执行插入操作
        manager.register(user);
        //跳转到 login 方法并返回到论坛主界面
        request.getRequestDispatcher("/login").forward(request, response);
    }
}
```

与之相关的是 LoginServlet，即登录模块，该模块的主要功能是提取网页上的用户信息并由一个 UserManagerImpl 实例验证信息，如果正确就跳转到论坛主页面，如果不正确就跳转到一个错误页面并提示用户再次登录。在上面的注册模块中，当注册完成后也会调用登录模块完成自动登录，LoginServlet 中的 doPost 方法的实现代码如下。

com.ch07.servlets.LoginServlet.java

```
protected void doPost (HttpServletRequest request, HttpServletResponse response) throws
ServletException, IOException {        String username = request.getParameter("username");
        String pass = request.getParameter("password");
        IUserManager manager = new UserManagerImpl();
        String info = manager.login(username, pass);
        if(info!= null){                            //如果登录成功则跳转至主页面
            System.out.println("ok");
            String id = info.split("#")[0];
            String isAdmin = info.split("#")[1];//建立会话并保存参数
            HttpSession session = request.getSession(true);
            session.setAttribute("name", username);
            session.setAttribute("userid", id);
            session.setAttribute("isAdmin", isAdmin);
            if(isAdmin.equals("0")){                //如果是普通用户则跳转至论坛界面
             request.getRequestDispatcher("/BBS/QueryAllAction").forward(request, response);
            }else{                                  //如果是管理员则跳转至管理员界面
                request.getRequestDispatcher("/adminPortail.jsp").forward(request, response);
            }
        }else{
        request.getRequestDispatcher("/error.jsp").forward(request, response);
                                                    //若登录失败则跳转至错误页面
        }
    }
```

修改用户信息功能由名为 ModUserServlet 的类来完成。UserTransferServlet 首先从 user.jsp 页面上获取用户的 id,然后根据 id 查找出相应用户并将数据传送至 modUser.jsp 页面,待修改完成后,ModUserServlet 再进行修改操作并跳转至用户管理页面,以下就是这两个类中的 doPost 方法,首先是 UserTransferServlet 的代码。

com.ch07.servlets.UserTransferServlet.java

```
protected void doPost(HttpServletRequest request,
HttpServletResponse response) throws ServletException, IOException {
        IUserManager manager = new UserManagerImpl();
        //调用 manager 的方法根据 id 找到相应的 user
        User user = manager.findUserById(Integer.parseInt(request.getParameter("id")));
        //将 user 数据添加至 session 中的 user
        request.getSession().setAttribute("user", user);
        request.getRequestDispatcher("/modUser.jsp").forward(request, response);}
```

其次是 ModUserServlet 的关键代码。

com.ch07.servlets/ModUserServlet.java

```
protected void doPost (HttpServletRequest request, HttpServletResponse response) throws
ServletException, IOException{
        IUserManager manager = new UserManagerImpl();
        //调用 manager 的方法根据 id 找到相应的 user
        User user = manager.findUserById(Integer.parseInt(request.getParameter("id")));
        //将 user 数据添加至 session 中的 user
        request.getSession().setAttribute("user", user);
        //跳转至 modUser.jsp
        request.getRequestDispatcher("/modUser.jsp").forward(request, response);}
```

在完成了修改用户信息这一功能后,接下来要实现的是删除用户的功能,具体代码如下。

com.ch07.servlets.DelUserServlet.java

```
protected void doPost (HttpServletRequest request, HttpServletResponse response) throws
ServletException, IOException {
        //由网页取得用户 id
        int id = Integer.parseInt(request.getParameter("id"));
        IUserManager manager = new UserManagerImpl();
        //执行删除操作
        manager.delUserById(id);
        //重新跳转到用户管理页面
        request.getRequestDispatcher("/BBS/ShowUserAction").forward(request, response);
        }
```

最后要完成的是按用户名搜索用户的功能,由 FindUserServlet 完成,代码如下。

com.ch07.servlets.UserServlet.java

```
protected void doPost (HttpServletRequest request, HttpServletResponse response) throws
ServletException, IOException {
```

```
        IUserManager manager = new UserManagerImpl();
        //"search"是由网页传过来的需要查询的用户名
        List userlist = manager.findUserByName(request.getParameter("search"));
        //重新设置 userList 的值
        request.getSession().setAttribute("userList", userlist);
        //跳转至用户管理主页面
        request.getRequestDispatcher("/user.jsp").forward(request, response);
        }
```

7.4.3 显示层页面

首先实现的是用户登录的 login.jsp 代码如下。

BBS/WebContent/login.jsp

```
<%@ page language="java" contentType="text/html; charset=GBK"
    pageEncoding="UTF-8"%>
<!DOCTYPE html PUBLIC "-//W3C//DTD HTML 4.01 Transitional//EN" "http://www.w3.org/TR/html4/
loose.dtd">
<html>
    <head>
        <meta http-equiv="Content-Type" content="text/html; charset=GBK">
        <link rel="stylesheet" href="style.css" type="text/css" />
    <title>登录</title>
    </head>
    <body>
        <h3>欢迎您,请登录或注册</h3>
            <div class = "loginBox">
            <!-- 通过 form 提交网页上的信息 -->
            <form id="login" method="post" action="login">用户名<br/>
            <input type="text" name="username"/><br/>密  &nbs 码<br/>
            <input type="password" name="password"/><br/><br/>
            <input type="submit" value = "登录">
            <input type="button" value = "注册" onclick = "window.location.href
('register.jsp')">
            </form>
            </div>
    </body>
</html>
```

在 login.jsp 中,form 标签中的 action 指明了需要调用的 Servlet,但是系统还不能够识别"login"这个字符串所代表的 Servlet,为了让系统能够正确地识别,还需要在 web.xml 文件中进行配置。

BBS/WebContent/WEB-INF/web.xml

```
<servlet>
    <description></description>
    <display-name>loginServlet</display-name>
```

```
    <servlet-name>loginServlet</servlet-name>
    <servlet-class>com.ch07.servlets.LoginServlet</servlet-class>
  </servlet>
  <servlet-mapping>
    <servlet-name>loginServlet</servlet-name>
    <url-pattern>/login</url-pattern>
  </servlet-mapping>
```

在完成了JSP页面的编写和web.xml文件的配置后，登录功能就完成了，接下来要实现的是注册功能。注册的表现层是register.jsp完成的，调用的Servlet是AddUserServlet，register.jsp的实现代码如下。

BBS/WebContent/register.jsp

```
<%@ page language="java" contentType="text/html; charset=GBK"pageEncoding="GBK" %>
<!DOCTYPE html PUBLIC "-//W3C//DTD HTML 4.01 Transitional//EN" "http://www.w3.org/TR/html4/
loose.dtd">
<html>
    <head>
        <meta http-equiv="Content-Type" content="text/html; charset=GBK">
        <link rel="stylesheet" href="style.css" type="text/css" />
        <title>注册</title>
    </head>
    <body>
        <div class="regBox">
            <form id="register" method="post" action="BBS/RegisterAction">
              用户名<br/><input type="text" name="username"/><br/>
              密码<br/><input type="password" name="password"/><br/>
              真名<br/><input type="text" name="realname"/><br/>
              性别<br/><input type="radio" name="sex" value="男">男  
                      <input type="radio" name="sex" value="女">女<br/>
              爱好<br/><textarea rows="5" cols="30" name="favorite"></textarea>
              <input type="submit" value = "注册">
            </form>
        </div>
    </body>
</html>
```

这里要注意的是，每一个<input>标签内的name属性的值必须和AddUserServlet中getParameter方法中参数名一致，否则就会出现取值失败的情况。

登录和注册的流程为：通过login.jsp接收用户数据→调用LoginServlet实现登录→根据用户角色不同显示相应的页面。

由于在登录功能(LoginServlet)中已经包含区分用户角色的代码，所以当用户是管理员角色时，系统会转向到用户列表及管理页面user.jsp，以下就是user.jsp的代码。

BBS/WebContent/user.jsp

```
<body>
    <form id="search" method="post" action="FindUserAction">
```

```
        <input type = "text" name = "search"></input><input type = "submit" value = "用户名
搜索"></input>
    </form>
    <table>
        <tr>
            <th>
            id
            </th>
            <th>
            用户名
            </th>
            <th>
            操作
            </th>
        </tr>
    <% List<User> userlist = (List<User>)session.getAttribute("userList");
      Iterator<User> it = userlist.iterator();
      while(it.hasNext()){
          User user = it.next()   %>
        <tr>
            <td>
                <% = user.getId() %>
            </td>
            <td>
                <% = user.getUserName() %>
            </td>
            <td>
                <a href = "UserTransferAction?id=<% = user.getId() %>">修改</a>
                <a href = "DelUserAction?id=<% = user.getId() %>">删除</a>
            </td>
            </tr>
        <%}%>
        </table>
        </br>
</body>
```

接下来将要实现的是修改用户的界面，具体流程是：单击“修改”链接→调用UserTransferServlet取得用户原始数据并保存→将数据加载到modUser.jsp并显示该页面→修改并确认→调用ModUserServlet完成数据库的修改→重新跳转到user.jsp。modUser.jsp的关键代码如下。

BBS/WebContent/modUser.jsp

```
<body>
    <div class = "regBox">
    <% User user = (User)session.getAttribute("user"); %>
    <form id = "register" method = "post" action = "ModUserAction">
        <input type = "hidden" name = "id" value = "<% = user.getId() %>">
        用户名<br/><input type = "text" name = "username" value = "<% = user.getUserName() %>"/>
<br/>
```

```
        密码<br/><input type="password"name="password"value="<%=user.getPassword()%>"/>
<br/>
        真名<br/><input type="text" name="realname" value="<%=user.getRealname()%>"/>
<br/>
        性别<br/>
        <%String sex =user.getSex();
        if(sex.equals("男")){     %>
        <input type="radio" name="sex" value="男" checked= "checked "/>男  <input
type="radio" name="sex" value="女"/>女<br/>
        <%} %>
        <%if(sex.equals("女")){ %>
        <input type="radio" name="sex" value="男" />男  <input type="radio" name=
"sex" value="女" checked= "checked "/>女<br/>
        <%} %>
        爱好<br/><textarea rows="5" cols="30" name="favorite"><%=user.getFavorite
()%></textarea>
        <input type="submit" value = "修改">
    </form>
    </div>
</body>
```

这个页面用到了 JSTL 的<c:if>标签，主要用于判断用户的性别，使相应的性别选项处于选中状态。

当用户单击“删除”时，调用 DelUserServlet 执行删除操作，删除完成后返回到 user.jsp 页面，不需要编写新的页面。

在用户列表的上部有一个查找框，可以按用户名查找用户，当输入用户名并单击按钮时，调用 FindUserServlet，将查找结果重新发送到 user.jsp 页面并刷新，用户就可以看到结果。

本章介绍了 BBS 的主要代码，但是还欠缺内容管理的一些内容(管理员权限下的内容管理，比如添加板块，删除板块等)界面和功能，请读者将其补全。

习题

1. 在数据库中设计并实现 bbs_section 表，并按本章要求添加相应字段。
2. 在 daos 包中已经有 section 相关类，请将其中的代码补全。
3. 在 Servlet 中新添加 AddSectionServlet 和 ModSectionServlet 用以实现添加和修改板块功能。
4. 新建若干 JSP 页面完成添加和修改板块功能。
5. 在 adminProtail.jsp 页面中，添加板块管理的接口，并与上述功能整合。

第8章 Struts 2基础

Apache Struts 是一个用来开发 Java Web 应用的开源框架。Struts 1 由 Craig McClanahan 在 2001 年发布，后由 Apache 软件基金会进行接管，该框架一经推出，就得到了世界上 Java Web 开发者的拥护。Struts 提供了一个非常优秀的 MVC 架构，使得基于 HTML 格式与 Java 代码的 JSP 和 Servlet 应用开发变得非常简单。对于那些一直使用 Servlet+JSP+JavaBean 模式的 Web 开发者来说，Struts 可以帮助他们解决很多问题，诸如代码结构划分、各种实用工具框架(如验证框架、国际化框架)的使用等。经过长时间的发展，Struts 框架更加趋于成熟、稳定，性能也有了很好的保证。

8.1 Struts 2 概述

Struts 2 相对 Struts 1 而言是一个全新的框架，有很多突破性的改进，但它并不是新发布的新框架，而是在另一个著名的框架 WebWork 基础上发展起来的。WebWork 设计思想先进，功能强大，但是市场占有率并不理想，而 Struts 1 拥有强大的品牌号召力，Struts 2 是在 WebWork 2 的基础上进行开发的，既拥有 WebWork 优良的设计和功能，又具有 Struts 1 的品牌影响力。Struts 2 一经面世就引起了 Web 开发者的广泛兴趣，作为 Web 开发人员，Struts 2 几乎是一个必备的框架，其重要性不言而喻。

8.1.1 Struts 2 与 Struts 1.x 比较

随着 Web 应用需求的增长，Struts 1 框架的缺点体现出来了，同时像 Spring、Stripes 和 Tapestry 等新的改进型基于 MVC 的轻量级框架的出现，使得 Struts 1 框架的修改成为必然，这促使了 Struts 2 的产生。

由于 Struts 1. x 自身存在不少缺点，如灵活性差、与 Servlet 的耦合度高、开发效率低、编写的代码过多、单元测试困难等问题，Struts 2 的推出能很好地解决以上问题。下面从依赖性、Action 类、验证、类型转换等方面，对 Struts 2 和 Struts 1. x 两种框架进行比较，希望通过比较，让读者了解这两种框架各自的特点。

1. Servlet 依赖性

在 Struts 1 框架中，负责处理页面请求的 Action 类，在被调用时，以 HttpServletRequest 和 HttpServletResponse 对象作为参数传给 Action 类 execute 方法中，所以 Action 类依赖于

Servlet。但在 Struts 2 中，Action 就不会依赖于 Servlet，因为 Action 类是由简单的 POJO 组成的，在获取请求参数时，通过框架的 ActionContext 类来获得 Servlet 上下文中的对象值，这使得 Action 可以得到独立的测试。Struts 2 的 Action 可以访问最初的请求(如果需要)。但是，尽可能避免或排除其他元素直接访问 HttpServletRequest 或 HttpServletResponse。

2. Action 类

使用抽象类而不是接口设计是 Struts 1 设计上的问题，Struts 1 中的 Action 类需要继承框架中依赖的抽象基础类。但在 Struts 2 中，任何使用 execute 方法的 POJO 类都可以被当作 Struts 2 的 Action 类，通常 Action 类的编写要实现 Action 接口，目的是为了实现可选择和自定义的服务，当然，实现 Action 接口不是必须的。Struts 2 提供一个名叫 ActionSupport 的基类来实现一般使用的接口。

3. 验证

Struts 1 与 Struts 2 都支持通过 validate 方法的手动验证。Struts 1 使用 ActionForm 中的 validate 方法或者通过扩展 Commons Validator 来进行校验。Struts 2 支持通过 validate 方法和 XWork 校验框架来进行校验。XWork 校验框架使用为属性类类型定义的校验和内容校验，来支持验证链校验子属性。

4. 易测性

Struts 1 程序的测试工作有些复杂，由于程序依赖于 Servlet，需要在 Servlet 运行环境中测试程序。Struts 2 中的 Action 是简单的 POJO 并且独立于框架，在测试中可以直接设置属性、调用方法来测试。在 Struts 2 中，程序的测试变得更为简单。

5. 表达式语言

Struts 1 与 JSTL 整合，所以它使用 JSTL 表达式语言。Struts 1 的表达式语言含有遍历图表的基础对象，但是在集合和索引属性的支持上表现不好。Struts 2 同样支持 JSTL，但是它也支持一种更强大且灵活的表达式语言"对象图导航语言"(OGNL)。

6. 类型转换

通常 Struts 1 的 ActionForm 属性都是 String 型的。Struts 1 使用 Commons-Beanutils 进行类型转换。这些针对每一个类的类型转换无法为每一个实例配置。然而 Struts 2 使用 OGNL 来进行类型转换，实现了从字符串到基础类型和复合数据类型的转换，同时 Struts 2 提供了很好的扩展性，开发者可以非常简单地开发自己的类型转换器，完成字符串和自定义复合类型之间的转换。总之，Struts 2 的类型转换器提供了非常强大的表现层数据处理机制，开发者可以利用 Struts 2 的类型转换机制来完成任意的类型转换。

8.1.2 Struts 2 的优点

在 Struts 2 中绝大多数类都是基于接口的，并且它的绝大多数核心接口都是独立于 HTTP 的，所以框架中的组件都与 Servlet 松耦合。Struts 2 的 Action 类是独立于框架的，可视为单纯的 POJO，任何含有 execute()方法的 Java 类都可以当作 Action 类来使用，甚至我们始终都不需要实现接口。Action 的独立于 HTTP 且中立于框架的特性，使得 Struts 2 的程序易于测试，即使在没有 Web 应用的环境下，也可以实现测试。

面向切面编程(AOP)思想在 Struts 2 中也有了很好的体现，主要体现在拦截器的使用上。Struts 2 本身提供了大量的可重用的拦截器，同时支持用户自定义拦截器。Struts 2 中的许多特性都是通过拦截器来实现的，例如参数传递、类型转换、异常处理、文件上传、验证等。在表现层方面，Struts 2 提供支持多种表现层技术，如 JSP、freeMarker、Velocity 等。Struts 2 标签库的标签不依赖于任何表现层技术，也就是说 Struts 2 提供了大部分标签，可以在各种表现技术中使用。

8.2 Struts 2 应用示例

下面以一个 HelloWorld 例子，说明使用 Struts 2 框架来开发 Web 应用程序的流程。

1. 编写一个控制器类 HelloWorldAction

```
package com.ch08.action;
   public class HelloWorldAction {
      private String message = "";
      public String getMessage() {
     return message;
   }
   public void setMessage(String message) {
     this.message = message;
   }
   public String execute(){
        this.message = "Hello World,第一个 Struts 2 应用";
    return "success";
} }
```

2. 修改 struts.xml 配置文件

在 struts.xml 中的<struts>元素下添加如下配置：

```
<struts>
  <package name = "default" namespace = "/test" extends = "struts-default">
    <action name = "helloworld" class = "com.ch08.action.HelloWorldAction" method
= "execute" >
        <result name = "success">/exm_08/hello.jsp</result>
    </action>
  </package>
</struts>
```

3. 编写页面视图文件 hello. jsp

```
<%@ page language="java" import="java.util.*" pageEncoding="GBK" %>
<!DOCTYPE HTML PUBLIC "-//W3C//DTD HTML 4.01 Transitional//EN">
<html>
    <head><title>hello world</title></head>
      <body>      ${message} <br></body>
</html>
```

4. 访问 HelloWorld

访问 Struts 2 中 action 的 URL 路径由两部分组成：包的命名空间＋action 的名称，在 struts. xml 中配置的控制器类 HelloWorldAction 的名称是 helloworld，所以在浏览器中访问 HelloWorldAction 的 URL 路径为：http://localhost:port/javawebtest/test/helloworld（或 helloworld. action），其中 javawebtest 是应用名称，test 是包的命名空间。本例程序访问的页面如图 8.1 所示。

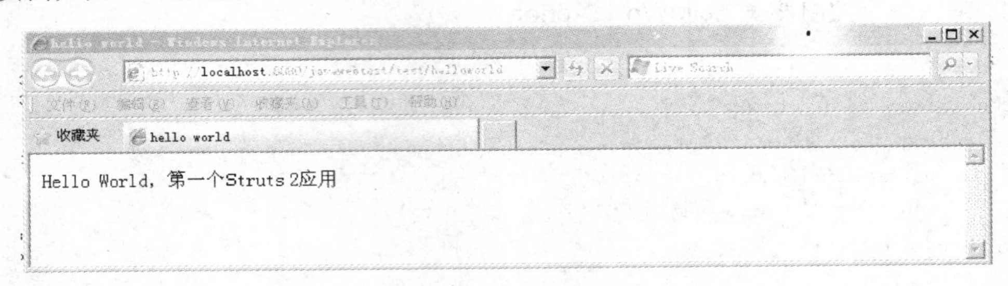

图 8.1　第一个 Struts 2 应用

Web 应用配置的核心过滤器 StrutsPrepareAndExecuteFilter 负责拦截用户请求，并将请求转给 Struts 2 框架来处理。Struts 2 框架获得了 action 请求后，将根据请求名称决定调用哪个业务逻辑组件来处理，判断依据 struts. xml 中的配置。本例中当用户通过浏览器请求 helloworld 时，Struts 2 框架调用 HelloWorldAction. class 的 execute 方法来处理，处理成功后将 ch08/hello. jsp 页面结果返回给浏览器。

8.3 Struts 2 的基本流程

通过前面的例子，基本展示了 Struts 2 框架的 MVC 实现。大致上，Struts 2 框架由三部分组成：核心控制器类 StrutsPrepareAndExecuteFilter、业务控制器和业务逻辑组件。Struts 2 提供了核心控制器，而用户需要实现业务控制器和业务逻辑组件。

8.3.1 Struts 2 的体系结构

Struts 2 使用了 WebWork 的设计核心，大量使用拦截器来处理用户请求，从而允许用户的业务逻辑控制器与 Servlet API 分离。Struts 2 使用拦截器来处理用户请求，以用户的业务逻辑控制器为目标，创建一个控制器代理。控制器代理负责处理用户请求，处理用户请求时回调业务控制器的 execute 方法，该方法的返回值将决定 Struts 2 将怎样的视图资源呈现给用户。Struts 2 架构的 MVC 关系如图 8.2 所示。

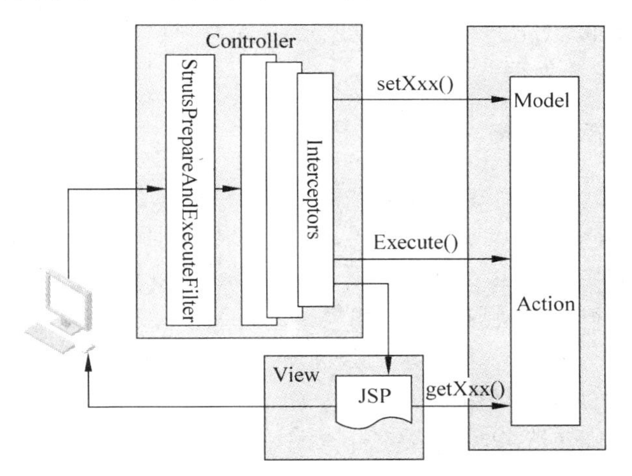

图 8.2 Struts 2 架构的 MVC 关系

Struts 2 架构中的模型、视图和控制器：控制器通过 Struts 2 核心控制器与拦截器来实现，模型通过 Action 实现，视图则通过结果类型和结果组合实现。

8.3.2 业务处理流程

Web 应用服务启动后，服务容器加载 Struts 2 的核心控制器 StrutsPrepareAndExecuteFilter 类，它负责拦截由<url-pattern>/ * </url-pattern>指定的所有用户请求，当用户请求到达时，该 Filter 会过滤用户的请求。默认情况下，如果用户请求的路径不带后缀或者后缀以.action 结尾，这时请求将被转入 Struts 2 框架处理，否则 Struts 2 框架将略过该请求的处理。当请求转入 Struts 2 框架处理时会先经过一系列的拦截器，然后再到 Action。当用户请求时，框架的处理流程如图 8.3 所示。

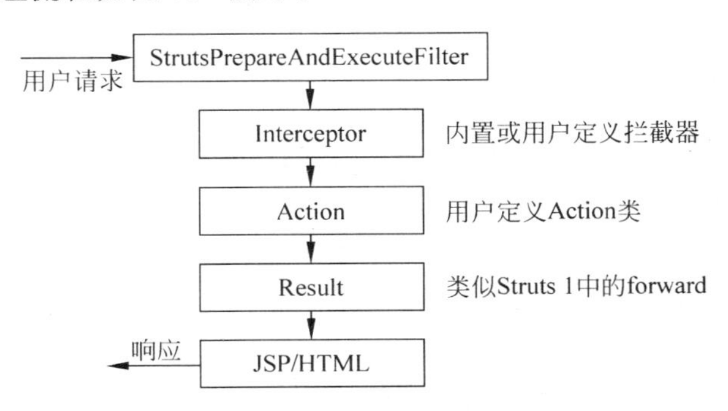

图 8.3 用户请求框架处理流程

8.3.3 核心控制器

1. 核心控制器概念

Struts 2 的核心控制器是 StrutsPrepareAndExecuteFilter，而早期版本(从 Struts 2.0.x

到 2.1.2)核心控制器是 FilterDispatcher。在 Struts 2 框架中,承担控制器角色的是由核心控制器 StrutsPrepareAndExecuteFilter 和业务控制器 Action 组成。核心控制器 StrutsPrepareAndExecuteFilter 作为一个过滤器 Filter,负责拦截用户请求,将拦截的用户请求转入 Struts 2 框架来处理。

2. 核心控制器的控制流程

当用户请求经过一系列过滤器(如果配置其他过滤器)后到达核心过滤器时,StrutsPrepareAndExecuteFilter 过滤用户请求,根据请求的名称,询问框架中的 ActionMapper,来判断是否调用某个 Action,而 ActionMapper 是用来负责对 HTTP 请求和 Action 调用之间进行建立映射关系。如果 ActionMapper 决定需要调用某个 Action 时,StrutsPrepareAndExecuteFilter 把请求的处理交给 Action 代理来处理,Action 代理通过框架的配置文件信息,找到需要调用的 Action。

例如,对于 helloword 请求,ActionMapper 决定调用 HelloWorldAction 类。Action 代理创建一个 Action 调用的实例,Action 调用实例使用命名模式来调用 HelloWorldAction 类。在调用 Action 的过程前后,会根据框架配置信息来调用相关的拦截器(Intercepter)。一旦 Action 执行完毕,将根据 struts.xml 中的配置找到对应的返回结果。例如,在调用 HelloWorldAction 后,根据返回值"success"找到对应的返回结果是/exm_08/hello.jsp 页面。

3. 通过 Action 代理,实现业务 Action 与 Servlet 的解耦合

Struts 2 用于处理用户请求的 Action 实例是 Action 代理,并不是用户实现的 Action 类,因为用户实现的 Action 类并没有与 Servlet API 耦合,无法处理用户请求,用户实现的 Action 类是 Action 代理的代理目标。用户的请求数据包含在 HttpServletRequest 对象里,而用户 Action 类无须访问 HttpServletRequest 对象,用户的请求数据是由拦截器从 HttpServletRequest 对象中解析出来,并传给用户 Action 实例。

8.3.4 业务控制器

业务控制器组件就是实现 Action 类的实例,Action 类里通常包含一个 execute 方法,该方法返回一个字符串即逻辑视图名,当业务控制器处理完用户请求后,根据处理结果不同,execute 方法返回不同的字符串,每个字符串对应不同的视图。

业务控制器是封装动作的单元。业务控制器使用方法(通常是 execute 方法)来实现动作功能。在动作方法中的代码只关注与用户请求相关的工作逻辑。如在 HelloWorldAction 类中,execute()方法只是构建了一个字符串,如果业务逻辑很复杂,可以把业务逻辑构成一个业务组件,再把这个业务组件注入到动作方法中。

业务控制器为数据转移提供场所,Action 类同时又是一个 POJO 类,具有携带数据能力,由于数据保存在动作方法本地,在执行业务逻辑的过程中可以很方便地访问它们。或许一系列的 JavaBean 属性会增加 Action 类代码,但是当 execute()方法引用这些属性中存储的数据时,邻近的数据会让动作方法的代码变得更为简洁。

Action 中动作方法的一个职责就是返回控制字符串,以选择应该被呈现的结果页面。

返回控制字符串的值必须与配置文件中期望的结果名字匹配。例如，HelloWorldAction 返回"success"字符串，可以从 XML 配置文件中看出，success 是某一个结果组件的名字。

```
<result name = " success ">/ch08/hello.jsp </result>
```

这是只有一个返回结果的简单例子。大部分现实开发中，动作方法存在较为复杂的决策过程，可选结果中不仅包含正确的结果，也会包含一些错误结果，来处理动作方法与模型交互过程中的错误，不管多么复杂，动作最终必须返回一个字符串，用来指向一个能够为这个动作呈现视图的可用结果组件。

8.3.5 视图组件

Struts 2 允许使用多种视图技术，如 FreeMarker、Velocity 和 XSLT 等。当 Struts 2 的控制器返回逻辑视图名时，逻辑视图并未与任何的视图技术关联，仅返回一个字符串。

在 struts.xml 文件中配置 Action 时，不仅需要指定 Action 的 name 属性和 class 属性，还要为 Action 元素指定系列<result…/>子元素，每个子元素定义一个逻辑视图和物理视图之间的映射。物理视图可以采用 JSP 技术、FreeMarker、Velocity 模板技术，如果不是采用 JSP 技术，则要在指定<result…/>的 type 属性中指定使用的技术类型。

8.4 Struts 2 配置文件

与 Struts 2 相关的配置文件有多个，常用的有 web.xml、struts.xml、struts.properties 等。web.xml 中配置 Struts 2 的核心过滤器。struts.xml 是 Struts 2 的核心配置文件。struts.properties 里配置 Struts 2 的一些属性，例如 Struts 2 后缀、上传文件大小、上传文件夹等。

8.4.1 struts.xml 配置文件

struts.xml 文件中包含的是开发 Action 时所需要修改的配置信息。在接下来的内容中，会针对特定的元素进行详细讲解，现在先来看一下配置文件的固定结构。文件开始部分的元素就是 XML 版本、编码信息和 XML 的文档类型定义（DTD）。下面是用户管理功能模块的 struts.xml，文件中包括用户添加、查询、删除等 Action 的配置信息。

```
<xml version = "1.0" encoding = "UTF - 8" >
<!DOCTYPE struts PUBLIC
    " - //Apache Software Foundation//DTD Struts Configuration 2.0//EN"
    "http://struts.apache.org/dtds/struts - 2.0.dtd">
<struts>
  <package name = "usermanage" namespace = "/um" extends = "struts - default">
    <interceptors>
        < interceptor name = " checkLogin " class = " com. ch08. um. interceptor.
CheckLoginInterceptor" />
    </interceptors>
```

```
        <default-interceptor-ref name="checkLogin" />
        <global-results>
            <result name="fail">/um/operationInfo.jsp</result>
        </global-results>
        <!--增加用户-->
        <action name="addUser" class="com.ch08.um.action.UmAction" method="addUser">
                    <result name=" SUCCESS ">/um/operationInfo.jsp</result>
            </action>
            <!-- 查看用户列表-->
            <action name="showUser" class="com.ch08.um.action.UmAction" method="showUser">
                        <result name="deptAdmin">/um/depAdminList.jsp</result>
                <result name="normUser">/um/norUserList.jsp</result>
            </action>
            <!--删除用户-->
            <action name="delUser" class="com.ch08.um.action.UmAction" method="delUser">
                <result name="SUCCESS">/um/opInfo.jsp</result>
            </action>
        </package>
    </struts>
```

8.4.2 配置文件中 package 包属性

在 Struts 2 框架中使用包来管理 Action，主要用于管理一组相关业务功能的 action。在实际应用中，通常会把一组业务功能相关的 Action 放在同一个包下。定义包时，可以设置 4 个属性，如表 8.1 所示。

表 8.1 包的属性

属　性	描　述
name(必需)	包的名称
namespace	包内所有动作的命名空间
extends	被继承的父包
abstract	如果为 true，这个包只能用来定义可继承组件，不能定义动作

name 属性是必需的，用来定义包的名称，通过它可以引用这个包。namespace 属性用来生成这些包内动作被映射到的 URL 命名空间。如果不设置 namespace 属性，动作就会进入默认命名空间，默认的命名空间为""(空字符串)。默认命名空间在所有其他的命名空间之下，用来解决不能与任何显式声明的命名空间匹配的请求。

extends 可选属性是用来声明该包要继承的包，通常每个包都应该继承 struts-default 包，因为 Struts 2 很多核心的功能都是拦截器来实现的，如从请求中把请求参数封装到 action、文件上传和数据验证等都是通过拦截器实现的。struts-default 定义了这些拦截器和 result 类型。可以这么说：当包继承了 struts-default 才能使用 Struts 2 提供的核心功能。struts-default 包是在 struts2-core-2.x.x.jar 文件中的 struts-default.xml 中定义的。struts-default.xml 也是 Struts 2 默认配置文件。Struts 2 每次都会自动加载 struts-default.xml 文件。

在用户管理模块的 struts.xml 配置文件中，包名是 usermanage，namespace 是“/um”，该包继承了 Struts 框架的默认包 struts-default。

```
<package name = "usermanage" namespace = "/um" extends = "struts - default">
```

8.4.3 命名空间配置及访问搜索顺序

考虑到同一个 Web 应用中可能出现同名的 Action，Struts 2 允许以命名空间的方式来管理 Action，同一个命名空间不能用同名的 Action，不同的命名空间可以有相同的 Action。Struts 2 不支持为单独的 Action 设置命名空间，而是通过为包指定 namespace 属性来为 Action 指定命名空间。当通过 URL 请求某个 Action 时，系统会通过 URL 命名空间，来搜索要访问的 Action。例如，当请求 URL 是 http://server/struts2/path1/path2/path3/test.action 时，搜索步骤如下。

(1) 首先寻找 namespace 为/path1/path2/path3 的 package，如果存在这个 package，则在这个 package 中寻找名字为 test 的 action，如果不存在这个 package 则转步骤(2)。

(2) 寻找 namespace 为/path1/path2 的 package，如果存在这个 package，则在这个 package 中寻找名字为 test 的 action，如果不存在这个 package，则转步骤(3)。

(3) 寻找 namespace 为/path1 的 package，如果存在这个 package，则在这个 package 中寻找名字为 test 的 action，如果仍然不存在这个 package，就去默认的 namaspace 的 package 下面找名字为 test 的 action(默认的命名空间为空字符串"")，如果还是找不到，页面提示找不到 action。

8.4.4 拦截器配置

拦截器其实就是 AOP(面向切面的编程)的编程思想。拦截器允许在 Action 处理之前，或者在 Action 处理结束之后，插入开发者自定义的代码。很多时候，需要在多个 Action 中进行相同的操作，例如用户登录判断，此处可以使用拦截器来检查用户是否登录。下面是验证用户是否登录的拦截器定义。

```
<interceptors>
    <interceptor name = "checkLogin" class = "com.ch08.um.interceptor.CheckLoginInterceptor" />
</interceptors>
```

拦截器使用首先是定义拦截器，然后才可以引用拦截器，要确保 Action 中应用了所需的拦截器，可以通过两种方式来实现。第一种是把拦截器独立地分配给每一个 Action，例如：

```
<action name = "addUser" class = "com.ch08.um.action.UmAction" method = "addUser">
    <result name = " SUCCESS ">/um/operationInfo.jsp</result>
     <interceptor - ref name = "checkLogin"/>
</action>
```

在这种情况下，Action 所应用的拦截器是没有数量限制的。但是拦截器的配置顺序必须要和执行的顺序一样。

第二种方式是在当前的 package 下面配置一个默认的拦截器：

```
<default-interceptor-ref name="checkLogin" />
```

拦截器配置好后，当对用户进行增、删、查等操作时，每次请求 Action 时，这个拦截器都会被执行。在大多数情况下，一个 Action 都要对应有多个拦截器，如登录验证、权限判断、日志跟踪，Struts 2 支持将多个拦截器定义成一个拦截器栈。

```
<interceptors>
    <interceptor name="checkLogin" class="com.ch08.um.interceptor.CheckLoginInterceptor" />
    <interceptor name="checkRight" class="com.ch08.um.interceptor.CheckRightInterceptor" />
    <interceptor name="log" class="com.ch08.um.interceptor.LogInterceptor" />
    <interceptor-stack name= "authority ">
    <interceptor-ref name="checkLogin"/>
    <interceptor-ref name="checkRight"/>
    <interceptor-ref name="log"/>
    </interceptor-stack>
</interceptors>
```

从功能上看，拦截器栈实质就是大拦截器，引用拦截器栈和引用拦截器的用法完全一样。

8.4.5 Action 配置

对应 Struts 开发者而言，Action 才是应用的核心，开发者提供大量的 Action 类，并在 struts.xml 文件中配置 Action，配置 Action，就让容器知道 Action 的存在，并且能调用该 Action 来处理请求。配置 Action 代码片段如下：

```
<action name="addUser" class="com.ch08.um.action.UmAction" method="addUser">
    <result name=" SUCCESS ">/um/operationInfo.jsp</result>
</action>
```

name 属性是定义 action 逻辑名称。class 属性定义 Action 类的全限定名，class 属性是可选项，如果没有为 action 指定具体的类，默认类是 com. opensymphony. xwork2. ActionSupport。method 属性是为 action 指定调用的方法，如上代码中，UmAction 类中提供添加用户的方法 addUser()，实现用户添加动作，在 action 配置中的 method 属性中指定 addUser 方法。如果没有为 action 指定方法，默认方法 execute()会被自动调用。

Action 处理用户请求结束后，返回一个普通字符串，即逻辑视图名，result 用来定义逻辑视图和物理视图的映射关系。name 属性指跳转路径的逻辑名称，<result>…</result>中间定义的是物理视图名称。如果没有指定 name 属性，默认值为 SUCCESS。

当多个 action 中都使用到了相同视图，这时应该把 result 定义为全局视图。

```
<global-results>
        <result name="fail">/um/operationInfo.jsp</result>
</global-results>
```

当对用户增加、删除、查询请求操作失败返回 fail 时，都会跳转到/um/operationInfo.jsp 页面，显示失败的原因信息。

Struts 2 中提供了多种结果类型，常用的类型有：dispatcher（默认值）、redirect、redirectAction、plainText 等。下面是 redirectAction 结果类型的例子，如果重定向的 action 在同一个包下：

```
<result type = "redirectAction"> helloworld </result>
```

如果重定向的 action 在别的命名空间下：

```
<result type = "redirectAction">
      <param name = "actionName"> helloworld </param>
      <param name = "namespace">/test </param>
</result>
```

plaintext：显示原始文件内容，例如，当需要原样显示 jsp 文件源代码的时候，可以使用此类型。

```
<result name = "source" type = "plainText ">
      <param name = "location">/xxx.jsp </param>
      <param name = "charSet"> UTF - 8 </param><!-- 指定读取文件的编码 -->
</result>
```

在 result 中还可以使用 ${属性名}表达式访问 action 中的属性，表达式里的属性名对应 action 中的属性。如下：

```
<result type = "redirect"> view.jsp id = ${id}</result>
```

8.4.6 其他配置

1. include 配置

在 struts.xml 中可以 include 方式包含其他配置文件，<include … />可以把其他配置文件导入进来，从而实现 Struts 2 的模块化。它的 file 属性定义了要导入的文件的名称，该文件要和 struts.xml 一样有着相同的结构。比如说，如果要把一个 BBS 系统的配置分解，可能会把用户管理、内容管理、日志的功能各自组织到不同的文件中。

```
<struts>
        <package>
...
     </package>
<include file = "config/action/user.xml"></include>
<include file = "config/action/content.xml"></include>
<include file = "config/action/operatelog.xml"></include>
  </struts>
```

对于团队而言，一个项目有多人参与，应该为每个人准备一个 struts 配置文件，使用<include file=" * xml"></include>导入其他配置文件即可。

2. 常量配置

常量可以在 struts. xml 或 struts. properties 中配置，建议在 struts. xml 中配置，配置方式如下：

```
<struts>
    <constant name="struts.action.extension" value="do,action"/>
    <constant name="struts.i18n.encoding" value="UTF-8"/>
    <constant name="struts.configuration.xml.reload" value="true"/>
    <constant name="struts.multipart.maxSize" value="500000"/>
</struts>
```

因为常量可以在多个配置文件中进行定义，如果在多个文件中配置了同一个常量，则后一个文件中配置的常量值会覆盖前面文件中配置的常量，所以需要了解 Struts 2 加载常量的搜索顺序，顺序是 struts-default. xml、struts-plugin. xml、struts. xml、struts. properties、web. xml。

8.4.7 strust.properties 配置文件

Struts 2 框架有两个核心配置文件：struts. xml 和 struts. properties，其中 struts. xml 文件主要负责管理应用中的 Action 映射，以及该 Action 包含的 Result 定义等。除此之外，Struts 2 框架还包含一个 struts. properties 文件，该文件定义了 Struts 2 框架的大量属性，开发者可以通过改变这些属性来满足应用的需求。

struts. properties 文件是一个标准的 Properties 文件，该文件包含系列的 key-value 对象，每个 key 就是一个 Struts 2 属性，该 key 对应的 value 就是一个 Struts 2 属性值，struts. properties 文件中定义的属性，均可在 struts. xml 中以<constant name="" value=""></constant>定义加载。

struts. properties 文件通常放在 Web 应用的 WEB-INF/classes 路径下。Struts 2 在 default. properties 文件(位于 struts2-core-2. 0. 11. jar 中的 org\apache \struts2 目录下)中给出了所有属性的列表，并对其中的一些属性设置了默认值。如果创建了自己的 struts. properties 文件，那么在该文件中的属性设置会覆盖 default. properties 文件中的属性设置。

下面是 default. properties 文件的主要的配置参数列举说明。

(1) struts. configuration：该属性指定加载 Struts 2 配置文件的配置文件管理器。该属性的默认值是 org. apache. Struts2. config. DefaultConfiguration，这是 Struts 2 默认的配置文件管理器。如果需要实现自己的配置管理器，开发者则可以实现一个 Configuration 接口的类，该类可以自己加载 Struts 2 配置文件。

(2) struts. locale 指定 Web 应用的默认 Locale。

(3) struts. i18n. encoding：指定 Web 应用的默认编码集。当获取中文请求参数值时，将该属性值设置为 GBK 或者 GB2312，相当于调用 HttpServletRequest 的 setCharacterEncoding

方法。

(4) struts. multipart. parser：该属性指定处理 multipart/form-data 的 MIME 类型(文件上传)请求的框架，该属性支持 cos、pell 和 jakarta 等属性值，即分别对应使用 cos 的文件上传框架、pell 上传及 common-fileupload 文件上传框架。该属性的默认值为 jakarta。

(5) struts. multipart. saveDir：该属性指定上传文件的临时保存路径，该属性的默认值是 javax. servlet. context. tempdir。

(6) struts. multipart. maxSize：该属性指定 Struts 2 文件上传中整个请求内容允许的最大字节数。

(7) struts. custom. properties：该属性指定 Struts 2 应用加载用户自定义的属性文件，该自定义属性文件指定的属性不会覆盖 struts. properties 文件中指定的属性。如果需要加载多个自定义属性文件，多个自定义属性文件的文件名以英文逗号(,)隔开。

(8) struts. mapper. class：指定将 HTTP 请求映射到指定 Action 的映射器。Struts 2 提供了默认的映射器：org. apache. struts2. dispatcher. mapper. DefaultActionMapper。默认映射器根据请求的前缀与 Action 的 name 属性完成映射。

(9) struts. action. extension：该属性指定需要 Struts 2 处理的请求后缀，该属性的默认值是 action，即所有匹配 *. action 的请求都由 Struts 2 处理。如果用户需要指定多个请求后缀，则多个后缀之间以英文逗号(,)隔开。

(10) struts. serve. static. browserCache：该属性设置浏览器是否缓存静态内容。当应用处于开发阶段时，开发者希望每次请求都获得服务器的最新响应，则可设置该属性为 false。

(11) struts. i18n. reload：该属性设置是否每次 HTTP 请求到达时，系统都重新加载资源文件。该属性默认值是 false。在开发阶段将该属性设置为 true 会更有利于开发，但在产品发布阶段应将该属性设置为 false。提示：开发阶段将该属性设置为 true，将可以在每次请求时都重新加载国际化资源文件，从而可以让开发者看到实时开发效果；产品发布阶段应该将该属性设置为 false，是为了提供响应性能，每次请求都需要重新加载资源文件会大大降低应用的性能。

(12) struts. ui. templateDir：该属性指定视图主题所需要模板文件的位置，该属性的默认值是 template，即默认加载 template 路径下的模板文件。

(13) struts. ui. templateSuffix：该属性指定模板文件的后缀，该属性的默认属性值是 ftl。该属性还允许使用 ftl、vm 或 jsp，分别对应 FreeMarker、Velocity 和 JSP 模板。

(14) struts. configuration. xml. reload：该属性设置当 struts. xml 文件改变后，系统是否自动重新加载该文件。该属性的默认值是 false。

(15) struts. custom. i18n. resources：该属性指定 Struts 2 应用所需要的国际化资源文件，如果有多份国际化资源文件，则多个资源文件的文件名以英文逗号(,)隔开。

(16) struts. configuration. files：该属性指定 Struts 2 框架默认加载的配置文件，如果需要指定默认加载多个配置文件，则多个配置文件的文件名之间以英文逗号(,)隔开。该属性的默认值为 struts-default. xml，struts-plugin. xml，struts. xml，看到该属性值，读者应该明白 Struts 2 框架默认加载 struts. xml 文件。

8.5 Action 类

对于 Struts 2 应用的开发者而言，Action 才是应用的核心，开发者需要提供大量的 Action 类，并在 struts.xml 文件中配置 Action。Action 类里包含对用户请求的处理逻辑，因此也称为 Action 业务控制器。

8.5.1 实现 Action 类

编写 Action 类，Struts 2 不要求继承 Struts 2 的基类，或者实现任何 Struts 2 接口。Action 类是一个普通的 POJO 类，所谓 POJO(Plain Old Java Objects)类，就是一个普通 JavaBean，是为了避免和 EJB 混淆所创造的简称。Action 类通常包含一个无参数的 execute 方法。Struts 2 通常直接使用 Action 来封装 HTTP 请求参数。所以，Action 类里还应该包含与请求参数对应的属性，并且为属性提供相应的 setter 和 getter 方法。

例如，编写一个用户登录的 LoginAction，用户请求参数包括 userName 和 password 两个，LoginAction 类中应该包括 userName 和 password 两个属性，同时包括相应的 setter 方法和 getter 方法。代码如下。

```
public class LoginAction{
    private String userName;
    private String password;
    public string getUserName(){return username;}
    public String getPassword(){return password;}
    public void setUserName(String username){this.userName = username;}
    public void setPassword(String password){this.password = password;}
    public String execute(){
        …
      return result;          //返回字符串结果
    }
}
```

Action 类中 setter 方法是用来传入 HTTP 请求参数，如果在页面中通过<s:property…/>标签显示 Action 属性值时，需要调用 getter 方法。

为了让用户开发的 Action 类更规范，Struts 2 提供了一个 Action 接口，这个接口定义了 Struts 2 的 Action 处理类应该实现的规范。Action 接口代码如下。

```
public interface Action{
    public static final String ERROR = "error";
    public static final String INPUT = "input";
    public static final String LOGIN = "login";
    public static final String NONE = "none";
    public static final String SUCCESS = "success";
    public String execute() throws Exception;
}
```

Action 接口只定义了一个 execute()方法，之外，还定义了 5 个字符常量，它们的作用是统一 execute 方法的返回值。如果开发者希望使用特定的字符串作为逻辑视图名，则依然可以返回自己的逻辑视图名。

另外，Struts 2 还为 Action 接口提供了一个实现类 ActionSupport。

```
public class ActionSupport implements Action, Validateable, ValidationAware, TextProvider,
LocaleProvider, Serializable {
        //返回校验错误的方法
        public void setActionErrors(Collection < String > errorMessages) {
            validationAware.setActionErrors(errorMessages);
        }
        public Collection < String > getActionErrors() {
           return validationAware.getActionErrors();     }
        public void setActionMessages(Collection < String > messages) {
           validationAware.setActionMessages(messages);
        }
        public Collection < String > getActionMessages() {
            return validationAware.getActionMessages();     }
        //设置表单域校验错误信息
        public void setFieldErrors(Map < String, List < String >> errorMap) {
           validationAware.setFieldErrors(errorMap);     }
        //返回表单域校验错误信息
        public Map < String, List < String >> getFieldErrors() {
            return validationAware.getFieldErrors();     }
        //添加 Action 错误信息
        public void addActionError(String anErrorMessage) {
             validationAware.addActionError(anErrorMessage); }
        public void addActionMessage(String aMessage) {
             validationAware.addActionMessage(aMessage);     }
        //添加表单域校验错误信息
        public void addFieldError(String fieldName, String errorMessage) {
             validationAware.addFieldError(fieldName, errorMessag); }
        //默认的 input 方法,直接返回 input 字符串
        public String input() throws Exception {
             return INPUT; }
        public String execute() throws Exception { return SUCCESS; }
        public void clearErrorsAndMessages() {
             validationAware.clearErrorsAndMessages();     }
        public void validate() {     }
}
```

如上面代码中所见到的，ActionSupport 是一个默认类，该类提供了许多默认方法，这些默认方法包括获得国际化信息的方法、数据校验方法、默认的请求用户处理的方法等。实际上，ActionSupport 类完全可以作为 Struts 2 应用的 Action 处理类，如果开发者的 Action 类继承 ActionSupport 类，则会大大简化 Action 的开发。当在配置文件中配置 Action 时，没有明确指定 Action 类时，系统自动使用 ActionSupport 类作为默认的处理类，该 Action 总是返回 success 字符串作为逻辑视图名。

前面讲的用户登录 Action 类可以直接继承 ActionSupport 类，代码如下。

```
public class LoginAction extents ActionSupport{
    private String userName;
    private String password;
    …
    public String execute(){
        if(userName == null && "".equals(user.userName.trim())){
        addFieldError("username", "用户名不能为空");
        return INPUT;
   }
   …
  return result;        //返回字符串结果
 } }
```

当用户请求登录时，如果用户名为空，在处理用户请求的代码中，可以直接调用父类中继承的方法 addFieldError，把错误提示信息写入框架中，在结果页面中使用框架中的数据标签来显示错误提示信息，通过继承 ActionSupport 类，简化了对用户请求的处理。

8.5.2 向 Action 传递数据

业务控制器既是一个封装动作的单元，同时也是一个 POJO 类，具有携带数据能力，为数据转移提供场所。从表单页面提交的 HTTP 请求参数，可以直接传递到 Action 的属性中，为了实现数据的传递，表单中的字段名必须与 Action 中的属性名一致，同时 Action 中要提供相应的 setter 方法。当页面提交请求时，Struts 2 框架通过拦截器自动将 HTTP 请求参数值传递到 Action 对象的属性中，在参数传递的过程中，需要做恰当的数据类型转化，保证页面上的字符串能够转化成不同的 Java 数据类型。

1. Action 接收基本类型的请求参数

在前面的用户登录例子中，LoginAction 类中有 userName 和 password 两个属性，类型都是 String，同时提供相应的 setter 和 getter 方法。在用户登录页面中，表单中的用户名和密码的字段名称必须写成 userName 和 password，在 Action 中接收请求参数不需要使用 request 对象，Struts 2 框架会自动将请求参数解析出来并为 Action 属性赋值。

2. Action 接收复合类型的请求参数

在 Struts 1.x 中，采用 ActionForm 专门用来封装用户请求参数，而 Action 只负责处理用户请求，这种方式显得结构清晰、分工明确，但数据从 ActionForm 转移到业务对象属性中，需要编写额外的代码来实现。Struts 2 框架支持以对象的方式传递参数，Action 类中的属性可以是一个 JavaBean，用于专门封装用户请求参数，这样定义的方式程序代码结构清晰。

编写一个 User 类，用于封装从页面接收的用户名和密码，代码如下。

```
public class User {
        private String userName;          private String password;
```

```
        public void setUserName(String userName){this.userName = userName;}
        public String getUserName() {return userName}
        public void setPassword(String password) {this.password = password;}
        public String getPassword() {return password;}
}
```

LoginAction 类的属性类型修改成复合类型，修改如下。

```
public class LoginAction extends ActionSupport{
        private User user;
        public void setUser(){this.user = user;}
        public User getUser(){return user;}
        public String execute() throws Exception{
            System.out.println("用户名:" + user.getUserName() + "密码:" + user.getPassword());
            return "success";}
  }
```

在上面的代码中，Action 的属性是一个 User 对象，为了保证 HTTP 请求参数名称和 Action 属性名称一致，在登录页面的表单中，字段名称使用 OGNL 表达式，代码如下。

用户登录页面 login.jsp：

```
<form method = "POST" action = "test/login.action">
    <s:fielderror/>
    <p>用户名: <input type = "text" name = "user.userName" size = "20"></p>
    <p>密码: <input type = "text" name = "user.password" size = "20"></p>
    <p><input type = "submit" value = "提交" ><input type = "reset" value = "全部重写" ></p>
</form>
```

在用户登录表单中，用户名字段名称写成 user.userName，密码字段名称写成 user.password，在请求参数提交后，Struts 2 通过反射技术调用 User 的默认构造器创建 user 对象，然后再通过反射技术调用 user 中与请求参数同名的属性的 setter 方法来获取请求参数值，这样实现了请求参数向 Action 对象的复合数据类型属性传递参数的过程。关于页面参数向 Struts 框架传递的数据转移过程，在第 9 章会详细讲解。

Struts 2 不仅支持基于 JavaBean 方式的参数传递支持，同时还支持对 Array、List、Map 等集合类型的数据对象进行赋值。

8.5.3　Action 中访问 request/session/application

Struts 2 的 Action 并未直接与 Servlet API 耦合，这是 Struts 2 的改良之处。但对于 Web 应用的控制器而言，不访问 Servlet API 几乎是不可能的，获得请求参数、跟踪会话状态等。Struts 2 框架提供了一种能够更为轻松的方式来访问 Servlet API。Web 应用中会经常访问 Servlet 中的 HttpServletRequest、HttpSession、ServletContext 类的对象，也就是 JSP 的内置对象 request、session、application。在 Struts 2 框架中，提供了 request、session 和 application 三个封装好的 Map 对象，用来映射 Servlet 容器中这三个对象的值。在 Action 业务逻辑处理的代码中，直接使用 Struts 2 框架封装好的这三个 Map 对象，而来读取和保存数据，而无须调用 Servlet API。可以通过 com. opensymphony. xwork2. ActionContext 类来得到这三个对象，ActionContext 是 Action 执行的上下文，保存了很多对象如 parameters、request、session、application 和 locale 等。通过 ActionContext 类获取 Map 对象的方法为：

```
ActionContext context = ActionContext.getContext();   //得到 Action 执行的上下文
Map request = (Map)context.get("request");            //得到 HttpServletRequest 的 Map 对象
Map session = context.getSession();                   //得到 HttpSession 的 Map 对象
Map application = context.getApplication();           //得到 ServletContext 的 Map 对象
```

在 Action 中访问和添加 request/session/application 属性，代码片段如下。

```
public class SimpleAction{
    …
    public String scope() throws Exception{
      ActionContext ctx = ActionContext.getContext();
      ctx.getApplication().put("app", "应用范围");      //往 ServletContext 里放入 app
      ctx.getSession().put("ses", "session 范围");      //往 session 里放入 ses
      ctx.put("req", "request 范围");                   //往 request 里放入 req
      return "scussess";
}}
```

如果直接访问 Servlet API，将会使 Action 与 Servlet 环境耦合在一起，不利于程序的调试，要直接获取 HttpServletRequest 和 ServletContext 对象，可以使用 org. apache. struts2. ServletActionContext 类，该类是 ActionContext 的子类。通过 ServletActionContext 类获取三个对象的方法如下。

```
HttpServletRequest request = ServletActionContext.getRequest();
HttpSession session = request.getSession();
ServletContext context = ServletActionContext.getServletContext();
```

ServletActionContext 和 ActionContext 有着一些重复的功能，在我们的 Action 中，该如何去选择？一般遵循的原则是：如果 ActionContext 能够实现的功能，那最好就不要使用 ServletActionContext，让 Action 尽量不要直接去访问 Servlet 的相关对象，使我们的 Action 程序与 Servlet 实现解耦合，这也是 Struts 2 框架的非常重要的优点之一。

8.6 Struts 2 的异常处理机制

任何成熟的 MVC 框架都应该提供成熟的异常处理机制，当然可以在 Action 方法中手动捕捉异常，当捕捉到特定异常时，返回特定的逻辑试图名，但这种处理方式非常烦琐，需要在处理方法中写很多的 try…catch 代码块。Struts 2 提供了一种声明式的异常处理方式，是通过配置拦截器来实现异常处理机制。

8.6.1 异常处理机制

Struts 2 的异常处理机制是通过在 struts. xml 文件中配置<exception-mapping …>

元素完成的，配置该元素时，需要指定以下两个属性。

exception：此属性指定该异常映射所设置的异常类型。

result：此属性指定 Action 出现该异常时，系统转入 result 属性所指向的结果。

异常映射也分为以下两种。

局部异常映射：<exception-mapping…>元素作为<action…>元素的子元素配置。

全局异常映射：<exception-mapping…>元素作为<global-exception-mappings>元素的子元素配置。

当 Struts 2 框架控制系统进入异常处理页面后，需要在对应的页面中输出指定的异常信息。使用 Struts 2 的标签来输出异常信息格式如下。

<s:property value="exception"/>：输出异常对象本身。

<s:property value="exception.message"/>：输出异常对象的异常信息。

<s:property value="exceptionStack"/>：输出异常堆栈信息。

利用 Struts 2 的异常处理机制和拦截器机制，可以很方便地实现异常处理功能，开发者不再需要在 Action 中捕获异常，并抛出相关的异常，这些都交给拦截器来完成了。

8.6.2 应用示例

1. 在 struts.xml 文件中配置异常处理

在 struts.xml 文件中，声明全局异常映射、对应的全局异常转发以及在 Action 中局部异常的代码如下所示。

```
<global-results><result name="error">/um/errorInfo.jsp</result></global-results>
<global-exception-mappings>
    <exception-mapping result="error" exception="java.sql.SQLException"/>
</global-exception-mappings>
<!-- 增加用户 -->
<action name="addUser" class="com.ch08.um.action.UmAction" method="addUser">
    <exception-mapping result="error" exception="com.ch08.um.exception.MyException"/>
    <result name=" SUCCESS ">/um/operationInfo.jsp</result>
</action>
```

2. 异常处理类

MyException 是异常处理类，代码如下所示。

```
package com.ch08.um.exception;
public class MyException extends Exception {
    public MyException(String message) {
      super(createFriendlyMsg(String message));
    }
    public MyException(Throwable throwable){ super(throwable); }
    private static String createFriendlyMsg(String message) {
        String prefixStr  =  "抱歉.";
        String suffixStr  =  "请稍后再试或与管理员联系!";
```

```
            StringBuffer friendlyMsg = new StringBuffer();
            friendlyMsg.append(prefixStr);
            friendlyMsg.append(msgBody);
            friendlyMsg.append(suffixStr);
            return friendlyMsg.toString();
        }
}
```

3. 异常处理页面

异常处理页面 /um/errorInfo.jsp:

```
<%@ page language="java" contentType="text/html;charset=UTF-8" pageEncoding="UTF-8" %>
<%@ page isErrorPage="true" %>
<%@ taglib prefix="s" uri="/struts-tags" %>
<html>
<body>
异常信息:<s:property value="exception.message"/>
<s:property value="exceptionStack"/>
```

习题

一、填空题

1. Struts 2 框架由________和________框架发展而来。
2. Struts 2 以________为核心,采用________的机制来处理用户的请求。
3. Struts 2 中的控制器类是一个普通的________。

二、简答题

1. 搭建 Struts 2 的开发环境。
2. 简述 Struts 2 与 Servlet 的松耦合性。
3. 简述 Struts 2 的核心控制器和业务控制器的区别,以及各自的工作原理。
4. 在 struts.xml 中,package 的含义及各属性的含义。
5. 访问网址 http://localhost:8080/webtest/test/hello/hello.action,指出命名空间是什么?请求的动作名称是什么?
6. 为 Action 配置拦截器,两种实现方式是什么?
7. 在 Struts 配置文件中,<global-results>元素和<result>元素的区别。
8. 自己编写 Action 类,需要继承或实现哪些类或接口?
9. 在编写 JSP 页面时,最为烦琐的工作就是接收请求参数,在 Struts 2 框架中,怎样接收请求参数?
10. 简述 Struts 2 的异常处理机制。

第9章 深入学习Struts 2

9.1 拦截器

在前面相关章节中，介绍了关于Struts 2框架的动作组件的知识，从开发人员日常工作中的角度看，动作组件可能是处理业务的核心。但是从后台的工作机制看，默默无闻的拦截器才是真正的英雄。实际上，拦截器负责完成框架的大部分处理工作。在struts-default包的defaultStack中声明的内建拦截器处理了大部分的基础任务，从数据移动、验证到异常处理。由于有了一套丰富的内建拦截器，有时候不需要开发人员自己定义拦截器，但如果不理解拦截器如何工作，就永远不会真正理解Struts 2框架。

9.1.1 拦截器的概念

拦截器(Interceptor)是Struts 2的一个强有力的工具，有许多功能(feature)都是构建于它之上，如国际化、转换器、校验等。拦截器是源于面向方面编程(Aspect-Oriented Programming，AOP)思想，是在控制器调用Action的动作之前或之后，通过拦截的方式加入某些必要的操作。拦截器是一个处在控制器和动作组件之间的组件，使得对动作调用过程提供分层成为可能。拦截器极大地提高了动作调用的分离水平，很好地完成动作组件中的横向处理、预处理、后加工等任务。日志记录就是一个横向处理的典型例子，系统要完成一个任务动作，需要执行一连串业务处理，一连串的业务处理可以认为是纵向处理过程，但任务完成后，需要系统日志记录，日志记录就是任务处理的横向关联动作。为了保证业务处理动作的纯洁性，将记录日志这样的横向处理任务从业务动作中分离出来，提到更高的层面上执行，让它处在任何需要记录日志的请求上。拦截器承担了动作的预处理或后加工任务，如通过使用HTTP请求参数(params)拦截器，从请求参数中提取数据，传递到特定对象的属性上，在业务动作被调用前完成参数传递，实现了业务动作调用的预处理任务。

把实现横向处理、预处理、后加工的任务从业务动作组件中分离出来，封装到拦截器中，实现组件的重用，同时可以灵活配置在任何需要的动作之上，以更好地满足不断变化的需求。

拦截器栈(Interceptor Stack)又名拦截器链，就是将拦截器按一定的顺序连接成一条链。在访问被拦截的方法或字段时，拦截器链中的拦截器就会按其之前定义的顺序被调用。

拦截器在特性上，和Servlet的Filter思想基本相同，但在具体的使用上和Fileter是有区别的。Filter是依赖Servlet API,但拦截器是在Struts 2框架中使用,不与Servelet API产生耦合。在实现细节方面,拦截器是基于Java的反射机制的,而过滤器是基于函数回调。拦截器的拦截策略的配置和Filter的过滤策略的配置形式也是不同的,这决定了拦截器只能对action请求起作用,而过滤器则可以对几乎所有的请求起作用。在action的生命周期中,拦截器可以多次被调用,而过滤器只能在容器初始化时被调用一次。

9.1.2 自定义拦截器类

Struts 2框架提供了许多拦截器,这些内建的拦截器实现了Struts 2的大部分功能。因此开发Web应用时一些通用功能,可以直接使用这些拦截器来完成。但还有一些与系统逻辑相关的功能,需要开发人员自己编写拦截器来实现。虽然重要,但开发人员不会编写很多的拦截器,下面以一个验证用户是否登录为例,说明拦截器类如何编写。

要定义自己的拦截器类,需要实现com. opensymphony. xwork2. interceptor. Interceptor接口,定义验证用户登录拦截器类如下:

```
package com.ch09.um.interceptor.CheckLoginInterceptor;
public class CheckLoginInterceptor implements Interceptor {
   public void init() {}
   public void destroy() {    }
   public String intercept(ActionInvocation invocation) throws Exception {
         ActionContext ctx = invocation.getInvocationContext();
         Map session = ctx.getSession();
         if(session.get("user")!= null) return invocation.invoke();
         else {
             ctx.put("loginInfo", "对不起,您还没有登录!");
             return "input";
         } }
   }
```

init()是实现Interceptor接口的方法。在拦截器被实例化后,在执行拦截任务之前,系统调用该方法,且只调用一次,方法体中的代码主要用于初始化资源。destroy()实现Interceptor接口的方法,在拦截器实例被销毁之前,系统调用该方法,用于释放调用的资源。

interceptor(ActionInvocation invocation):需要实现的拦截动作,ActionInvocation参数包含被拦截的Action的引用,拿到Action引用,就可以获得与Action相关的所有信息。通过调用invocation. getInvocationContext()方法,获得一个Action的上下文对象ActionContext,Action运行期间所用到的数据都保存在ActionContext中,包括Session、客户端提交的参数等信息。通过ActionContext对象方法getSession()获得Session对象,然后判断Session中是否存放User对象,来判断用户是否登录。如果登录,直接调用ActionInvocation的方法invoke(),通过该方法可以将控制权转给被拦截的Action,或者是下一个拦截器。如果是未登录,直接返回一个字符串,系统会跳转到该逻辑视图对应的实际视图资源,"input"视图名对应的是重新登录的页面。

9.1.3 拦截器的使用

使用拦截器，需要在 struts. xml 中配置拦截器，需要两个步骤，首先是定义拦截器，<interceptor …/>，然后是使用拦截器<interceptor-ref />。下面的代码是使用拦截器，验证用户是否登录的配置片段。

```
<xml version="1.0" encoding="UTF-8">
<!DOCTYPE struts PUBLIC
    "-//Apache Software Foundation//DTD Struts Configuration 2.0//EN"
    "http://struts.apache.org/dtds/struts-2.0.dtd">
<struts>
  <package name="usermanage" namespace="/um" extends="struts-default">
    <interceptors>
      <interceptor name="checkLogin" class="com.ch09.um.interceptor.CheckLoginInterceptor" />
    </interceptors>
    <default-interceptor-ref name="checkLogin" />
    <global-results>
        <result name="fail">/um/operationInfo.jsp</result>
        <result name="input">/um/login.jsp</result>
    </global-results>
        <!-- 增加用户 -->
    <action name="addUser" class="com.ch09.um.action.UmAction" method="addUser">
            <result name=" SUCCESS ">/um/operationInfo.jsp</result>
    </action>
  </package>
</struts>
```

这里使用了一个默认拦截器，也可以在 action 元素中指定。如果希望包下的所有 action 都使用自定义的拦截器，可以通过<default-interceptor-ref…/>定义默认拦截器，每个包只能定义一个默认拦截器。另外，一旦为某个 action 显式指定某个拦截器，则默认拦截器不会起作用。

9.1.4 Struts 2 内建拦截器

从 Struts 2 框架来看，拦截器几乎完成了 Struts 框架 70%的工作，包括解析请求参数、将请求参数传递给 Action 属性、执行数据校验、上传文件等。Struts 2 内建大量的拦截器，这些拦截器以 name-class 形式配置在 struts-default. xml 文件中，其中 name 是拦截器名字，class 是拦截器实现类，如果定义的 package 继承了 Struts 2 的默认 struts-default 包，则可以自由使用这些拦截器。

下面是 Struts 2 内建拦截器的简要介绍。

alias：实现在不同请求中相似请求参数别名的转换。

autowriring：这是个自动装配拦截器，主要用于当 Struts 2 和 Spring 框架整合时，Struts 2 可以使用自动装配的方式来访问 Spring 容器中的 Bean。

chain：构建一个 Action 链，使当前 Action 可以访问前一个 Action 的属性，一般和

<result type="chain" />一起使用。

conversionError：一个用于处理 Struts 类型转换器类型转换错误的拦截器，它负责将错误从 ActionContext 中取出，并转换成 Action 的 FieldError 错误。

cookie：允许以配置的方式为 Action 添加多个 Cookie。

createSession：该拦截器用于创建一个 HttpSession 对象，主要用于那些需要 HttpSession 对象才能正常工作的拦截器中。

debugging：当 Struts 处于调试模式，这个拦截器会提供更多的调试信息。

execAndWait：用于后台执行 Action，负责将等待画面发送给用户。

exception：这个拦截器用于处理异常，它将异常映射为结果。

fileUpload：这个拦截器主要用于文件上传，分析表单域的内容。

i18n：这是支持国际化的拦截器，将所选的语言、区域放入用户的 session 中。

logger：负责日志的拦截器，主要用于输出 Action 的名字。

modelDriven：模型驱动拦截器，用户将 getModel()方法的结果放入 StackValue。

scopedModelDriven：如果一个 Aciton 实现了 ScopedModelDriven 接口，该拦截器负责从指定生存范围中找出指定的 Model 并通过 setModel 方法传给 Action。

params：这是一个基本的拦截器，它负责解析 HTTP 请求中的参数，并传递给 Action。

prepare：如果 Action 实现了 Preparable 接口，将会调用该拦截器的 prepare()方法。

staticParams：负责将<action>标签下的<param>中的参数传递给 Action。

scope：范围转换拦截器，它可以将 Aciton 的状态信息保存到 HttpSession 中，也可以保存到 ServletContext 中。

servletConfig：如果某个 Action 需要直接访问 Serlvet API，就是通过这个拦截器实现的。

timer：这个拦截器用于输出 Action 的执行时间，在分析性能瓶颈时有所用途。

token：只要用于防止用户的多次提交。

tokenSession：此拦截器的作用和前一个拦截器类似，只是它把 Token 保存在 HttpSession 中。

validation：通过执行在 xxx-validation. xml 中配置的校验器，完成数据校验。

workflow：负责调用 Action 中的 validate 方法，如果校验失败，则返回 INPUT 视图。

store：该拦截器负责将 Action 的 message、errors 或 fieldError 保存到 Session，也负责从 Session 里读取 Action 的 message、errors 或 fieldError。

9.2 输入校验

输入校验是所有 Web 应用中必须处理的问题，客户端浏览器输入的数据非常复杂，不仅包含正常用户的错误输入，还可能包含用户恶意的输入。一个健壮的应用系统必须将这些非法输入阻止在应用之外，防止非法输入的数据进入应用系统，保证系统不受影响。

输入校验分为客户端检验和服务器端校验，客户端校验主要是过滤正常用户的误操作，主要通过 JavaScript 代码完成；服务器端校验是阻止非法输入数据的最后防线，主要是通过在应用中编程实现。Struts 2 框架提供了非常强大的输入校验体系，通过 Struts 2 内建的输入校验器，Struts 2 应用无须书写任何输入校验代码，即可完成绝大部分的输入校验，并可以同时完成客户端校验和服务器端校验。对于输入校验，Struts 2 框架提供了两种实现方法，即采用手工编写代码实现和基于 XML 配置方式实现。

9.2.1　编写代码实现校验

开发人员自己编写程序实现服务端校验，需要对处理客户端请求的 Action 类中添加校验代码。编写 Action 类需要继承 ActionSupport 类，并重写父类中的 validate() 方法实现，当 Action 中的方法被调用之前，系统会调用 validate()方法实现数据校验。在方法中要对数据的合法性进行校验，当判断数据不合理，addFieldError()方法往系统的 fieldErrors 添加校验失败信息，addFieldError()方法在 ActionSupport 中定义。如果系统的 fieldErrors 包含失败信息，Struts 2 会将请求转发到名为 input 的实际视图。当页面跳转到 input 视图后，需要在视图页面中提示错误信息，可以在页面中添加标签<s:fielderror/>来显示失败信息。

下面是自己编写代码实现输入校验 RegistAction 的代码。

```
public class RegistAction extends ActionSupport{
    private User user = null;
     public User getUser() {     return user;     }
     public void setUser(User user) {this.user = user;}
     public String execute() throws Exception{
           UserDao userDao = null;      //自己编写实现类
           userDao.insert(user);
           System.out.println("用户注册");
           return SUCSSESS;
     }
   public void validate(){
          if(user.getPassword()!= null&&user.getPassword().length()< 6)
              addFieldError("user.password","密码长度必须大于 6");
          if(user.getAge()> 100||user.getAge()< 0)
              addFieldError("user.add","输入年龄无效");
   }
  }
```

RegistAction 类继承父类 ActionSupport，并重写了 validate 方法。RegistAction 的属性是 User 对象，User 对象包含 userName、password、birth、age 等属性。在校验方法中判断用户的密码不能为空且长度不能大于 6，用户的年龄必须是大于 0 且小于 100 的，否则，通过方法 addFieldError 添加错误提示信息。

在 struts.xml 中的配置片段如下：

```
<action name = "regaction" class = "com.ch09.action.RegistAction" method = "execute">
<result name = "success" > /exm_09/regSuccess.jsp </result>
<result name = "input" >/exm_09/reg.jsp </result>
</action>
```

注册界面 reg.jsp 如下：

```
<body>
  <form method = "POST" action = "../test/regaction.action">
  <s:fielderror/>
  <p>用户名：<input type = "text" name = "user.userName" size = "20"></p>
  <p>密码：<input type = "text" name = "user.password" size = "20"></p>
  <p>年龄：<input type = "text" name = "user.age" size = "20"></p>
  <p>出生日期：<input type = "text" name = "user.birth" size = "20"></p>
  <p><input type = "submit" value = "提交" ><input type = "reset" value = "全部重写" ></p>
</form>
</body>
```

在注册页面中，添加了<s:fielderror/>标签，用来显示失败信息，当输入的密码或者年龄数字不符合要求时，系统会跳回到 reg.jsp 页面，且在表单上方输出错误提示信息，如图 9.1 所示结果界面。

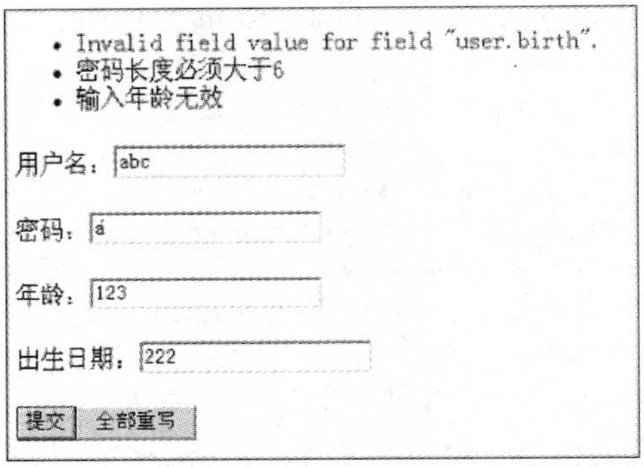

- Invalid field value for field "user.birth".
- 密码长度必须大于6
- 输入年龄无效

用户名：abc

密码：a

年龄：123

出生日期：222

提交 全部重写

图 9.1　对表单的输入校验

9.2.2　对 action 指定方法输入校验

validate()方法是对 Action 类中所有的方法实现数据校验，Struts 2 的 Action 类里可以包括多个动作方法，如果输入校验只想校验某个动作方法，则重写父类中的 validate()方法显然是不够的，validate()方法并不知道需要校验哪个动作方法。为了实现校验特定的动作方法，Struts 2 的 Action 允许通过 validateXxx()方法实现校验，validateXxx()只会校验 action 中方法名为 Xxx 的方法。其中 Xxx 的第一个字母要大写。当某个数据校验失败时，调用 addFieldError()方法往系统的 fieldErrors 添加校验失败信息。

例如，使用 validateXxx()方法实现对 regist 动作方法的校验：

```
public String regist() throws Exception{ return "success";}
public void validateRegist(){
    if(user.userName == null && "".equals(user.userName.trim()))
  addFieldError("username", "用户名不能为空");
}
```

实际上，上面的validateXxx()方法与前面的validate()方法大致相同。当用户向regist动作发送请求时，该Action中的validate()方法和validateRegist()都会被调用，而且validateRegist()方法首先被调用。

9.2.3　使用XML配置文件实现校验

Struts 2提供了以XML配置文件为机制的校验方式。用户不需要对程序代码进行改变，而只需编写简单的配置文件，即可实现对Action的属性进行校验。使用XML文件可以实现Action所有方法输入校验和对Action中指定方法的校验。

1. 使用XML配置文件实现对Action所有方法的输入校验

使用XML配置方式实现输入校验时，Action也需要继承ActionSupport，并且提供校验文件，配置文件和Action类放在同一个包下，同时配置文件的命名格式为：ActionClassName-validation.xml，例如，Action类为com.ch09.action.RegistAction，其校验文件名为RegistAction-validation.xml，类编译后class文件保存在WEB-INF/classes/com/ch09/action/目录下，配置文件也应该保存在该路径下。

校验配置文件代码如下：

```
<xml version = "1.0" encoding = "UTF - 8">
<!DOCTYPE validators PUBLIC " - //OpenSymphony Group//XWork Validator 1.0.3//EN"
"http://www.opensymphony.com/xwork/xwork - validator - 1.0.3.dtd">
<validators>
    <field name = "user.userName">
        <field - validator type = "requiredstring">
            <param name = "trim"> true </param>
            <message>用户名不能为空!</message>
        </field - validator>
    </field>
    <field name = "user.age">
        <field - validator type = "int">
            <param name = "min"> 1 </param>
            <param name = "max"> 100 </param>
            <message>年龄不能超过 ${min} - ${max}!</message>
        </field - validator>
    </field>
</validators>
```

说明：

<field>指定action中要校验的属性，<field-validator>指定校验器，上面指定校验器requiredstring(必填字符串)，校验器是由系统提供的。Struts 2框架提供了能满足大部分验证需求的校验器，这些校验器的定义可以在xwork-2.x.jar中的com.opensymphony.xwork2.validator.validators下的default.xml中找到。<message>为校验失败后的提示信息，如果需要国际化，可以为message指定key属性。在这个校验文件中，对Action中字符串类型的user.userName属性进行验证，首先要求调用trim()方法去掉空格，然后判断

用户名。对 Action 中整型类型的 user. age 属性进行验证，指定了最大值和最小值范围。

2. 使用 XML 配置文件实现对指定 action 方法的输入校验

当校验文件的取名为 ActionClassName-validation. xml 时，会对 action 中的所有动作方法实现输入验证。如果只需要对 Action 中的某个动作方法实现校验，可以编写对指定动作方法校验的 XML 配置文件，文件的命名格式是 ActionClassName-ActionName-validation. xml，其中 ActionName 为 struts. xml 中 action 的名称。文件同样放置在同 Action 类文件同一个路径下。XML 配置规则书写格式与前面的一样。例如：

```
<action name = "user_ * " class = "com.ch09.action.UserAction" method = "{1}" >
        <result name = "success">/WEB - INF/page/message.jsp </result>
        <result name = "input">/WEB - INF/page/addUser.jsp </result>
</action>
```

UserAction 中定义了两个处理方法：

```
public String add() throws Exception{ … }
public String update() throws Exception{ … }
```

使用通配符(*)相当于定义了两个 Action 动作，一个是 user_add，一个是 user_update，{1}表示第一个通配符(*)代表的含义，当请求 user_add 时，调用 add 方法，当请求 user_update 时，调用 update 方法。要对 add() 方法实现验证，校验文件的取名为 UserAction-user_add-validation. xml，要对 update() 方法实现验证，校验文件的取名为 UserAction-user_update-validation. xml。

当增加了校验文件后，系统会自动加载校验文件。当用户提交请求时，Struts 2 的校验框架会根据校验文件对用户请求进行校验。这种校验方式完全可以替代手工校验，且这种校验方式的可重用性非常高，只需要在配置文件中配置校验规则，即可完成数据校验，无须用户书写任何数据校验代码。

9.2.4 输入校验的流程

通过上面示例的介绍，不难发现 Struts 2 的输入校验需要经过如下几个步骤。

(1) 类型转换器对请求参数执行类型转换，并把转换后的值赋给 action 中的属性。

(2) 如果在执行类型转换的过程中出现异常，系统会将异常信息保存到 ActionContext 中，conversionError 拦截器将异常信息添加到 fieldErrors 里。不管类型转换是否出现异常，都会进入第(3)步。

(3) 调用 Struts 2 的输入校验规则进行输入校验(也就是根据各种 * validation. xml 文件里定义的校验规则进行输入校验)。

(4) 系统通过反射技术先调用 action 中的 validateXxx()方法，Xxx 是即将处理用户请求的方法名。

(5) 调用 action 中的 validate()方法。

(6) 经过上面 5 步，如果系统中的 fieldErrors 存在错误信息(即存放错误信息的集合的

size 大于 0),系统自动将请求转发至名称为 input 的视图。如果系统中的 fieldErrors 没有任何错误信息,系统将执行 action 中的处理方法。

9.2.5 Struts 2 内建校验器

Struts 2 提供了大量的内建校验器,这些内建的校验器可以满足大部分应用的校验需求,开发者直接使用这些校验器。Struts 2 默认的校验器注册文件 default. xml,在 xwork-core-2. *. jar 文件中,在 com\opensymphony\xwork2\validator\validators 路径下。如果 Struts 2 系统在 WEB-INF/classes/路径下找到了一个 validators. xml 文件,则不会加载系统默认的 default. xml 文件。因此如果开发人员提供了自己的校验文件,一定要把 default. xml 文件里的全部内容复制到 validators. xml 文件中。

系统提供的校验器如下。

1. required 校验

required:必填校验器,要求 field 的值不能为 null。

```
<validators>
    <!--采用字段校验风格来配置校验器,校验 userName 属性-->
    <field name = "userName">
        <field-validator type = "required">
        <!--指定校验失败的提示信息 -->
        <message>用户名不能为空!</message>
      </field-validator>
     …
   </field>
…
<validators>
```

2. requiredstring 校验

requiredstring:必填字符串校验器,值不能为 null,长度大于 0,默认情况下会对字符串去前后空格。

```
<validators>
   <field name = "userName">
      <field-validator type = " requiredstring ">
      <message>用户名必须填写!</message>
      </field-validator>
      …
   </field>
   …
<validators>
```

3. stringlength 校验

stringlength:字符串长度校验器,minLength 参数指定最小长度,maxLength 参数指定最大长度,trim 参数指定校验 field 之前是否去除字符串前后的空格。

```
<validators>
<field name = "userName">
    <field-validator type = "stringlength">
            <param name = "maxLength"> 10 </param>
            <param name = "minLength"> 2 </param>
            <param name = "trim"> true </param>
            <message>用户名应在 2~10 个字符之间></message>
      </field-validator>
      …
    </field>
    …
<validators>
```

4. regex 校验

regex：正则表达式校验器,检查被校验的 field 是否匹配一个正则表达式,expression 参数指定正则表达式,caseSensitive 参数指定进行正则表达式匹配时,是否区分大小写,默认值为 true。

```
<validators>
<field name = "mobile">
      <field-validator type = "regex">
        <param name = "expression"><![CDATA[^1[358]\d{9} $ ]]></param>
        <message>手机号格式不正确!</message>
    </field-validator>
    …
  </field>
  …
<validators>
```

5. int 校验

int：整数校验器,要求 field 的整数值必须在指定范围内,min 指定最小值,max 指定最大值。

```
<validators>
 <field name = "age">
    <field-validator type = "int">
        <param name = "min"> 1 </param>
    <param name = "max"> 100 </param>
     <message>输入的年龄必须是 ${min} - ${max}岁之间</message>
   </field-validator>
</field>
<validators>
```

6. double 校验

double：双精度浮点数校验器，要求 field 的双精度浮点数必须在指定范围内，minInclusive 指定最小值且包括该值，maxInclusive 指定最大值且包括该值。minExclusive 指定字段的最小值，且不包括该值，maxExclusive 指定最大值且不包括该值。

```
<validators>
<field name = "salary">
    <field-validator type = "double">
        <param name = "minInclusive">20.1</param>
        <param name = "maxInclusive">50.1</param>
        <message>salary 必须介于 ${minInclusive}and ${maxInclusive}之间</message>
    </field-validator>
…
</field>
…
<validators>
```

7. email 校验

email：邮件地址校验器，要求如果 field 的值非空，则必须是合法的邮件地址。

```
<validators>
<field name = "email">
        <field-validator type = "email">
            <message>电子邮件地址无效</message>
        </field-validator>
…
</field>
…
<validators>
```

8. url 校验

url：网址校验器，要求如果 field 的值非空，则必须是合法的 URL 地址。

```
<validators>
<field name = "urlAddr">
    <field-validator type = "url">
        <message>网址输入不正确!</message>
    </field-validator>
</field>
<validators>
```

9. date 校验

date：日期校验器，要求 field 的日期值必须在指定范围内。

```
<validators>
<fieldname="birth">
  <field-validator type="date">
   <paramname="min">1900-01-01</param>
    <paramname="max">2012-01-01</param>
    <message>输入的日期无效</message>
  </field-validator>
</field>
<validators>
```

10. conversion 校验

conversion：转换校验器，检查被校验字段在类型转换中是否出现错误，并提示错误信息。参数 repopulateField 指定当类型转换失败后，返回 input 页面时，类型转换失败的表单域是否保留原有的错误输入。

```
<validators>
  <field name="birth">
   <field-validator type="conversion">
       <param name="repopulateField">true</param>
       <message>类型转换错误</message>
       </field-validator>
  </field>
<validators>
```

11. visitor 校验

visitor：用于校验 action 中的复合属性，支持简单的复合类型、数组类型、Map 等集合类型。参数 context 用来指定复合类型属性的校验文件，例如用户 User 类，默认情况下，它的校验文件 User-validation. xml，当 context 参数指定值是 userContext 时，则 User 的校验文件命名必须写成 User-userContext-validation. xml。

```
<validators>
<field name="user">
  <field-validator type="visitor">
    <param name="context">userContext</param>
    <param name="appendPrefix">true</param>
  </field-validator>
 </field>
</field>
<validators>
```

12. expression 校验

expression：OGNL 表达式校验器，expression 参数指定 OGNL 表达式，该逻辑表达式基于 ValueStack 进行求值，返回 true 时校验通过，否则不通过，该校验器不可用在字段校验器风格的配置中。

```
<validators>
<field name="birth">
  <validator type="expression">
   <param name="expression">password == repassword</param>
    <message>两者输入不一致</message>
  </validator>
  </field>
<validators>
```

13. fieldexpression 校验

fieldexpression：字段 OGNL 表达式校验器，要求 field 满足一个 OGNL 表达式，expression 参数指定 OGNL 表达式，该逻辑表达式基于 ValueStack 进行求值，返回 true 时校验通过，否则不通过。

```
<validators>
<field name="imagefile">
        <field-validator type="fieldexpression">
                <param name="expression"><![CDATA[imagefile.length() <= 0]]></param>
                <message>文件不能为空</message>
        </field-validator>
    </field>
<validators>
```

以上介绍了 Struts 2 的 13 种内建校验器，以及在配置文件中怎样使用这些校验器。前面介绍校验器配置文件都是采用字段校验器配置风格，Struts 2 同时支持非字段校验器配置格式，这里不做详细介绍，请参阅相关资料。

9.3　数据转移和 OGNL

9.3.1　数据转移和类型转换

Web 应用程序领域中一个常见的任务是从基于字符串的 HTTP 向 Java 语言的不同数据类型移动和转换数据。开发 Web 应用程序时，通过页面表单发送请求数据，服务端程序接收数据，并进行类型转换，然后将数据传递到业务处理逻辑，这个乏味的任务伴随从字符串向 Java 类型转换而变得复杂，如将字符串解析成 double 或 Date、甚至会由于坏数据处理抛出的异常，这个任务只是为业务处理做了数据转移基础工作，而没有真正涉及系统的业务处理。同样，业务处理结束后，需要将数据展现在页面上，也存在数据转移和类型转换。实际上，数据转移和类型转换发生在请求处理周期的两端。Struts 框架提供了数据转移和类型转换功能，将数据从基于 HTTP 请求移动到 JavaBean 属性，当呈现结果时，从 JavaBean 属性中过滤出一些数据呈现在 HTML 页面。在 Struts 2 框架中，数据转移和类型转换过程如图 9.2 所示。

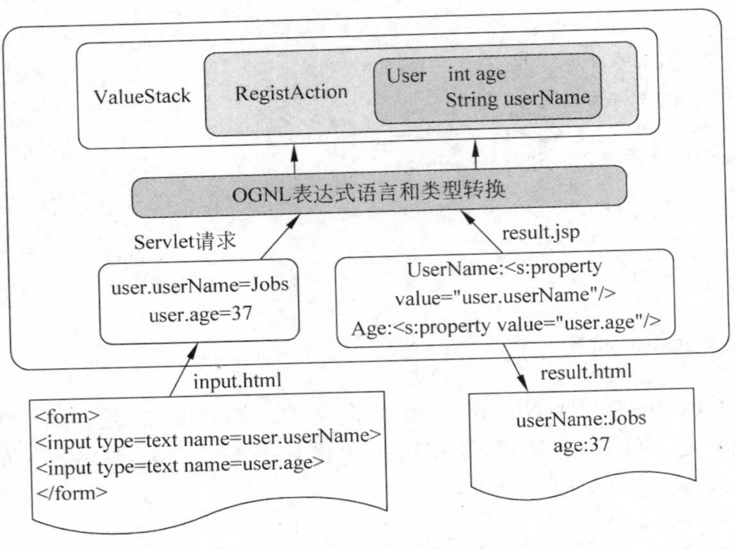

图 9.2 Struts 2 框架数据转移和类型转换

如图 9.2 所示，当请求进入框架时，请求作为一个 HttpServletRequet 对象传递给 Servlet，请求对象是以名/值对的形式存储，名字和值都是 String 类型。框架对这些请求参数数据进行数据转移和类型转换的处理。数据转移到哪里？OGNL 负责指路。当框架自动将参数转移到动作对象时，动作对象置于叫做 ValueStack（值栈）的对象上。如图 9.2 所示，动作 RegistAction 对象置于 ValueStack 对象中，User 对象又是 RegistAction 对象的属性。

表单中的字段名与 Java 属性名关联起来，有助于数据的转移和类型转换。表单字段名称写成 OGNL 表达式，params 拦截器将会把请求对象中的数据转移到 ValueStack 上，params 拦截器把请求参数的名字按照 OGNL 表达式来解析，用来在 ValueStack 上定位正确的目标属性。用 OGNL 表达式方式定义表单字段名称，实现与 Java 属性的对应关系，如图 9.2 所示，input.html 页面中的代码，代码中的 user.userName 等表单字段名就是 OGNL 表达式，对应于动作对象的属性 user 对象中的 userName 属性。在 Struts 框架中，使用 OGNL 表达式实现表单字段名映射到动作对象的属性上，通过 OGNL 表达式实现数据进入框架，实现了数据从框架中流入。

那么，数据是怎么从框架中流出的？在动作完成自身的业务、调用业务逻辑、做数据操作之后，最终某个结果会触发，它会向用户呈现一个新的应用程序视图。在处理请求过程中，数据对象会保留在 ValueStack 上，ValueStack 用来贯穿框架的不同区域查看数据模型。当呈现结果时，通过标签中的 OGNL 表达式语言访问 ValueStack。这些标签会通过使用 OGNL 表达式从 ValueStack 中取得特定数据值，如图 9.2 所示，结果由 result.jsp 呈现。

数据流入框架时，由 HTTP 请求字符串参数转换到 Java 的数据类型，数据流出框架时，Java 类型数据转换成字符串，用于在页面中显示文本内容。数据在转移过程中，数据的类型需要转换，如年龄从 String 转换成 int，出生日期从 String 转换成 Date 型，或其他更复杂的数据类型，如 Map、List 等。在数据移动过程中，数据类型转换是由 Struts 2 框架自动完成的，无须开发者编写程序代码。Struts 2 提供了内建类型转换器，实现了字符串类型和如下类型之间的转换。

boolean 和 Boolean，true 和 false 字符串与布尔类型之间的转换。

char 和 Character，实现字符与字符串之间的转换。

long/Float、long/Long、double/Double，数值与字符串类型之间的转换。

Date：字符串与日期 Date 类型之间的转换。

Array：每一个字符串元素转换为数组类型的一个元素。

Map：使用 String 填充。

List：使用 String 填充。

Struts 2 的内建类型转换器可以完成大多数用户的类型转换，无须开发者创建自己的类型转换器。Struts 2 框架也同时支持用户自定义类型转换器，由于篇幅原因，这里不再做详细介绍。

上面介绍了基于 Struts 2 框架，在数据转移过程中数据是怎样流入框架和数据流出框架的，在数据的流入和流出中，数据的类型实现了自动转换。在数据转移中，离不开 OGNL 技术的支持，下面是关于 OGNL 的介绍。

9.3.2　OGNL 表达式语言

OGNL(Object-Graph Navigation，对象图导航语言)是一种强大的技术，被集成在 Struts 2 框架中，是 Struts 2 的默认表达式语言。它可以用于 JSP 的标签库中，以便能够方便地访问各种对象的属性，也可以用于页面将参数传递到 Action(并进行类型转换)中，还可以用于 Java 代码中和 Struts 2 的配置文件中。

所谓对象图，即以任意一个对象为根，通过 OGNL 可以访问与这个对象关联的其他对象。例如，一个 User 对象，包含一个 Group 对象属性，而 Group 对象包含 Org 属性，Org 对象包含 orgId，如果访问 User 对象中的 orgId 值，Java 代码写成：

```
String orgId = user.getGroup().getOrg().getOrgid();
```

利用 OGNL 表达式的代码写成：

```
String orgId = (String)Ognl.getValue("group.org.orgId", user);
```

Ognl.getValue()方法中的第一个参数就是 OGNL 表达式，第二个参数是指定在表达式中需要用到的 root 对象。

如图 9.1 所示，请求参数 user.userName、user.age 都是 OGNL 表达式，在结果显示页面代码<s:property value="user.userName">中，user.userName 是 OGNL 表达式。OGNL 表达式使用操作符#，#符号主要有以下三种用途。

(1) 访问非根对象，如#session.user.userName，在 Struts 中相当于 ActionContext.getContext()。

(2) 用于过滤集合，如 user.{? #user.age>20}。

(3) 用于集合操作，如#{key1:value1,key2:value2}。

此外，OGNL还允许通过某个规则取得集合中的子集。取得子集有如下三个操作符。

?——所有匹配选择逻辑的元素。

^——只提取符合选择逻辑的第一个元素。

$——只提取符合选择逻辑的最后一个元素。

学习OGNL，必须要掌握两个概念：表达式(expression)和上下文(context)。所谓上下文，就是指上下文环境，这里指的是ONGL表达式求值环境，求值环境不同，表达式运算结果不同。了解OGNL表达式后，必须学习Struts 2的OGNL上下文环境，只有这样才能很好地使用OGNL来处理应用数据。

9.3.3 ActionContext和ValueStack值栈

Struts 2的OGNL上下文环境(context)就是ActionContext。在Struts 2中，Action已经与Servlet API完全分离，但在实现业务逻辑处理时经常需要访问Servlet中的对象，如Session、Application等。Struts 2为Action执行提供了一个存放所有重要数据和资源的容器，这个容器就是ActionContext类，Action运行期间所用到的数据都保存在ActionContext中(如Session、客户端提交的参数等信息)，如图9.3所示ActionContext对象持有与一个Action相关的重要数据对象。

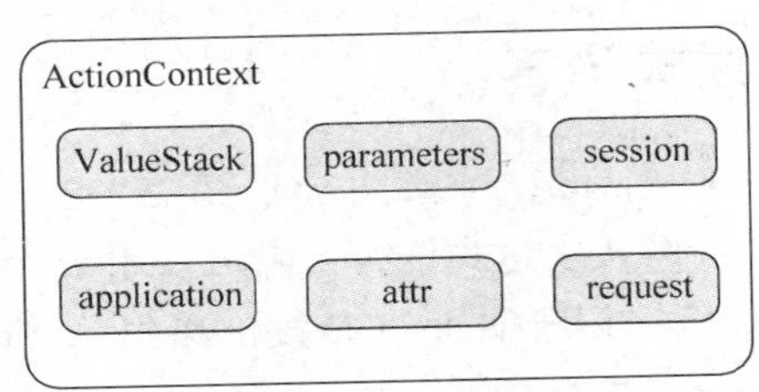

图9.3 ActionContext和它包含的对象

parameters对象是一个正在被处理的请求的相关参数映射，application对象是应用程序属性的映射，request对象和session对象是请求属性和会话属性的映射。这里的属性指的是Servlet API概念中的属性，在ActionContext中有对应的映射属性。attr对象是一个特殊的映射，它按照页面、请求、会话和应用顺序查找返回的第一个出现的属性。ValueStack对象是包含当前请求的应用程序特定领域的所有数据。

OGNL表达式的上下文环境就是ActionContext，使用OGNL表达式访问ActionContext中的对象的属性就变得容易了，语法格式：

```
#session.userName 或 #session['userName']
#request.userName 或 #request['userName']
#session.user.userName 或 #session['user'].userName，其中 user 是对象，userName 是属性
```

OGNL表达式通过表达式语言的#操作符和命名对象直接与ActionContext中的对象映射。#操作符告诉OGNL表达式使用位于上下文中的命名对象作为初始对象来解析表达式的剩余部分。

每一个OGNL表达式的解析需要一个根对象，有了根对象，才知道从哪里开始解析。例如下面一个OGNL表达式：

```
user.account.balance
```

这个表达式是指向 user 对象的 account 对象的 balance 属性，那么 user 对象在哪里？user 对象的定位依赖于一个根对象，因此必须定义一个根对象。每次解析 OGNL 表达式，都需要先基于那个根对象来解析表达式。在 Struts 2 中，每次解析表达式，必须从 ActionContext 包含的对象中选择根对象。默认情况下，如果没有明确指定根对象，所有的 OGNL 表达式都使用 ValueStack 作为根对象来解析。OGNL Context 的根对象如图 9.4 所示。

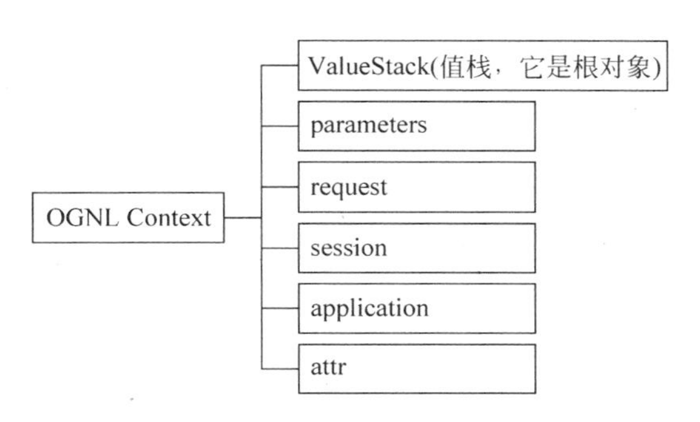

图 9.4 OGNL Context 的根对象

如果要访问根对象（即 ValueStack）中对象的属性，则可以省略 #，直接访问该对象的属性即可，如表达式：user.account.balance，user 是 ValueStack 对象中的属性，省略了 # 操作符。

作为 ActionContext 的根对象，ValueStack 对象中的所有属性都可以使用简便的表达式来访问。理解 ValueStack 的工作原理是理解 Struts 2 数据转移的关键，下面详细介绍一下 ValueStack 对象。

ValueStack 对象是一大堆对象的集合，也称虚拟对象。所谓虚拟，就是它能够把包含对象的属性像自己的属性一样提供出。当 Struts 2 接收到一个请求时，它立即创建一个 ActionContext 对象、一个 ValueStack 对象、一个 Action 对象，作为应用程序的数据承载者，Action 对象马上被放到 ValueStack 中，以便框架可以通过 OGNL 访问它的属性。当 OGNL 表达式从 ValueStack 上解析数据时，它作为一个对象，包含所有 Action 对象的所有属性。

ValueStack 类的 setValue 和 findValue 方法可以设置和获得 Action 对象的属性值。Struts 2 中的某些拦截器正是通过 ValueStack 类的 setValue 方法来修改 Action 类的属性值的。如 params 拦截器获得请求参数值后，会使用 setValue 方法设置相应的 Action 类的属性。从这一点可以看出，ValueStack 对象就像一个传送带，当客户端请求 Action 时，Struts 2 在创建相应 Action 对象后就将 Action 对象放到了 ValueStack 传送带上，然后 ValueStack 传送带会带着 Action 对象经过若干拦截器，在每一拦截器中都可以通过 ValueStack 对象设置和获得 Action 对象中的属性值。实际上，这些拦截器就相当于流水线作业。如果要对 Action 对象进行某项加工，再加一个拦截器即可，当不需要进行这项工作时，直接将该拦截器去掉即可。

如果不同的 Action 对象中包括具有相同名称的属性，这些 Action 对象被存放到

ValueStack 对象中，ValueStack 对象中就会出现相同名称的属性，ValueStack 值栈下面的属性会被上面的同名属性覆盖，当使用 OGNL 表达式访问这个名称属性时，得到的值是最后入栈的属性值。

9.3.4 OGNL 表达式语言应用举例

下面通过用户注册的例子，说明 OGNL 表达式在页面中怎样传递参数，在 JSP 页面中标签怎样使用，以及在上下文环境中怎样获取业务数据。

定义用户类 com.ch09.bean.User：

```
import java.util.Date;
public class User {
private String userName = "cc";
private String password;
private int age;
private Date birth;
public String getUserName() {   return userName; }
public void setUserName(String userName) {   this.userName = userName; }
public String getPassword() {   return password; }
public void setPassword(String password) { this.password = password; }
public int getAge() { return age; }
public void setAge(int age) { this.age = age; }
public Date getBirth() { return birth; }
public void setBirth(Date birth) { this.birth = birth; }
  }
```

定义用户注册 Action 类：com.ch09.action.RegistAction.java

```
  public class RegistAction extends ActionSupport{
        private User user = null;
        public User getUser() { return user;     }
        public void setUser(User user) { this.user = user; }
        public String execute() throws Exception{
          ActionContext ctx = ActionContext.getContext(); //获取上下文对象
          Map session = ctx.getSession();                 //从上下文对象中获取 session 对象
          session.put("user", user);                      //登录信息保存在 session 中
          ValueStack vs = ctx.getValueStack();          //从上下文对象中获取 ValueStack 根对象
          User user2 = new User();
          user2.setUserName("vstest");
          vs.set("user2", user2);                         //ValueStack 根对象中存放对象 user2
          return "success";
    }
  }
```

Action 类中的属性只有一个 User 对象，同时定义了 set 和 get 方法。在动作方法 execute 中，实现了从上下文 ActionContex 中获取到 session，然后把用户对象放置到 session 中，同时测试了往 ValueStack 值栈中存放了 user2 对象。

注册页面/exm_09/reg.jsp 代码片段：

```
<form method="POST" action="../test/regaction.action">
    <s:fielderror/>
    <p>用户名：<input type="text" name="user.userName" size="20"></p>
    <p>密码：<input type="text" name="user.password" size="20"></p>
    <p>年龄：<input type="text" name="user.age" size="20"></p>
    <p>出生日期：<input type="text" name="user.birth" size="20"></p>
    <p><input type="submit" value="提交"><input type="reset" value="全部重写"></p>
</form>
```

在注册页面中，表单字段名使用 OGNL 表达式，如用户名 user.userName，直接与 User 对象的 userName 属性关联起来，有助于数据的转移和类型转。User 对象有 4 个属性，表单字段名使用 OGNL 表达式与之对应起来。

输出结果页面/exm_09/regSuccess.jsp：

```
<%@ page language="java" import="java.util.*" pageEncoding="GBK"%>
<%@ taglib prefix="s" uri="/struts-tags" %>
<!DOCTYPE HTML PUBLIC "-//W3C//DTD HTML 4.01 Transitional//EN">
<html>
      <body>
      恭喜你注册成功：<br>
      <s:property value="user.userName"/>注：从 ValueStack 中根对象输出 user 对象属性<br>
      <s:property value="user.birth"/>注：从 ValueStack 根对象输出 user 对象属性<br>
      <s:property value="user2.userName"/>注：从 ValueStack 根对象输出 user2 对象的属性<br>
      <s:property value="#request.user.userName"/>注：ActionContext 中的 request 对象输出
<br>
      <s:property value="#request.user.password"/>注：ActionContext 中的 request 对象输出
<br>
      <s:property value="#session.user.userName"/>注：session.user.userName 输出<br>
      <s:property value="#session['user'].userName"/>注：session['user'].userName 输出<br>
      <s:property value="#session.user"/>注：session.user 输出对象值<br>
      ${user.userName} 注：EL 输出 ${user.userName}<br>
    </body>
</html>
```

在显示结果中，通过标签<s:property value="name"/>方式输出数据，其中 name 可以使用 OGNL 表达式。从 RegistAction.java 代码中，可以知道在注册页面提交后，在 ValueStack 对象中有两个属性，一个是 user 对象，当 RegistAction 对象被添加到值栈中时生成的，另一个是 user2 对象，是直接操作值栈添加进去的。使用标签<s:property value="user.userName"/>直接从 ValueStack 中输出 user 对象的属性 userName 值，<s:property value="user.birth"/>输出 user 对象的 birth 值。使用<s:property value="user2.userName"/>从 ValueStack 中输出 user2 对象的 userName 值。user 对象和 user2 对象存在于 ValueStack 中，ValueStack 是上下文环境的根对象，所以在访问时，OGNL 的表达式不需要"#"操作符。当访问非根对象时，需要加上"#"操作。如访问上下文中的 request、session 对象时，需要写成<s:property value="#request.user.userName"/>、<s:property value="#session.user.userName"/>，也可以写成<s:property value="#session['user'].userName"/>。

在访问根对象 ValueStack 时，也可以使用 EL，如 ${user. userName}，直接输出根对象中的数据。

struts. xml 配置文件片段：

```
<xml version = "1.0" encoding = "UTF - 8">
  …
<struts>
    <package name = "default" namespace = "/test" extends = "struts - default">
    …
        <action name = "regaction"
              class = "com.ch09.action.RegistAction" method = "execute">
              <result name = "success" >/exm_09/regSuccess.jsp </result>
              <result name = "input" >/exm_09/reg.jsp </result>
    </action>
  </package>
</struts>
```

运行结果：访问注册页面 reg. jsp，输入数据，如图 9.5 所示。

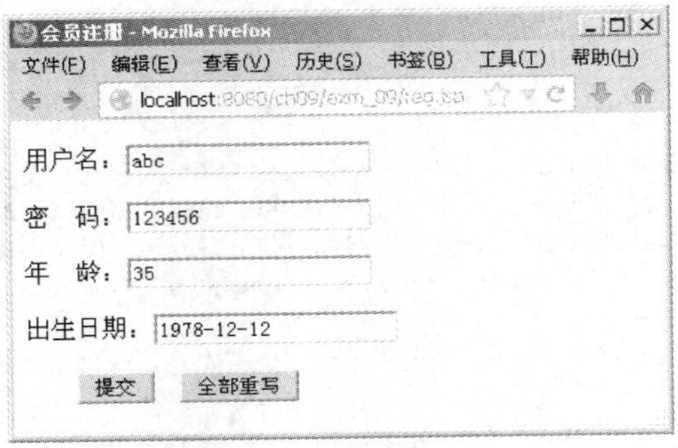

图 9.5 reg. jsp 注册页面

返回到注册成功页面 regSuccess. jsp，页面显示了从 ValueStack 值栈中获取到的数据，如图 9.6 所示。

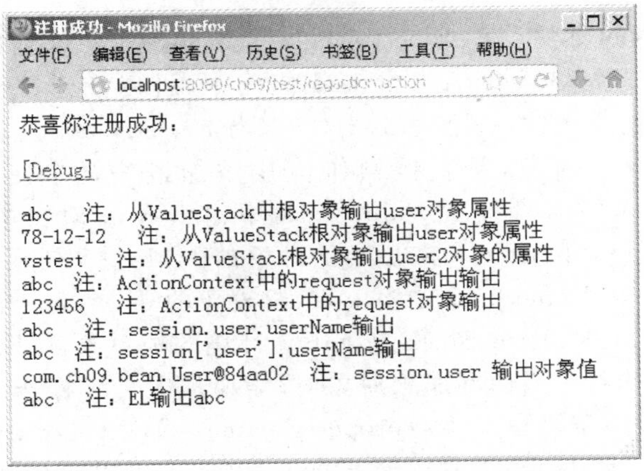

图 9.6 regSuccess. jsp 显示结果

9.4 Struts 2 标签库

对于一个 MVC 框架而言，重点是实现两个部分：控制器和视图部分。Struts 2 框架的控制器部分是由 Action（及隐藏的系列拦截器）来提供支持，而视图部分是通过大量的标签来提供支持。Struts 2 标签库大大简化了数据的输出，也提供了大量标签来生成页面效果。

在 JSP 规范中，指定了一个标准的标签库，就是 JSTL（JSP Standard Tag Library），即 JSP 的标准标签库。通过使用 JSTL 标签库，可以避免在 JSP 页面中使用 Java 脚本，简化了 JSP 开发，提高了代码的重用性。

Struts 2 标签库的标签不依赖于任何表现层技术，可以在各种表现层技术中使用，包括常用的 JSP 页面，也可以在 Velocity 和 FreeMarker 等模板技术中使用。

9.4.1 标签库分类

打开 Struts2-core-2. x. x. jar 文件，在压缩包的 META-INF 路径下找到 struts-tags. tld 文件，这就是 Struts 2 的标签库定义文件。尽管把所有的标签都定义在 URI 为“/struts-tags”的命名空间下，根据标签的功能，把 Struts 2 的标签库分为如下几类。

(1) UI 标签：主要用于 HTML 元素的标签。

(2) AJAX 标签：用于 AJAX 支持的标签。

(3) 表单标签：主要用于生成 HTML 页面的 form 表单元素，以及普通表单元素的标签。

(4) 非表单标签：非表单标签主要用于生成页面上的树、Tab 页等标签。

(5) 流程控制标签：实现分支、循环等控制流程的标签。

(6) 数据访问标签：输出 valueStack 中的值，完成国际化等功能的标签。

9.4.2 控制标签

Struts 2 的非 UI 标签包括控制标签和数据标签，主要完成流程控制，以及对 ValueStack 的控制。数据标签主要用于访问 ValueStack 中的数据；控制标签可以完成输出流程控制，例如分支、循环等操作，也可以完成对集合的合并、排序等操作，控制标签有如下 9 个。

if：用于判断是否需要输出的标签。

elseif：与 if 标签结合使用，用于判断是否需要输出的标签。

else：与 if 标签结合使用，用于判断是否需要输出的标签。

append：用于将多个集合并成一个新集合。

generator：一个字符串解析器，将一个字符串解析成集合。

iterator：迭代器标签，用于将集合迭代输出。

merge：将多个集合并成一个新集合。

sort：对集合进行排序。

subset：截取结合的部分元素，形成新的集合。

1. 选择标签 if…elseif…else

语法格式如下：

```
<s:if test="表达式">标签体</s:if>
<s:elseif test="表达式">标签体</s:elseif>
<s:else test="表达式">标签体</s:else>
```

标签使用了 test 作为测试体，实际上，上面的 if/elseif/else 三个标签组合，对应了 Java 语言里的分支结构。<s:if …/>标签可以单独使用，也可以与<s:elseif…/>结合使用。

```
<%! Random rnd = new Random(); %>
 <% int n = rnd.nextInt(200);
 pageContext.setAttribute("n", n); %>
 <s:if test="#attr.n % 7 == 0">恭喜,您中了一等奖! </s:if>
 <s:elseif test="#attr.n % 5 == 0">恭喜,您中了二等奖! </s:elseif>
 <s:else>欢迎惠顾! </s:else>
```

上面的代码中，页面根据随机生成的值来控制输出。当 n 是 7 的整数倍时，判断条件成立，<s:if…>标签体内容显示在页面上，当 n 是 5 的整数倍时，<s:elseif…>标签体内容显示在页面上，如果 n 是其他值时，页面显示“欢迎惠顾!”。在判断条件中，使用了 OGNL 表达式，用来获取上下文中 attr 对象的属性。刷新页面，每次看到的页面内容不同。

2. 迭代标签 iterator

迭代器标签在页面中经常使用，主要用于对集合对象进行迭代操作。用于循环数组、List 对象遍历和 Map 对象迭代输出等。使用迭代标签<s:iterator…/>对集合进行迭代输出时，可以指定如下三个属性。

value：是一个可选属性，用来指定被迭代的集合，如数组、集合或 Map。

var：可选属性，指定将正在迭代的集合元素以该名称放入 ActionContext 中。

status：可选属性，该属性指定将代表迭代对象的 IteratorStatus 实例以该名称存入 Stack Context 中，通过该实例即可判断当前迭代元素的属性。例如是否为最后一个，以及当前元素的状态 index，count，even，odd，first，last。

begin：指定从该索引值开始迭代元素。

end：指定迭代到该索引值元素为止。

例如遍历 List，创建一个 BookAction 类，包含一个 List 属性 books，如以下代码所示。

```
public class BookAction {
   List<Book> books;
   public List<Book> getBooks() {return books;}
   public String execute(){      books = new ArrayList<Book>();
       books.add(new Book("1","jsp 教程",22.5));
       books.add(new Book("2","Thinking java",99.5));
       return "success";     }
```

当上面的 BookAction 被请求后，可以用 iterator 标签页面获取 books 对象中的数据，页面代码如下。

```
<s:iterator value="books" var="book">
    <s:property value="#book.id"/>
    <s:property value="#book.name"/>
    <s:property value="#book.price"/><br>
</s:iterator>
<s:iterator value="books.{?price>35}">
    <s:property value="name"/>
    <s:property value="price" /><br>
</s:iterator>
<s:iterator value="#{1:'中国', 2:'美国', 3: '日本'}" var="cur">
    <s:property value="#cur.key"/>
    <s:property value="#cur.value"/><br/>
</s:iterator>
```

通过标签<s:iterator…/>遍历 books 对象的值，由于 books 对象是 ValueStack 的属性，所以代码 value="books"不能写成 value="#books"，var 指定的元素放置在 ActionContext 中，所以在<s:property value="#book.id"/>中，必须包含#号。<s:iterator…/>也可以遍历 Map 对象，如以上代码所示。

3. 合并标签 append

append 标签多用于将多个集合对象合并起来，组成一个新的集合。<s:append…/>需要指定一个 var 属性，该属性指定将拼接生成的新集合以该名称放入 Stack Context 中。此外，<s:append…/>可以接受多个<s:param…/>子标签，每个子标签指定一个集合，<s:append…/>标签将这些子标签指定的多个集合拼接在一起。

```
<s:append var="newList">
<s:param value="{'abc','123','二三'}"/>
<s:param value="{'ognl','jstl','velocity'}"/>
</s:append>
<s:iterator value="newList" status="st">
    <s:property value="#st.count"/>
    <s:property /><br>
</s:iterator>
```

上面的代码用于将两个 List 集合合并成一个新的 List 对象。

9.4.3 数据访问标签

数据标签主要用于提供各种数据访问相关功能，包含显示一个 Action 里的属性，以及生成国际化输出等功能。数据访问标签包含如下几个。

action：用于在 JSP 页面直接调用一个 action，并且可以获得 Action 执行后返回的结果。

bean：该标签用于创建一个 JavaBean 实例。如果指定了 id 属性，可以将创建的 JavaBean 实例放入 Stack Context 中。

date：格式化输出一个日期。

debug：在页面上生成一个调试链接，单击该链接，可以看到当前 ValueStack 和 Stack Context 中的内容。

i18n：用于指定国际化资源文件。

include：用于在 JSP 页面中包含其他 JSP 或 Servlet 资源。

param：用于设置一个参数，通常是用于其他标签的子标签。

push：将某个值放入 ValueStack 的栈顶。

set：设置一个新变量，将变量放入指定范围。

url：用于生成一个 url 地址。

property：输出 ValueStack，Stack Content，ActionContext 中的值。

下面依次介绍这些数据标签。

1. action 标签

executeResult：可选属性，为一个 Boolean 类型值，用来指定是否显示 action 的执行结果，默认值为 false，即不显示。

id：可选属性，用来引用该 action 的标识。

name：必填属性，用来指定调用哪个 action，此名称和 struts. xml 中配置的 action 名称相同。

namespace：可选属性，用来指定该标签调用的 action 所在的命名空间。

ignoreContextParams：可选属性，用来指定该页面中的请求参数是否需要传入调用的 action，默认值为 false，即将本页面的请求参数传入被调用的 action。

下面是 action 标签代码：

```
< s:action name = "bookaction" executeResult = "true"/>
```

标签中的 name 值“bookaction”是 struts. xml 中配置的 Action 名称，Action 的 class 文件是 BookAction，代码可参考 iterator 标签举例中代码。当 action 标签执行后，页面显示的结果是 bookaction 的 Action 执行返回的结果内容。

2. bean 标签

bean 标签用于创建一个 JavaBean 实例。在创建实例时，可以使用＜param…/＞标签传入属性值。name 属性用来指定实例的实现类，属性 id 是可选项，用作该实例的引用。

```
< s:bean name = "com.ch09.tag.Book" id = "book">
< s:param name = "name" value = "Java 教程">
< s:param name = "price" value = "65.0">
< s:bean >
```

3. date 标签

date 标签用于格式化输出一个日期。除了可以直接格式化输出一个日期外，date 标签还可以计算指定日期和当前时刻之间的时差。

format：可选属性，指定格式化日期的格式。

name：必填属性，用来指定要格式化的日期。

下面是 date 标签使用的代码例子。

```
<%
   pageContext.setAttribute("date", new Date());
  %>
  <s:date name="#attr.date" format="yyyy年MM月dd日 HH时mm分ss秒"/>
```

4. debug 标签

主要用于辅助调试，它在页面上生成一个超级链接，通过该链接可以查看到 ValueStack 和 Stack Context 中所有的值信息。debug 标签在调试页面程序时，非常有用。如图 9.7 所示为使用 debug 标签的一个例子。

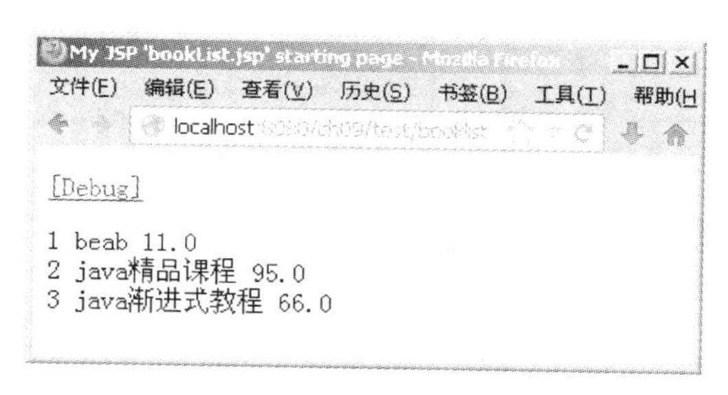

图 9.7　使用 debug 标签

9.4.4 表单标签

1. <s:checkboxlist>标签

checkboxlist 标签可以一次创建多个复选框，用于一次性生成多个 HTML 标签中的<input type="checkbox"…/>，它根据 list 属性指定的集合来生成多个复选框。因此使用该标签指定一个 list 属性，其他属性属于通用属性，此处不做详细讲解。下面是使用 checkboxlist 标签的代码。

```
<s:checkboxlist name="list" list="{'Java','.Net','RoR','PHP'}" value="{'Java','.Net'}"/>
在标签中使用 list 属性，来定义一个集合，value 定义已选定值，生成如下 HTML 代码：
<input type="checkbox" name="list" value="Java" checked="checked"/><label>Java</label>
<input type="checkbox" name="list" value=".Net" checked="checked"/><label>.Net</label>
<input type="checkbox" name="list" value="RoR"/><label>RoR</label>
<input type="checkbox" name="list" value="PHP"/><label>PHP</label>
```

如果集合为一个 Map，代码可以写成：

```
<s:checkboxlist name="map" list="#{1:'瑜伽用品',2:'户外用品',3:'球类',4:'自行车'}"
listKey="key" listValue="value" value="{1,2,3}"/>
```

用 listKey 属性指定集合中的某个属性，作为复选框的 value，listValue 属性指定集合中的某个属性作为复选框的标签，上面标签代码生成如下 HTML 代码。

```
<input type="checkbox" name="map" value="1" checked="checked"/><label>瑜伽用品</label>
<input type="checkbox" name="map" value="2" checked="checked"/><label>户外用品</label>
<input type="checkbox" name="map" value="3" checked="checked"/><label>球类</label>
<input type="checkbox" name="map" value="4"/><label>自行车</label>
```

当集合类对象存放在 Stack Context 中，对象是 List 类型，可以写成如下代码：

```
<s:checkboxlist name="beans" list="#request.books" listKey="id" listValue="name"/>
```

2. radio、select 标签

该标签的使用和 checkboxlist 相同。

```
<s:radio name="beans" list="#request.books" listKey="id" listValue="name"/>
```

生成如下 HTML 代码：

```
<input type="radio" name="beans" value="1"/><label>jsp 教程</label>
<input type="radio" name="beans" value="2"/><label>Java 基础</label>
```

如果设定已选项，可以写成：

```
<s:radio name="list" list="{'Java','.Net'}" value="'Java'"/>
```

生成如下 HTML 代码：

```
<input type="radio" name="list" checked="checked" value="Java"/><label>Java</label>
<input type="radio" name="list" value=".Net"/><label>.Net</label>
```

如果集合为 list，使用下拉式表单，可以使用 select 标签，代码如下：

```
<s:select name="map" list="#{1:'瑜伽用品',2:'户外用品',3:'球类',4:'自行车'}" listKey=
"key" listValue="value" value="1"/>
```

生成如下 HTML 代码：

```
<select name="map" id="map">
    <option value="1" selected="selected">瑜伽用品</option>
    <option value="2">户外用品</option>
    <option value="3">球类</option>
    <option value="4">自行车</option>
</select>
```

3. <s:doubleselect>标签

doubleselect 标签会生成一个级联列表框，当选择第一个下拉框时，第二个下拉框内容会随之改变。两个下拉框都需要指定选项，使用 list 属性来指定选项，用 set 标签来定义了一个 Map 对象，对象中的 value 都是一个集合，Map 对象的多个 key 创建第一个下拉列表框的列表项，而每个 key 对应的集合则用于创建第二个下拉列表框的列表项。代码如下。

```
<s:form action = "store" >
        <s:set name = "foobar" value = "#{'Java': {'Spring', 'Hibernate', 'Struts 2'}, '.
Net': {'Linq', ' ASP.NET 2.0'}, 'Database': {'Oracle', 'SQL Server', 'DB2', 'MySQL'}}" />
        <s:doubleselect list = "#foobar.keySet()" doubleName = "technology" doubleList
= "#foobar[top]" label = "Technology" />
</s:form>
```

4. <s:optiontransferselect/>

optiontransferselect 标签可以生成两个并列的下拉列表框，属性和 doubleselect 标签类似，以下是一个典型的语句。

```
<s:optiontransferselect label = "books" name = "books" leftTitle = "备选" rightTitle = "已选
择" list = "{'Java 语言','数据结构','c 语言'}" multiple = "true" headerKey = "headerKey"
headerValue = "请选择" emptyOption = "true" doubleList = "{'计算机组成原理','算法导论','操作
系统'}"doublename = "rightSide" doubleHeaderKey = "doubleHeaderKey" doubleHeaderValue = "请选
择" doubleEmptyOption = "true" doubleMultiple = "true"/>
```

5. <s:updownselect/>

updownselect 标签可以输出一个单选或多选的列表组件，其中的 list 属性就是列表的内容，例如：

```
<s:updownselect label = "books" name = "books" list = "{'Java 语言','数据结构','C 语言','计算机
组成原理','算法导论','操作系统'}" multiple = "true" headerKey = "-1" headerValue = "请选择"
emptyOption = "true" allowMoveDown = "true" allowSelectAll = "true" moveUpLabel = "上移"
moveDownLabel = "下移" selectAllLabel = "全选"/>
```

以上代码会显示可多选的列表组件，如果不想添加多选选项，只需要修改属性中的 allowSelectAll 属性即可。

6. <s:token />

<s:token />标签防止重复提交，用法如下。

第一步：在表单中加入<s:token />。

```
<s:form action = "helloworld_other" method = "post" namespace = "/test">
    <s:textfield name = "person.name"/><s:token/><s:submit/>
</s:form>
```

第二步：

```
<action name="helloworld_*" class="cn.itcast.action.HelloWorldAction" method="{1}">
    <interceptor-ref name="defaultStack" />
    <interceptor-ref name="token" />
    <result name="invalid.token">/WEB-INF/page/message.jsp</result>
    <result>/WEB-INF/page/result.jsp</result>
</action>
```

以上配置加入了 token 拦截器和 invalid.token 结果，因为 token 拦截器在会话的 token 与请求的 token 不一致时，将会直接返回 invalid.token 结果。

习题

1. 简述拦截器、拦截器栈的概念。
2. 拦截器是怎样体现面向切面(AOP)编程思想的？
3. 自定义拦截器时，需要实现哪个接口和哪些方法？ActionInvocation.invoke()方法的作用是什么？
4. 怎样配置自定义拦截器？
5. 列举你最熟悉的内建拦截器，并说明其作用。
6. Struts 2 支持哪几种输入校验？
7. 怎样对 Action 中指定的方法做输入校验？
8. Struts 2 常用的内建校验器有哪些？
9. 简述输入校验流程的步骤。
10. 用户登录表单中包括用户名和密码，在使用 Struts 2 内建校验器进行输入校验时，会用到哪些校验器？
11. OGNL 表达式中，user.{? #user.age>20}的含义是什么？
12. 学生用户对象(User user)中包含班级属性对象(Classes classes)，班级对象中包含学院属性对象(Depart depart)，学院对象中包括学院编码(String departId)和学院名称(String departName)，在 Java 代码中，根据学生用户对象要获得该学生所在的学院 Id，表达式怎么写？用 OGNL 表达式怎么写？
13. Struts 2 中的 ActionContext 环境中包含哪些对象？其中哪个对象属于根对象？
14. ValueStack 称为虚拟对象，含义是什么？怎样访问 ValueStack 对象中的对象属性？
15. 用户自定义一个 UserAction 类，类中包含一个 User user 属性对象，User 中包含 String userName 属性，使用标签获取并显示 userName 值。
16. 迭代器标签<s:iterator…/>中定义了哪些属性？含义是什么？举例说明。

第10章 网上书店系统

第8章和第9章详细介绍了Struts 2框架技术，本章将带领读者进行实际项目的开发。网上书店系统项目来自于实际应用，是本教程中运用Struts 2框架技术开发的一个实训项目。本章将全面介绍网上书店的开发流程，包括需求分析、系统设计、编码实现等工作。

10.1 项目简介与需求分析

网上书店是一种流行的电子商务平台，是一种高质量、更快捷、更方便的购书方式。网上书店不仅可用于图书的在线销售，也有音碟、影碟的在线销售。网上书店除了有图书管理、分类和销售功能外，同时还具有电子商务网站的共性功能，如会员管理、商品管理、购物车、订单管理等功能。以网上书店作为一个实践开发项目，对学习者具有普遍意义。

一般来说，网上书店具有如下基本功能。

1. 用户功能

用户访问网上书店，一般要进行以下功能操作。

1）用户注册

用户通过注册成为会员，本系统主要收集用户信息有：用户名、口令、真实地址、邮政编码、联系方式、电子邮箱等。系统能够通过电子邮件给用户发送订单处理信息、广告信息等，用户能够通过电子邮箱取回遗忘的口令。

2）用户登录

用户登录到系统后，可查阅和修改个人信息、查看订单、生成订单。

3）图书查询

图书查询有多种方式，包括通过图书分类、作者、书号、出版社等关键字查询，也可以根据书名关键字进行模糊查询。

4）购物车管理

用户把选中的图书放入购物车，并可随时查看和修改购物车的信息。

5）订单生成

用户根据当前购物车中的信息生成订单。

6）订单查看

用户登录后，可以查看自己所有的订单信息。

2. 管理员功能

管理员操作主要是通过后台管理界面进行操作，基本操作如下。

1）订单管理

订单管理包括查阅未处理订单、删除过期无效订单、接收书款并修改订单状态、打印配货单、打印发货单等。

2）图书信息管理

主要包括图书分类、图书信息录入、修改、删除、查询等。

3）用户信息管理

包括对用户信息的查看、修改、删除等。

以上是从用户角色的角度，来分析网上书店系统具有的功能。

10.2 系统设计

根据对网上书店功能需求的分析，对系统进行概要设计和详细设计，本节针对系统进行数据库设计和业务逻辑分析设计。

10.2.1 数据库设计

本系统使用的数据库系统是 MySQL 5.0，数据库编码采用 UTF-8，数据库名为 bks，数据库导出脚本文件名为 bks.sql。在数据库 bsk 下，共有 5 张数据库表，分别为：bks_book（图书信息表）、bks_car（购物车表）、bks_order（订单表）、bks_orddetail（订单详情表）、bks_user（用户表）。

1. 图书信息表

图书信息表包括与图书相关信息的 8 个字段，其中图书编号是主键，详细表结构如表 10.1 所示。

表 10.1 bks_book（图书信息表）

序号	字 段 名	字 段 类 型	备 注
1	book_id	varchar(128)	图书编号，PK
2	book_name	varchar(128)	书名，NOT NULL
3	book_author	varchar(128)	作者，NOT NULL
4	book_publish	varchar(128)	出版社，NOT NULL
5	book_des	varchar(1024)	详情，NOT NULL
6	book_price	double	售价，DEFAULT NULL
7	book_index	char(1)	是否推荐首页，NOT NULL
8	book_num	varchar(255)	图片数量，NOT NULL
9	book_isbn	varchar(255)	图书 ISBN 码，NOT NULL
10	book_picture	varchar(255)	图片文件路径及名称

表中的备注字段中，PK 表示是主键，NOT NULL 表示该字段不允许为空。

2. 购物车表

用于保存用户的购物车信息，使在一定时间范围内购物车信息有效，详细表结构如表 10.2 所示。

表 10.2　bks_car（购物车表）

序号	字　段　名	字段类型	备　　注
1	car_bookId	varchar(255)	书号，与 car_userId 联合主键
2	car_userId	varchar(128)	用户编号，PK
3	book_count	int	书的数量，NOT NULL

表中字段 car_bookId 和字段 car_userId 构成联合主键，用于记录用户添加在购物车的图书信息编号和数量。

3. 订单表

订单表包括用户下订单的信息，及订单状态信息，其中订单编号是主键，如表 10.3 所示。

表 10.3　bks_order（订单表）

序号	字　段　名	字段类型	备　　注
1	ord_id	varchar(255)	订单编号，PK
2	ord_user	varchar(128)	编号，NOT NULL
3	ord_price	double	此订单总价，NOT NULL
4	ord_time	datetime	订单生成时间，NOT NULL
5	ord_sendstatus	char(1)	订单状态，NOT NULL
6	ord_paystatus	char(1)	付款状态，NOT NULL

4. 订单详情表

订单详细信息主要包括订单中的图书信息，订单编号和图书编号构成联合主键，如表 10.4 所示。

表 10.4　bks_orddetail（订单详情表）

序号	字　段　名	字段类型	备　　注
1	ord_id	varchar(255)	订单编号与 de_bookId 联合主键
2	de_bookId	varchar(255)	图书编号
3	de_bookNum	int	此订单内某本书的数量，NOT NULL

5. 用户表

用户信息表包括 ID、用户名、密码、姓名、联系方式等信息，其中 user_id 是主键，如

表 10.5 所示。

表 10.5 bks_user(用户表)

序号	字 段 名	字段类型	备 注
1	user_id	varchar(255)	用户编号,PK
2	user_name	varchar(255)	用户名,用于登录,UK
3	p_name	varchar(255)	用户姓名
4	password	varchar(128)	用户密码,NOT NULL
5	sex	varchar(8)	性别
6	address	varchar(255)	地址,NOT NULL
7	email	varchar(255)	电子邮件地址
8	phone_number	varchar(32)	手机号码,NOT NULL
9	user_type	char(1)	用户类型,NOT NULL
10	user_status	char(1)	用户状态,分为两种:正常和锁定,NOT NULL
11	memo	varchar(255)	备注

10.2.2 业务逻辑分析

根据系统功能需求的描述,从系统角色的角度分析了系统应该具有哪些功能。通过对这些角色功能的分析,系统可以划分成 5 个功能模块,即用户管理模块、图书管理模块、购物车模块、图书购买模块、订单管理模块。

各模块详细业务逻辑如下。

(1) 用户管理模块:用户注册与登录基本与 BBS 系统相同。在用户注册时增加了用户密码加密码功能,用户登录时增加验证码功能。

(2) 图书管理模块:包括图书上架即增加图书、图书信息修改、图书查询、图书信息删除。增加图书中除了添加图书的常规信息外,还需要上传图书封面图片功能。修改图书信息中也应该包含图书封面图片上传功能。

(3) 购物车模块:当用户登录系统时,用户的购物车信息存入到系统数据库表中,方便用户在不同计算机、不同时段登录系统时,都能查看自己的购物车信息,如果用户没有登录,则购物车信息只存入客户端浏览器的 cookies 中。用户可以往购物车中添加图书,也可以删除图书,同时可以修改图书的数量。

(4) 图书购买模块:当用户购买图书时,就是对购物车中的图书购买、结账付款,当用户购买后,系统生成用户的订单,生成用户订单时,需要向数据库中的订单表和订单详细表分别添加记录。用户可以对订单付款,用户付款后,需要修改订单表中的付款状态 ord_paystatus 值。

(5) 订单管理模块:此处订单管理为管理员将订单发货状态改为发货,并在图书表中减少相应图书库存数量。

综合以上模块来看,网上书店比第 7 章介绍的 BBS 更为复杂,需要管理的信息也更多,另外添加了一些专业的概念术语,比如电子商务网站常用的“购物车”。事实上,每一个专用的信息系统都会有一些特殊的业务逻辑,能够正确理解系统的功能需求并实现软件系统业务逻辑,不仅需要有良好的编程习惯、软件开发技术经验,同时也要有相关领域的专业知识和分析问题、解决问题的能力。

10.3 数据库与项目创建

10.3.1 数据库创建

在 MySQL 上,创建数据库名为 bks,默认字符集为 UTF-8,根据数据库设计文档编写 SQL 脚本,以图书表 bks_book 为例编写 MySQL 脚本,如下所示。

```
CREATE TABLE 'bks_book' (
  'book_id'         varchar(128)      NOT NULL
  'book_isbn'       varchar(255)      NOT NULL
  'book_name'       varchar(128)      NOT NULL
  'book_author'     varchar(128)      NOT NULL
  'book_publish'    varchar(128)      NOT NULL
  'book_des'        varchar(512)      DEFAULT NULL
  'book_picture'    varchar(255)      DEFAULT NULL
  'book_index'      char(1)           NOT NULL
  'book_price'      double(255,0)     DEFAULT NULL
  'book_num'        int(11)           NOT NULL
  PRIMARY KEY     ('book_id')
) ENGINE = InnoDB DEFAULT CHARSET = utf8;
```

以上是 bks_book 表结构的创建脚本,读者可以参考脚本编写格式,编写其他 4 张表的 SQL 脚本。在创建好 SQL 脚本后,可以通过命令方式或客户端方式,运行 SQL 脚本,来创建数据库表。

在完成数据库之后,在 MyEclipse 中创建项目 bks,并搭建 Struts 2 开发环境(请参考附录 C),在创建完项目开发环境时,需要导入以下 jar 包:

```
commons - beanutils.jar
commons - collections - 3.1.jar
mysql - connector - java - 5.1.19 - bin.jar
```

10.3.2 项目创建

在编写代码之前,事先要规划好程序的类包结构和 Web 目录结构,使后续开发的程序文件各得其所,得到一个结构清晰的应用程序,方便后期的扩展和维护。对网上书店应用的源码包和 Web 程序目录作出以下的规划:在 src 中创建 com.psk 包,即本项目包,在项目包下分别创建 action、bean、dao、factory、util 包,包结构如图 10.1 所示。

下面分别说明各个包的含义。

```
bks
  src
    com.bks.action
    com.bks.bean
    com.bks.dao
    com.bks.dao.impl
    com.bks.factory
    com.bks.util
    struts.xml  1.4  (ASCII -kkv)
  JRE System Library [jdk1.6.0]
  J2EE 1.4 Libraries
  Referenced Libraries
  doc
  WebRoot
```

图 10.1 网上书店应用目录结构

(1) action 包：所有 Struts 的 Action 类放置于该包下。

(2) bean 包：所有的实体类都放置于该包下。

(3) dao 包：用于存放数据库访问的接口和实现类，dao 包下放接口，dao 下的 impl 包放数据库访问实现类。

(4) factory 包：工厂包，存放工厂类。

(5) util 包：工具包，存放系统中的工具类。

另外，在 src 目录下创建 Struts 2 的配置文件 struts. xml。

Web 目录结构相对简单，将大部分的 JSP 放置到 WebRoot 根目录下，如果项目的 JSP 文件数目很多，则可以在根目录下按功能模块划分多个子文件夹。一般的 Web 应用都会在根目录下创建 images、css、js、upload 等文件夹，分别放置图片、CSS、JS 的资源文件和上传文件。

10.4 关键模块代码实现

基本用户管理包括用户注册、用户登录，这里就不再详述。系统登录时用到验证码功能，在第 4 章中介绍了如何使用 Servlet 实现验证码，本章中是在 Struts 2 框架中使用验证码，详细用法请参见随书代码。

下面介绍系统中关键模块的代码实现。

10.4.1 数据库连接池

在实际应用开发中，特别是在 Web 应用系统中，使用 JDBC 直接访问数据库中的数据，每一次数据访问请求都必须经历建立数据库连接、打开数据库、存取数据和关闭数据库连接等步骤，而连接并打开数据库是一件既消耗资源又费时的工作，如果频繁发生这种数据库操作，系统的性能必然会急剧下降，甚至会导致数据库系统崩溃。数据库连接池技术是解决这个问题最常用的方法，在应用开发中，通常使用数据库连接池技术。

下面介绍使用 JDBC 2.0 中的 DataSource 实现数据库连接池，通过 JNDI 获得 DataSource 对象，用它来获得数据库连接。数据库配置信息在/bks/WebRoot/META-INF/context. xml 配置文件中，文件格式如下。

```
<Context reloadable = "true">
    <Resource name = "bks" auth = "Container" type = "javax.sql.DataSource"
     maxActive = "300" maxIdle = "50" maxWait = " - 1" username = "root" password = "mysql"
     driverClassName = "com.mysql.jdbc.Driver"
     url = "jdbc:mysql://127.0.0.1:3306/bks?characterEncoding = gbk" />
</Context>
```

在第 6 章中介绍了数据库连接类 DBUtil. java，在这里是使用 DataSource 来获得数据库连接，代码实现如下。

com. bks. util. DBUtil. java

```
private static Connection conn = null;
private static DataSource ds = null;
static {
try {
    Context ctx ctx = new InitialContext();
    ds = (DataSource) ctx.lookup("java:comp/env/bks");
} catch (NamingException e) {
   e.printStackTrace();}
}
/* 得到数据库连接 */
public static Connection getConnection() {
   try {
         conn = ds.getConnection();
         } catch (SQLException e) {
             e.printStackTrace();
         }
         return conn;
    }
```

关于数据库连接池的详细内容，请参阅附录C。

10.4.2 图书管理模块

图书管理模块中，主要包括与图书对应的JavaBean类、对图书操作的接口、对图书操作的实现类构成。图书JavaBean类为BookBean.java，包括的属性如下。

```
public static final int USER_INDEX = 1;         //推荐上首页
public static final int USER_UNINDEX = 0;       //不推荐上首页
private String bookId;                          //书号
private String bookName;                        //书名
private String bookAuthor;                      //作者
private String bookPublish;                     //出版社
private String bookDes;                         //详情
private double bookPrice;                       //书价
private int bookIndex;                          //是否推荐首页
private String bookPicture;                     //书图片名称
private int bookNum;                            //存货量
private String bookIsbn;                        //图书 ISBN
```

该类中定义了两个常量，用于定义推荐上首页（在首页中显示该图书）和不推荐上首页的值，其余10个属性是定义了与图书相关的属性信息，同时提供相应的get和set方法，用于属性值的设置和获取。

与BookBean相关的数据库访问接口类是BookDao.java接口，定义对图书的查询、增加、删除、修改等操作方法。

```
public interface BookDao {
  public boolean insert(BookBean book);                    //添加图书
```

```
    public List<BookBean> getBooksByName(String bookName);          //模糊查询书名
    public List<BookBean> getBooksByIsbn(String isbn);              //按照 ISBN 查询图书
    public List<BookBean> getIndexBooks();                          //查询首页推荐图书
    public BookBean getBookDetail(String bookid);                   //查询图书详情
    public boolean delete(String bookid);                           //删除图书
    public boolean update(String bookid,BookBean book);             //修改图书
    public boolean upindex(String bookid);                          //推荐图书
    public boolean unindex(String bookid);                          //取消推荐
    public BookBean checkIsbn(String bookIsbn);                     //检测书籍 ISBN 是否重复
    public List queryAll(int pageNow,i)
    }
```

对图书管理的实现类 BookDaoImp.java，实现 BookDao.java 接口。BookDaoImp.java 类实现接口中定义的全部方法，这里以 insert()方法(插入)为例，介绍对图书插入到数据库表中的代码实现，代码如下。

```
  public boolean insert(BookBean book) {
  boolean result = true
      try {
              String sql  =  "insert into bks_book(book_id,book_name,book_author,
              book_publish,book_des,book_price,book_index,book_num,
              book_picture,book_isbn) values(?,?,?,?,?,?,?,?,?,?)";
          Connection conn  =  DBUtil.getConnection();
          PreparedStatement st  =  conn.prepareStatement(sql);
              st.setString(1, book.getBookId());
              st.setString(2,book.getBookName() );
              st.setString(3, book.getBookAuthor());
              st.setString(4, book.getBookPublish());
              st.setString(5,book.getBookDes());
              st.setDouble(6,book.getBookPrice());
              st.setInt(7, book.getBookIndex());
              st.setInt(8, book.getBookNum());
              st.setString(9, book.getBookPicture());
              st.setString(10, book.getBookIsbn());
              st.executeUpdate();
      } catch (SQLException e) {
          result = false;
      e.printStackTrace();
  } finally {
              if (st != null) {st.close();}
              if (conn != null) {conn.close();}
  }
   return result;
  }
```

与图书管理相关的查询、删除、修改方法的代码实现与插入方法类似，这里不再详述。这里需要注意的是，在对数据库操作完毕后，一定要手动关闭 Connection 对象和 PreparedStatement 对象。调用 Connection 对象的 close 方法关闭连接，此处并没有将

Connection 关闭，只是将连接放回到连接池中。为了保证关闭成功，将关闭代码放置在 finally 中。

Dao 类只是实现了对数据库的基本操作，系统的业务处理逻辑及控制则需要分装在 Action 中，图书管理 Action 类 BookAction.java，封装了图书添加、删除、查询等动作。实现代码如下。

```
public class BookAction extends ActionSupport {
BookDao bDao = DaoFactory.getBookDaoImpl();          //工厂类获得 BookDao 对象
private BookBean book;                               //图书 Bean
private File file;                                   //上传文件对象
private String fileFileName;                         //上传文件名
private String bookId;                               //图书 ID
private String name;                                 //图书名称
private String selet;                                //判断查询条件
private int pageNow = 1 ;                            //初始化为 1,默认从第一页开始显示
private int pageSize = 12 ;                          //每页显示 10 条记录
private List<BookBean> allList;
//添加相应的 set 和 get 方法
  …
//添加图书
public String addBook() {
    //以下是利用 Struts 2 实现图片文件上传
    try {
        //得到文件扩展名
        String fName = getFileFileName();
        String endName = fName.substring(fName.lastIndexOf("."));
        BufferedInputStream bis = new BufferedInputStream(new FileInputStream(getFile()));
        String newFilename = java.util.UUID.getUUID();
        String userPath = (new File(System.getProperty("user.dir"))).getParent();
                                                     //Tomcat 用户目录
        String filep = userPath + "/webapps/bks/upload";
        File destFile = new File(filep, newFilename + endName);
        String uri = "./upload/" + newFilename + endName;
        BufferedOutputStream bos;
        bos = new BufferedOutputStream(new FileOutputStream(destFile));
        int tmp = bis.read();
        while (tmp != -1) {
            bos.write(tmp);
            tmp = bis.read();
        }
        bos.flush();
        bos.close();
        bis.close();
    } catch (FileNotFoundException e) {
        e.printStackTrace();
    } catch (IOException e) {
        e.printStackTrace();
    } //图片文件上传结束
```

```
            book.setBookId(java.util.UUID.getUUID());
            book.setBookPicture(uri);
            bDao.insert(book);
        return "success";
    }
    //查询图书
    public String findbook() {
        List<BookBean> list = new ArrayList<BookBean>();
        list = bDao.getBooksByName(name);
        ActionContext.getContext().put("list1", list);
        return "success";
    }
    //置顶显示,首页显示全部图书
    public String index() {
        List<BookBean> list = bDao.selectIndex();
        ActionContext.getContext().put("list", list);
        int totalord = bDao.countAll();
        int totalpage = totalord % pageSize == 0 totalord/pageSize:totalord/pageSize + 1;
        ActionContext.getContext().put("alllist",allList);
        ActionContext.getContext().getSession().put("pageNow",pageNow);
        ActionContext.getContext().getSession().put("totalord",totalpage);
        ActionContext.getContext().put("list", list);
        return "success";
    }
    //显示图书详情
    public String detail() {
        BookBean bookB = bDao.selectDetail(bookId);
        ActionContext.getContext().put("bookB", bookB);
        return "success";
    }
    //删除图书
    public String dele() {
        CarDao cdao = DaoFactory.getCarDaoImpl();
        bDao.delete(bookId);
        cdao.deletec(bookId);
        return "success";
    }
    //修改图书
    public String updateBook() {
        String bookid = book.getBookId();
        bDao.update(bookid, book);
        return "success";
    }
    //推荐到首页
    public String updateIndex() {
        bDao.upindex(bookId);
        return "success";
    }
    //取消首页
```

```
public String cancelIndex() {
    bDao.unindex(bookId);
    return "success";
}
```

与图书相关的动作都封装在BookAction中，实现图书添加、删除、修改等功能，其中图书添加动作中，需要上传图书的图片文件，代码中使用了Struts 2框架提供的文件上传功能，实现图片文件上传到指定的目录中。在代码中用到了UUID（Universally Unique Identifier，全局唯一标识符），保证对在同一时空中的编码的唯一性。例如，b9484f55-59cd-4ed7-b60d-148e15d50303，它能保证在一个应用中生成唯一的字符串，因此用它来作图书唯一编号和同一目录下图书封面图片的名字。

10.4.3 购物车模块

作为一个典型的网上商城，购物车是必不可少的一个组成部分，这里涉及一个有些专业性的购物车业务逻辑。为了对应购物车表格，在此先建立一个CarBean类，代码如下。

```
public class CarBean{
    private int carNum;                 //购书数目
    private String carUserId;           //用户 Id
    private String carBookId;           //图书 id
}
```

未登录的用户已购买商品，系统将这些商品信息放入Cookies中，在CarAction类中addCarNotLogin()方法实现信息的添加，代码如下。

```
public String addCarNotLogin() {
    //Cookies 相当于 map,加 bkscookie 后缀表示是本系统的 Cookies
    String cookiesName = java.util.UUID.getUUID() + "bkscookie";
    //存书号和数目用逗号分隔
    String cookiesValue = car.getCarBookId() + "," + car.getCarNum();
    Cookie c1 = new Cookie(cookiesName, cookiesValue);
    HttpServletResponse response = ServletActionContext.getResponse();
    //给客户写入 Cookies
    response.addCookie(c1);
    return SUCCESS;
}
```

如果未登录的用户希望查看购物车内商品时，实现代码如下。

```
public String buycarNotLogin() {
    HttpServletRequest request = ServletActionContext.getRequest();
    Cookie myCookie[] = request.getCookies();
    List<CarBean> carList = new ArrayList<CarBean>();
    CarBean carBean;
    for (Cookie c : myCookie) {
        //处理本系统的 Cookies
```

```
            if (c.getName().endsWith("bkscookie")) {
            carBean = new CarBean();
            //解析字符串找出 bookId
            carBean.setCarBookId(c.getValue().split(",")[0]);
            //找出本书的数量
            carBean.setCarNum(Integer.parseInt(c.getValue().split(",")[1]));
            //通过数据查询出书名
            carBean.setCbookName(bDao.selectDetail(carBean.getCarBookId()).getBookName());
            //加入到 carList 当中,返回给客户端
            carList.add(carBean);
            }
        }
        ActionContext.getContext().getSession().put("listc", carList);
        return SUCCESS;
    }
```

而当用户登录后,用户操作添加商品到购物车,就是添加商品信息到表 bks_car(即购物车)中,与增加书目的插入操作类似,这里不再详述。

对于已经登录的用户,系统会将 Cookie 中的购物车信息取出,存入数据库并查询该用户购物车里的所有图书。

```
    public String buycar() {
        HttpServletRequest request = ServletActionContext.getRequest();
        HttpServletResponse response = ServletActionContext.getResponse();
        String userId = (String) ActionContext.getContext().getSession().get("userId");
        Cookie myCookie[] = request.getCookies();
        CarBean carBean;
        //将 Cookies 中的数据存入库中并清空 Cookies
        for (Cookie c : myCookie) {
          //处理本系统的 cookies
          if (c.getName().endsWith("bkscookie")) {
                carBean = new CarBean();
                carBean.setCarBookId(c.getValue().split(",")[0]);
                carBean.setCarNum(Integer.parseInt(c.getValue().split(",")[1]));
                //删除 Cookies
                c.setMaxAge(0);
                response.addCookie(c);
                carBean.setCarUserId(userId);
                //插入数据库
                cDao.insert(carBean);
                }
          }
        //查出数据库购物车
        List<CarBean> listc = cDao.buycar(userId);
        for (int i = 0; i < listc.size(); i++) {
            BookBean bookbean = new BookBean();
             bookbean = bDao.selectDetail(listc.get(i).getCarBookId());
            listc.get(i).setCbookName(bookbean.getBookName());
```

```
        }
    ActionContext.getContext().getSession().put("listc", listc);
    return SUCCESS;
     }
```

以上就是用户登录后将 Cookies 中数据转存在数据库中，并重新查询出来显示给登录用户。

10.4.4　订单管理模块

用户下订单，因为下订单是需要用户登录完成的工作，所以此时只需将购物车信息从数据库中取出，然后将订单信息放在订单表和订单详情表中即可，同时完成计算此订单总价。订单表存放订单的总价、生成时间、付款状态、发货状态等。订单详情表存放订单中每本书的数量等信息。

当用户决定购买图书时，需要调用订单管理模块来生成订单，在订单实现类 OrderDaoImpl.java 中，生成用户订单的方法代码如下。

```
public String userOders() {                    //用户下订单方法,同时清空购物车
    double sum = 0;                            //此次订单总价
    String userName = (String) ActionContext.getContext().getSession()
    .get("userName");
    String userId = (String) ActionContext.getContext().getSession().get("userId");
    String ordid = UUID.getUUID();
    //从 ApplyTool 工具类中到当前时间的标准串
    String sDate = ApplyTool.getStandardDateValue();
    List<CarBean> listc = cDao.buycar(userId);
    OrdBean ordb = new OrdBean();
    BookBean bookBean = null;
    for (int i = 0; i < listc.size(); i++) {
        OrddetailBean odBean = new OrddetailBean();
        bookBean = bDao.selectDetail(listc.get(i).getCarBookId());
        odBean.setDeOrdId(ordid);
        odBean.setDeBookId(listc.get(i).getCarBookId());
        odBean.setDeBookNum(listc.get(i).getCarNum());
        odBean.setDeUserName(userName);
        odBean.setDeTime(sDate);
        //将每本书的购买数量加入到订单详情表中
        deDao.insertdetail(odBean);
        //计算订单总价
        sum += bookBean.getBookPrice() * listc.get(i).getCarNum();
        }
    ordb.setOrdId(ordid);
    ordb.setOrdUser(userName);
    ordb.setOrdPrice(sum);
    ordb.setOrdTime(sDate);
    ordb.setOrdPayStatu(0);
    ordb.setOrdSendStatu(0);
```

```
        //存入订单表
        oDao.insert(ordb);
        //将购物车表中此用户信息删除
        cDao.delete(userId);
        return SUCCESS;
    }
```

用户下订单后就是模拟付款,模拟付款只是修改订单表付款状态的值,在现实中,要实现购物在线付款,需要与第三方支付平台或银行支付网关接口对接,设计复杂且安全性要求极高,在此不再详述。

在页面显示中,常用到分页功能,如查看图书信息、人员信息、订单信息等。页面分页显示功能具有典型性,现就查询订单为例,介绍分页查询,具体代码如下。

```
public List<OrdBean> queryByPage(int pageSize, int pageNow) {   //管理员分页查看订单
    String sql = "SELECT ord_id,ord_user,ord_price,ord_time,
            ord_sendStatu,ord_payStatu FROM bks_order limit "
            + (pageNow * pageSize - pageSize) + "," + pageSize;
    Connection conn = DBUtil.getConnection();
    Statement stm = null;
    ResultSet rs = null;
    List<OrdBean> list = new ArrayList<OrdBean>();
    try {
        stm = conn.createStatement(ResultSet.TYPE_SCROLL_INSENSITIVE,
        ResultSet.CONCUR_READ_ONLY);
        rs = stm.executeQuery(sql);
      while (rs.next()) {
          OrdBean ordb = new OrdBean();
          ordb.setOrdId(rs.getString("ord_id"));
          ordb.setOrdUser(rs.getString("ord_user"));
          ordb.setOrdPrice(rs.getDouble("ord_price"));
          ordb.setOrdTime(rs.getString("ord_time"));
          ordb.setOrdSendStatu(rs.getInt("ord_sendStatu"));
          ordb.setOrdPayStatu(rs.getInt("ord_payStatu"));
          list.add(ordb);
            }
        } catch (SQLException e) {
            e.printStackTrace();
        } finally {
        try {
        if (rs != null) {rs.close();}
        if (stm != null) {stm.close();}
        if (conn != null) {conn.close();}
            } catch (SQLException e) {
            e.printStackTrace();
            }
        }
    return list;
  }
```

在 MySQL 中实现分页查询使用语句：

```
SELECT * FROM test Limit 10,5
```

表示查询从第 10 条记录开始往后 5 条，即第 15 条。

10.5 系统配置

在编写完成 Action 类后，需要在 struts.xml 文件中配置 Action。配置文件中只简要列出与用户、图书管理、购物车、订单管理等业务逻辑的关键配置信息。struts.xml 配置信息如下。

```
<xml version = "1.0" encoding = "GBK" >
<!DOCTYPE struts PUBLIC
    "-//Apache Software Foundation//DTD Struts Configuration 2.0//EN"
    "http://struts.apache.org/dtds/struts-2.0.dtd">
<struts>
<constant name = "struts.i18n.encoding" value = "utf-8"></constant>
<constant name = "struts.multipart.maxSize" value = "31457280"/>
    <package name = "bks" extends = "struts-default" >
    <!-- 验证码 -->
    <action name = "rand" class = "com.bks.action.RandomAction">
            <result name = "success" type = "stream">
            <param name = "contentType"> image/jpeg </param>
                <param name = "inputName"> inputStream </param>
            </result>
</action>
<!-- 用户登录 -->
<action name = "login_action" class = "com.bks.action.UserAction" method = "login">
            <result name = "success">/index.jsp </result>
            <result name = "fail">/login.jsp </result>
    </action>
    <!-- 注册用户 -->
    <action name = "insertUser" class = "com.bks.action.UserAction" method = "userinsert">
            <result name = "success">/regsucc.jsp </result>
            <result name = "fail">/error.jsp </result>
    </action>
    <!-- 检验用户名是否重复 -->
    <action name = "checkUser" class = "com.bks.action.UserAction" method = "checkUser"></
action>
    <!-- 显示置顶书籍 -->
    <action name = "index" class = "com.bks.action.BookAction" method = "index">
            <result name = "success">/index-1.jsp </result>
            <result name = "fail">/error.jsp </result>
    </action>
    <!-- 显示图书列表 -->
    <action name = "queryAll" class = "com.bks.action.BookAction" method = "queryAll">
            <result name = "success">/showbook.jsp </result>
            <result name = "fail"> error.jsp </result>
```

```
    </action>
    <! -- 添加图书 -->
    <action name="insertBook" class="com.bks.action.BookAction" method="addBook">
            <result name="success">/booksucc.jsp</result>
            <result name="fail">error.jsp</result>
    </action>
    <! -- 模糊查询图书 -->
    <action name="FindBook" class="com.bks.action.BookAction" method="findbook">
<result name="success">/findbook.jsp</result>
<result name="false">/index.jsp</result>
</action>
<! -- 显示图书详情 -->
<action name="produce" class="com.bks.action.BookAction" method="detail">
            <result name="success">/detail.jsp</result>
    </action>
    <! -- 显示修改图书信息 -->
    <action name="produce1" class="com.bks.action.BookAction" method="update">
            <result name="success">/update.jsp</result>
    </action>
    <! -- 修改图书信息 -->
    <action name="updateBook" class="com.bks.action.BookAction" method="updateBook">
            <result name="success">/updatesucc.jsp</result>
    </action>
    <! -- 推荐 -->
    <action name="produce2" class="com.bks.action.BookAction" method="updateIndex">
            <result name="success">/index.jsp</result>
    </action>
    <! -- 取消推荐 -->
    <action name="produce3" class="com.bks.action.BookAction" method="cancelIndex">
            <result name="success">/index.jsp</result>
    </action>
    <! -- 我的购物车 -->
<action name="BuyCar" class="com.bks.action.CarAction" method="buycar">
            <result name="success">/buycar.jsp</result>
    </action>
    <! -- 我的购物车未登录 -->
<action name="BuyCarNotLogin" class="com.bks.action.CarAction" method="buycarNotLogin">
            <result name="success">/buycar.jsp</result>
    </action>
<! -- 添加购物车后返回图书详情本页面 -->
<action name="addCar" class="com.bks.action.CarAction" method="addCar">
            <result name="success">/detail.jsp</result>
    </action>
    <! -- 添加购物车后返回图书详情本页面(未登录) -->
<action name="addCarNotLogin" class="com.bks.action.CarAction" method="addCarNotLogin">
            <result name="success">/detail.jsp</result>
    </action>
    <! -- 删除图书 -->
    <action name="dele" class="com.bks.action.BookAction" method="dele">
            <result name="success">/index.jsp</result>
    </action>
    <! -- 删除购物车 -->
    <action name="delecar" class="com.bks.action.CarAction" method="delecar">
```

```
            <result name = "success" type = "chain"> BuyCar </result>
    </action>
    <! -- 显示要修改用户的资料 -->
    <action name = "people" class = "com.bks.action.UserAction" method = "people">
            <result name = "success"> people.jsp </result>
    </action>
    <! -- 修改用户资料 -->
    <action name = "upUser" class = "com.bks.action.UserAction" method = "upUser">
            <result name = "success"> updatesucc.jsp </result>
    </action>
    <! -- 注销 -->
    <action name = "logout" class = "com.bks.action.UserAction" method = "logout">
            <result name = "success"> index.jsp </result>
    </action>
        <! -- 查看订单用户资料 -->
    <action name = "seleuser" class = "com.bks.action.UserAction" method = "seleuser">
            <result name = "success"> userInfo.jsp </result>
    </action>
    <! -- 插入订单表 -->
    <action name = "userOders" class = "com.bks.action.CarAction" method = "userOders">
            <result name = "success" type = "chain"> BuyCar </result>
    </action>
    <! -- 我的订单 -->
    <action name = "myord" class = "com.bks.action.OrdAction" method = "myord">
            <result name = "success"> myorder.jsp </result>
    </action>
    <! -- 我的订单付款 -->
    <action name = "upordpay" class = "com.bks.action.OrdAction" method = "upordpay">
            <result name = "success" type = "chain"> myord </result>
    </action>
    <! -- 订单详细 -->
    <action name = "orddetail" class = "com.bks.action.OrddetailAction" method = "orddetail">
            <result name = "success"> orderdetail.jsp </result>
    </action>
    <! -- 我的删除订单 -->
    <action name = "deleord" class = "com.bks.action.OrdAction" method = "deleord">
    <result name = "success" type = "chain"> myord </result>
    </action>
    <! -- 管理员查看订单 -->
    <action name = "showord" class = "com.bks.action.OrdAction" method = "showord">
    <result name = "success"> showord.jsp </result>
    </action>
    <! -- 管理员删除订单    无用待删 -->
    <action name = "deleord2" class = "com.bks.action.OrdAction" method = "deleord2">
    <result name = "success" type = "chain"> showord </result>
    </action>
    <! -- 管理员发货 -->
    <action name = "sendord" class = "com.bks.action.OrdAction" method = "sendord">
    <result name = "success" type = "chain"> showord </result>
    </action>
    <! -- 检验 ISBN 是否重复 -->
    <action name = "checkIsbn" class = "com.bks.action.BookAction" method = "checkIsbn">
</action>
```

```
        <! -- 管理员管理用户 -->
        <action name = "showalluser" class = "com.bks.action.UserAction" method = "showalluser">
        <result name = "success" > showpeople.jsp </result>
        </action>
        <! -- 管理员冻结用户 -->
        <action name = "lock" class = "com.bks.action.UserAction" method = "lock">
        <result name = "success" type = "chain"> showalluser </result>
        </action>
        <! -- 管理员解除冻结用户 -->
        <action name = "unlock" class = "com.bks.action.UserAction" method = "unlock">
        <result name = "success" type = "chain"> showalluser </result>
        </action>
    </package>
    </struts>
```

10.6 页面视图实现

本项目使用JSP页面负责显示视图并与用户交互，由于篇幅关系，这里只介绍与上述模块相关的页面。在页面中大量使用了Struts 2的标签，简化了书写，另外还增加了若干JavaScript语句做简单的逻辑判断(即浏览器端数据校验)。

首先来看图书管理界面的效果，在管理员登录之后如图10.2所示。

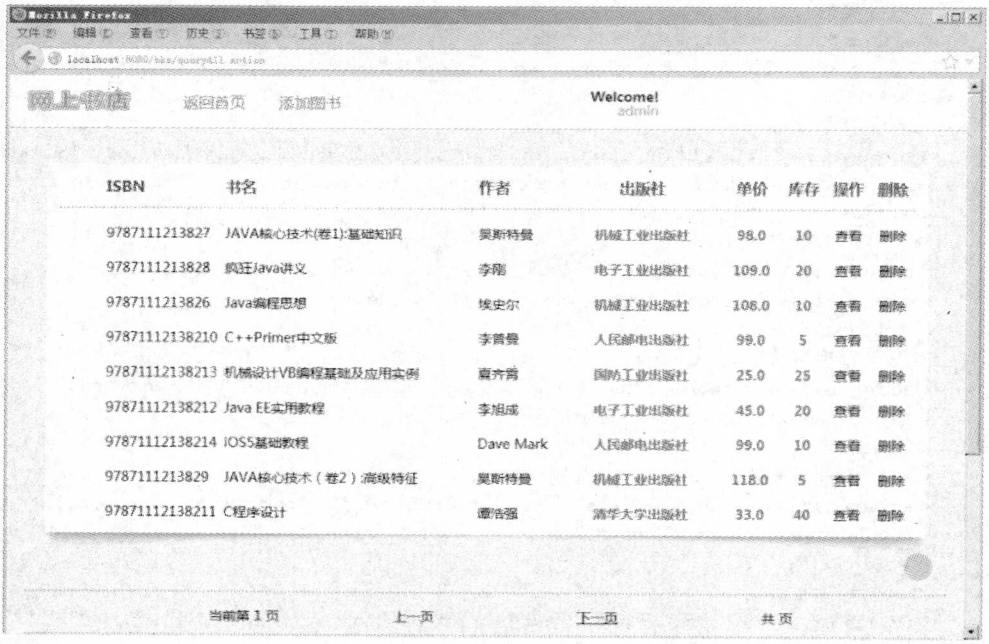

Mozilla Firefox

网上书店 返回首页 添加图书 Welcome! admin

ISBN	书名	作者	出版社	单价	库存	操作	删除
9787111213827	JAVA核心技术(卷1):基础知识	昊斯特曼	机械工业出版社	98.0	10	查看	删除
9787111213828	疯狂Java讲义	李刚	电子工业出版社	109.0	20	查看	删除
9787111213826	Java编程思想	埃史尔	机械工业出版社	108.0	10	查看	删除
97871112138210	C++Primer中文版	李普曼	人民邮电出版社	99.0	5	查看	删除
97871112138213	机械设计VB编程基础及应用实例	夏齐茜	国防工业出版社	25.0	25	查看	删除
97871112138212	Java EE实用教程	李旭成	电子工业出版社	45.0	20	查看	删除
97871112138214	IOS5基础教程	Dave Mark	人民邮电出版社	99.0	10	查看	删除
9787111213829	JAVA核心技术(卷2)高级特征	昊斯特曼	机械工业出版社	118.0	5	查看	删除
97871112138211	C程序设计	谭浩强	清华大学出版社	33.0	40	查看	删除

当前第1页 上一页 下一页 共页

图10.2 图书管理界面

在该页面中，使用了Struts 2标签的<s:iterator>和<s:property>显示所有图书的列表，在调用action方面使用了<s:url>标签。这两段关键代码如下。

```
<TABLE class = cart - tab border = 0 cellSpacing = 0 cellPadding = 0width = "100 %">
    <! -- 绘制表格 -->
    <TBODY>
        <TR>
            <TH class = tl width = 135 ></TH>
            <TH class = tl width = 135 > ISBN </TH>
            <TH class = tl width = 600 >书名</TH>
            <TH class = tl width = 180 >作者</TH>
            <TH class = tm width = 435 >出版社</TH>
            <TH class = tm width = 100 >单价</TH>
             <TH class = tm width = 100 >库存</TH>
             <TH class = tm width = 100 >操作</TH>
             <TH class = tm width = 100 >删除</TH>
        </TR>
        <s:iterator value = "alllist" id = "book" ><! -- 遍历由 BookAction 中的 queryAll 方法
传过来的表格 -->
        <TR>
        <TD class = tl ></TD>
             <TD class = tl >< s:property value = " # book. bookIsbn"/></TD>
            <TD class = tl >< s:property value = " # book. bookName" /></TD>
            <TD class = tl >< s:property value = " # book. bookAuthor" /></TD>
            <TD class = tm >< s:property value = " # book. bookPublish" /></TD>
            <TD class = tm >< s:property value = " # book. bookPrice" /></TD>
            <TD class = tm >< s:property value = " # book. bookNum" /></TD>
            <TD class = tm >< s:a href = "produce. action?bookId = % { # book. bookId}">查看</s:
a ></TD >
            <TD class = tm >< a href = "delebook. jsp bookId = < s:property value  =  " # book.
bookId"/>">删除</a></TD>
</TR>
        </s:iterator>
    </TBODY>
</TABLE>
<! -- 接下来是分页模块,仍然使用 BookAction 中的 queryAll 方法 -->
<TABLE class = cart - tab border = 0 cellSpacing = 0 cellPadding = 0 width = "100 %">
        <TR>
            <TD class = tl width = 135 ></TD>
            <TD class = tl width = 135 >
                <s:url id = "url_pre" value = "queryAll. action">
                    <s:param name = "pageNow" value = "pageNow - 1"></s:param>
                </s:url>
                当前第< s:property value = " % { # session. pageNow}" />页
            </TD>
            <TD class = tl width = 135 >
                <s:url id = "url_next" value = "queryAll. action">
                    <s:param name = "pageNow" value = "pageNow + 1"></s:param>
                </s:url>
                <s:if test = " % { # session. pageNow == 1}">上一页</s:if>
                <s:if test = " % { # session. pageNow!= 1}">
                    <s:a href = " % {url_pre}" mce_href = " % {url_pre}">< u>上一页</u></s:a>
                </s:if>
                <s:iterator value = "usbean" status = "status">
                    <s:url id = "url" value = "queryAll. action">
                        <s:param name = "pageNow" value = "pageNow" />
                    </s:url>
```

```
                </s:iterator>
            </TD>
            <s:if test="%{#session.pageNow==#session.total}">
            <TD class=tl width=135>下一页</TD>
        </s:if>
        <s:if test="%{#session.pageNow!=#session.total}">
            <TD class=tl width=135>
                    <s:a href="%{url_next}" mce_href="%{url_next}"><u>下一页</u>
</s:a>
                </TD>
            </s:if>
            <TD class=tl width=135>共<s:property value="%{#session.total}" />页
</TD>
        </TR>
</TABLE>
```

当管理员单击添加图书链接后，将跳转到 bookInsert.jsp 页面并要求管理员输入图书相关信息，完成信息填写后，系统会调用 BookAction 中的 insertBook 方法并跳转回原页面。添加图书页面效果如图 10.3 所示。

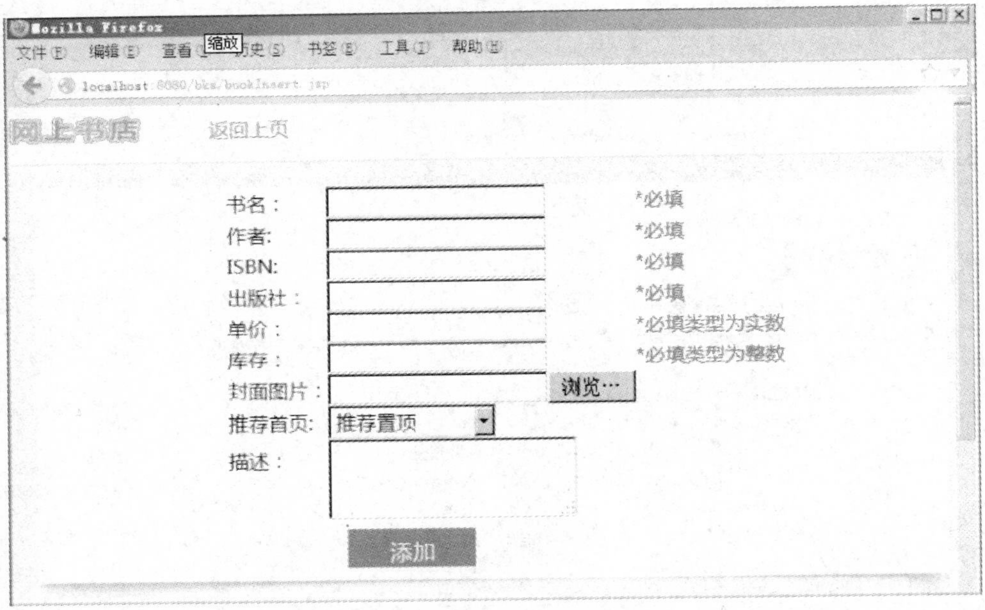

图 10.3 添加图书页面

该页面主要是使用了一个 form，其大略代码如下：

```
<form action="insertBook.action" method="post" enctype="multipart/form-data" onsubmit
="return checkForm();">
```

在图书列表页面还有查看和删除两项操作，当对某一图书进行查看时，会显示一个包含图书详细信息的页面，如图 10.4 所示，这个页面使用了<s:property>标签来表示图书相关属性，例如，表示书名的代码如下。

```
<s:property value = "#book.bookName"/>
```

而删除功能则是直接调用了 BookAction 中的相应方法，在此不再详述。

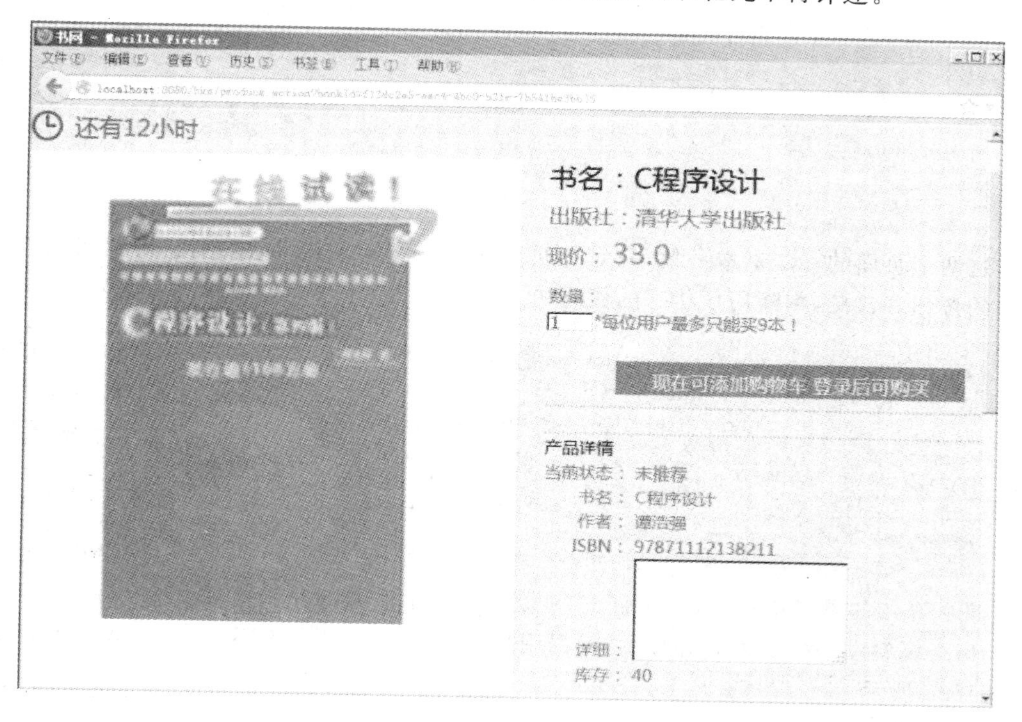

图 10.4　图书详细信息页面

接下来介绍购物车页面的编写，图 10.5 和图 10.6 展示了购物车的两种状态——未登录和登录。

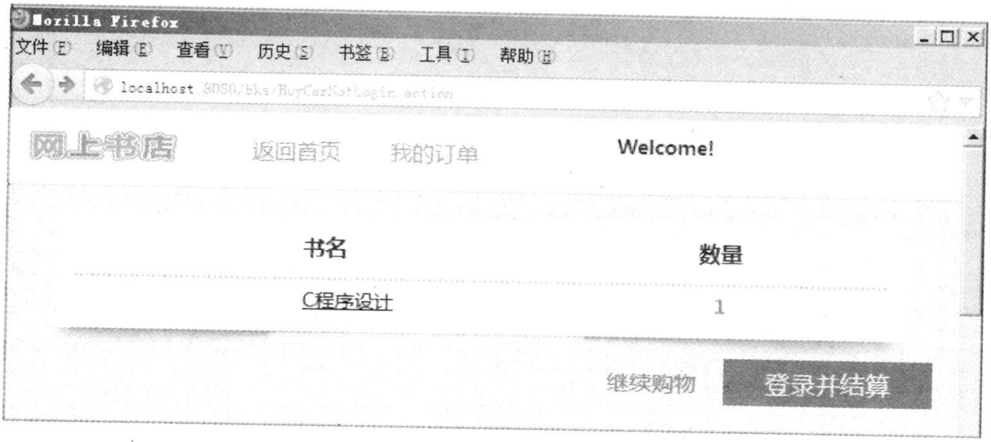

Mozilla Firefox
文件(F) 编辑(E) 查看(V) 历史(S) 书签(B) 工具(T) 帮助(H)
localhost:8080/bks/BuyCarNotLogin.action
网上书店　返回首页　我的订单　Welcome!

书名	数量
C程序设计	1

继续购物　登录并结算

图 10.5　未登录购物车页面

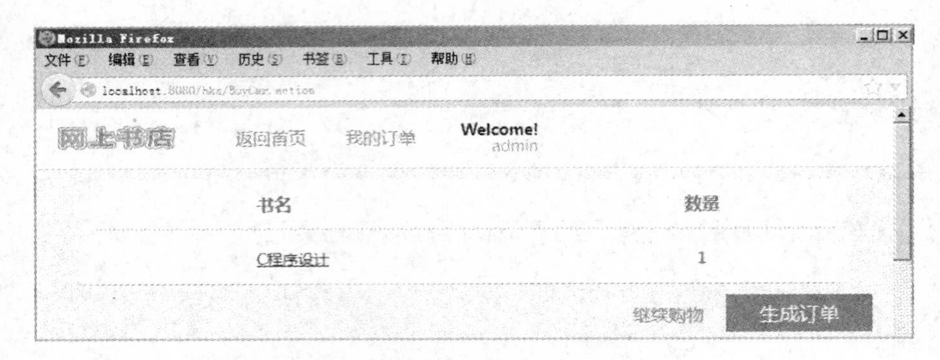

图 10.6 登录后购物车页面

这两个页面的写法基本一致，只是在页面中使用了<s:if>标签判断用户状态以显示不同的按钮和链接，判断用户状态的代码如下。

```
<s:if test="%{#session.userName!=null}">
        <a id=addorder class="btns com-btn mgl15"
                    href="userOders.action">生成订单</a>
</s:if>
<s:else>
        <a id=addorder class="btns com-btn mgl15" href="login.jsp">登录并结算</a>
</s:else>
```

最后介绍的是订单页面，该页面与图书列表页面采用的显示方式相似，都是利用<s:iterator>标签动态生成列表并显示，根据用户是否是管理员产生不同效果，效果如图 10.7 和图 10.8 所示。

序号	用户	总金额	下单时间	付款状态	发送状态	查看详情	操作
1	admin	33.0	2013-06-22 00:19:08	未付款	未发货	查看详情	发货

图 10.7 管理员订单管理页面

序号	用户	总金额	下单时间	付款状态	发送状态	详细	操作
1	user	217.0	2013-06-22 00:22:40	未付款	未发货	查看详情	付款

图 10.8 普通用户订单管理页面

以上两个页面的重点仍在于 Struts 2 标签的使用，其结构与购物车页面大致相同。至此一个网上书城项目已经基本完成，其余代码请读者补全。

习题

网上书店一个很重要的功能就是按图书类型搜索书籍，请为本章的项目添加这个功能。

(1) 在数据库中的图书表格中添加一个字段，名称为 categorie，类型为 varchar。

(2) 在相应的 DAO 中添加 queryByCatagorie 方法，实现按类别查询并返回相应图书列表。

(3) 在 action 包中的 BookAction 中添加 queryByCatagorie 方法，向 index. jsp 页面中传送符合查询类别的图书信息并在 struts. xml 中配置。

(4) 在 index-1. jsp 中添加一个 form，调用上一题的 action 并在网页上显示最终结果。

附录A JSP开发环境的安装和调试

A.1 说明

本书中的所有实例在 Tomcat 6.0＋MySQL 5.0＋JDK 1.6 环境下调试通过，本附录主要简要介绍 JSP 开发环境的搭建。读者如果安装了更高级别的环境可能需要重新调试。

A.2 JDK 的安装

读者可以到 http://www.oracle.com/technetwork/java/index.html 下载最新的 JDK 安装包，下载完成后双击安装包出现如附图 A.1 所示画面。

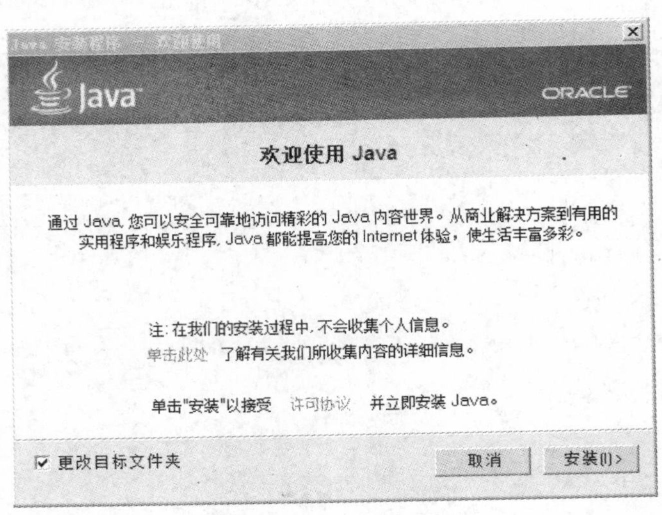

附图 A.1 Java JDK 安装

单击“下一步”按钮并同意软件许可证，接下来会看到如附图 A.2 所示设置安装路径画面。

建议将其装在根目录的文件夹下，不要以中文作为文件夹名称，此处以 D:\jdk1.6 作为

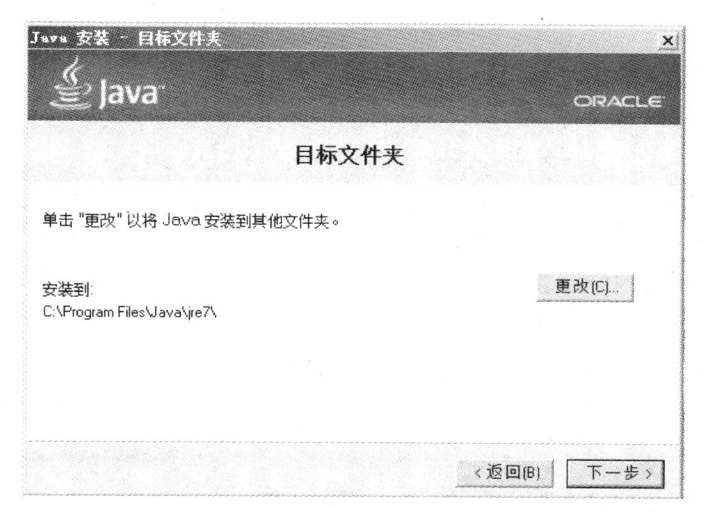

附图 A.2　Java 安装目录

范例，单击“确定”按钮后，安装程序将自动完成安装过程。

安装完成后，需要设置环境变量，首先右键单击“我的电脑”选择“属性”命令，选择“高级”选项卡，单击“环境变量”按钮打开如附图 A.3 所示对话框。

附图 A.3　设置 JAVA_HOME 环境变量

在系统变量中新建 JAVA_HOME 变量，值为 JDK 安装目录，例如 D:\jdk1.6。

在系统变量中新建 CLASS_PATH 变量，输入“%JAVA_HOME%\bin，%JAVA_HOME%\jre\bin”。

在系统变量的 path 变量添加“.；%JAVA_HOME%\lib\dt.，.；%JAVA_HOME%\lib\tools.jar”。

完成之后，打开命令行工具，输入“java _version”，看到版本信息即表示安装完成。

A.3 Tomcat 的安装与启动

Tomcat 是一个著名的开源服务器，目前最新的版本是 7.0，支持 Servlet 3.0 规范。本教程中的实例是在 Tomcat 6.0 环境下调试成功的，理论上也可以在 Tomcat 7.0 下通过。

首先在 Tomcat 的主页上下载 Tomcat 6.0 的压缩包，然后将其解压到某一目录下，注意该目录名中不能包含中文。在命令行中运行 bin 目录中的 startup.bat，即可看到启动信息，如附图 A.4 所示。

```
Tomcat
二月 18, 2013 10:21:25 下午 org.apache.catalina.startup.HostConfig deployDescrip
tor
INFO: Deploying configuration descriptor host-manager.xml
二月 18, 2013 10:21:26 下午 org.apache.catalina.startup.HostConfig deployDescrip
tor
INFO: Deploying configuration descriptor manager.xml
二月 18, 2013 10:21:26 下午 org.apache.catalina.startup.HostConfig deployDirecto
ry
INFO: Deploying web application directory docs
二月 18, 2013 10:21:26 下午 org.apache.catalina.startup.HostConfig deployDirecto
ry
INFO: Deploying web application directory examples
二月 18, 2013 10:21:26 下午 org.apache.catalina.startup.HostConfig deployDirecto
ry
INFO: Deploying web application directory HelloJsp
二月 18, 2013 10:21:26 下午 org.apache.catalina.startup.HostConfig deployDirecto
ry
INFO: Deploying web application directory ROOT
二月 18, 2013 10:21:27 下午 org.apache.coyote.http11.Http11AprProtocol start
INFO: Starting Coyote HTTP/1.1 on http-8080
二月 18, 2013 10:21:27 下午 org.apache.coyote.ajp.AjpAprProtocol start
INFO: Starting Coyote AJP/1.3 on ajp-8009
二月 18, 2013 10:21:27 下午 org.apache.catalina.startup.Catalina start
INFO: Server startup in 1422 ms
```

附图 A.4 启动 Tomcat

打开浏览器，在地址栏中输入“localhost:8080”，当出现如附图 A.5 所示画面时，表示服务器启动成功。

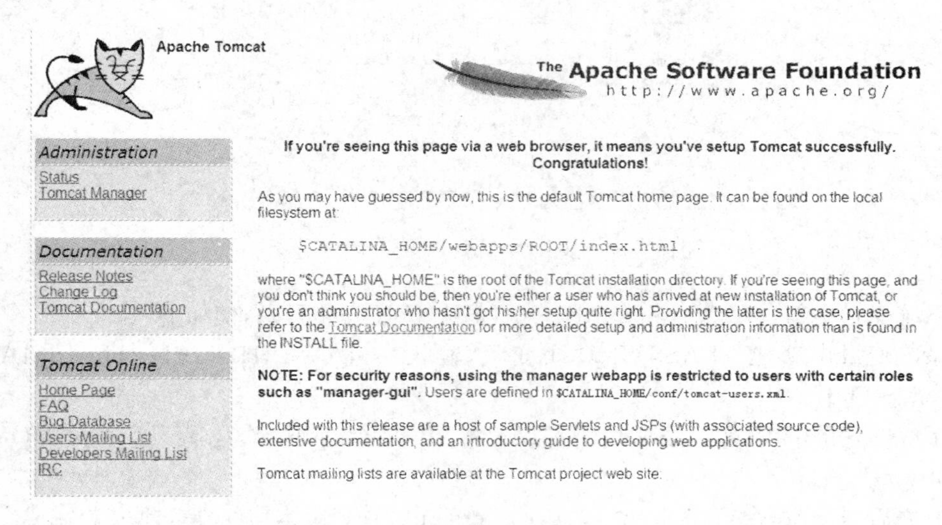

附图 A.5 浏览器显示 Tomcat 默认页面

A.4 Eclipse 和 MyEclipse 的安装

Eclipse 是 Java 开发最常用的 IDE(集成开发环境)之一,功能强大并具有很高的可扩性。它是一个开源软件,读者可以到网站上下载,目前最新的版本代号是"Juno",有多个不同的扩展版,本教程的读者需要下载的是 Eclipse for Java EE developer 版本。

下载压缩包后,将其解压,然后双击 eclipse. exe 文件,如果 JDK 环境变量配置正确,会显示启动画面并显示工作区域,如附图 A. 6 所示。

附图 A. 6 Eclipse 安装界面

MyEclipse 是 Eclipse 一个功能强大的插件,早期版本需要有 Eclipse 的支持,现在的版本已经可以独立安装并运行,以 MyEclipse 8. 0 为例,双击安装文件,按照一般软件的安装方法即可完成安装,如附图 A..7 所示。

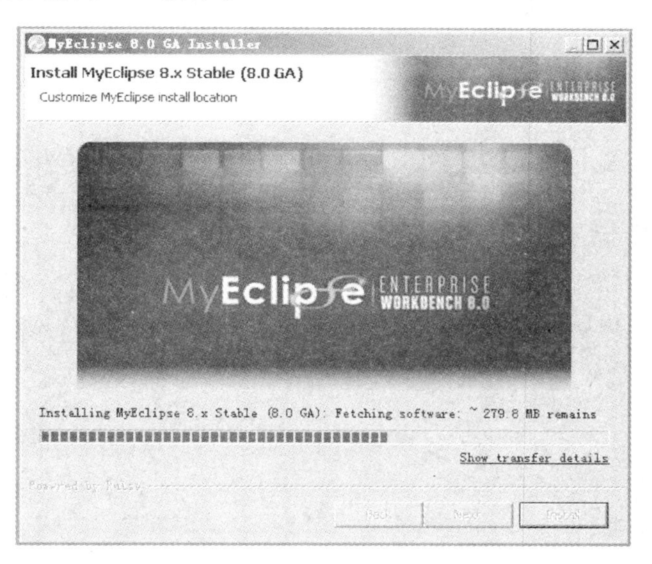

附图 A. 7 MyEclipse 安装界面

完成后，双击桌面上的快捷方式，即可启动 MyEclipse。

A.5 使用 Eclipse 开发 JEE 程序

Eclipse 可以很方便地开发 JEE 程序，现在以一个简单的例子来说明。在新建项单击 IDE 右上方的 perspective 图标，切换到 JEE 开发视图，如附图 A.8 所示。

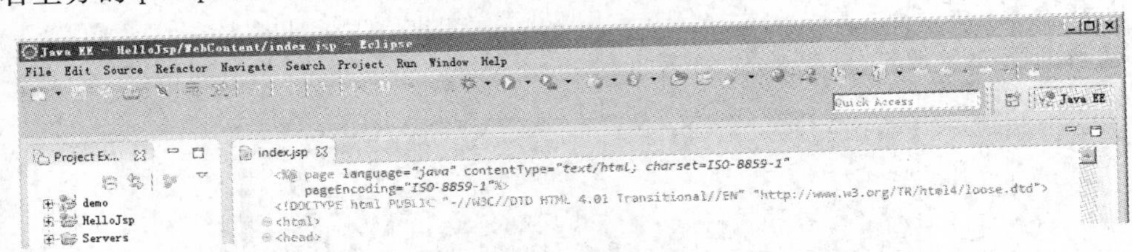

附图 A.8　Eclipse 开发界面

首先单击 File→New→Dynamic Web Project 命令创建一个新的 Web 项目，在弹出的新建窗口中有 Traget runtime 选项，根据个人的情况选择 Tomcat 6.0 或 7.0，在这之下的 Dynamic web module version 中选择 2.5(对应 Tomcat 6.0)或 3.0(对应 Tomcat 7.0)。单击 Finish 按钮完成创建，如附图 A.9 所示。

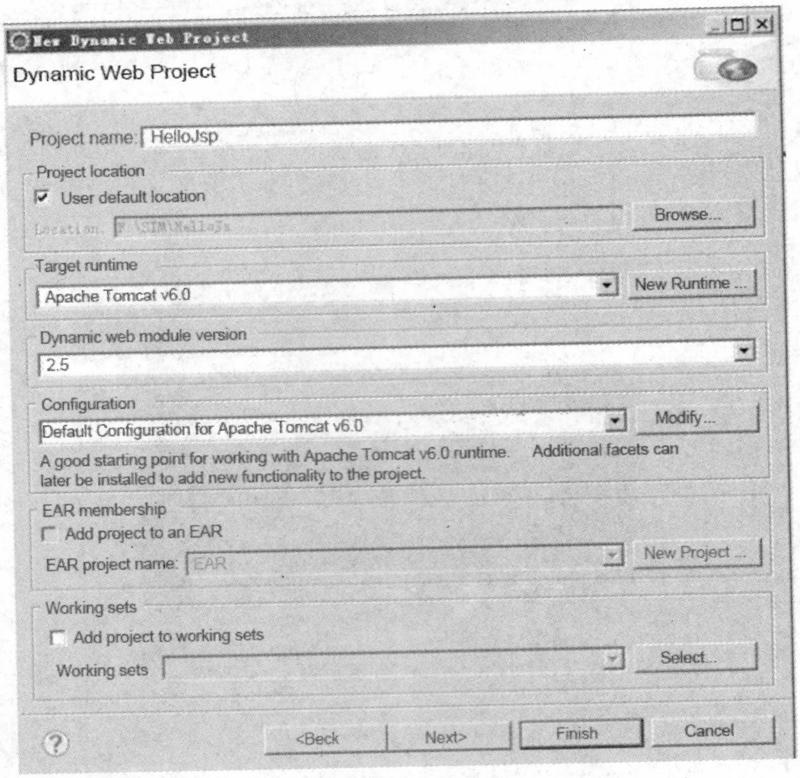

附图 A.9　在 Eclipse 中创建 Web 项目

项目创建后将生成一个完整的项目结构，如附图 A.10 所示。

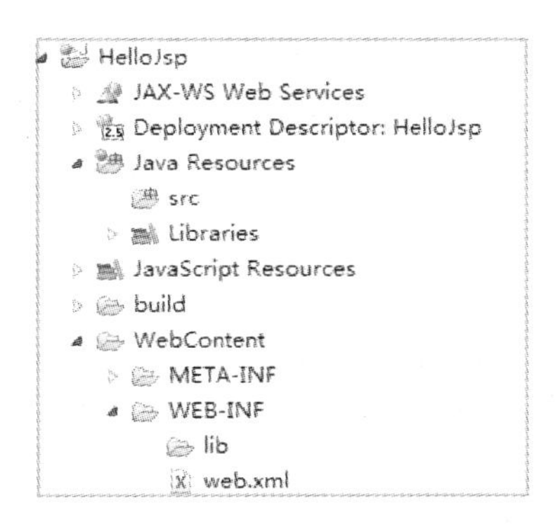

附图 A.10 Web 项目目录结构

在 WebContent 目录下新建一个名为 index.jsp 文件，输入以下内容。

```
<%@ page language = "java" contentType = "text/html; charset = GBK" pageEncoding = "GBK" %>
<! DOCTYPE html PUBLIC" - //W3C//DTDHTML4.01 Transitional//EN" "http://www.w3.org/TR/html4/
loose.dtd">
<html><head>
<meta http - equiv = "Content - Type" content = "text/html; charset = GBK">
<title> Insert title here</title>
</head><body>
    hello jsp!!!
</body></html>
```

右键单击 HelloJsp，选择 Run as→Run on server 命令，弹出服务器配置对话框，选择已经安装的 Tomcat 6.0，然后在下一个对话框中将 HelloJsp 项目导入再单击“完成”按钮即可。

Eclipse 会自动加载项目并启动 Tomcat 6.0，并在完成后显示 index.jsp 的内容，如附图 A.11 所示。

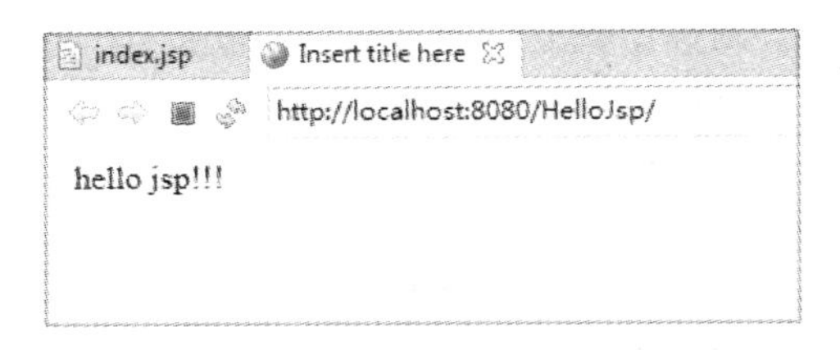

附图 A.11 访问 jsp 页面

通过这个例子读者可以初步了解到 Eclipse 的强大功能，它可以完成 Web 开发的整套流程，开发者甚至不需要切换窗口就能够完成从开发源代码到观测执行结果的所有步骤，学习并熟练掌握 Eclipse 等开发工具会大大提高开发效率。

A.6 使用 MyEclipse 开发 JEE 程序

使用 MyEclipse 开发 JEE 程序和上述步骤基本相同，首先也要将 perspective 调整为 MyEclipse Java Enterprise 视图，选取 File→New→Web Project 命令，将会弹出 New Web Project 对话框，选取 Java EE 5.0 以上版本作为开发平台，如附图 A.12 所示。

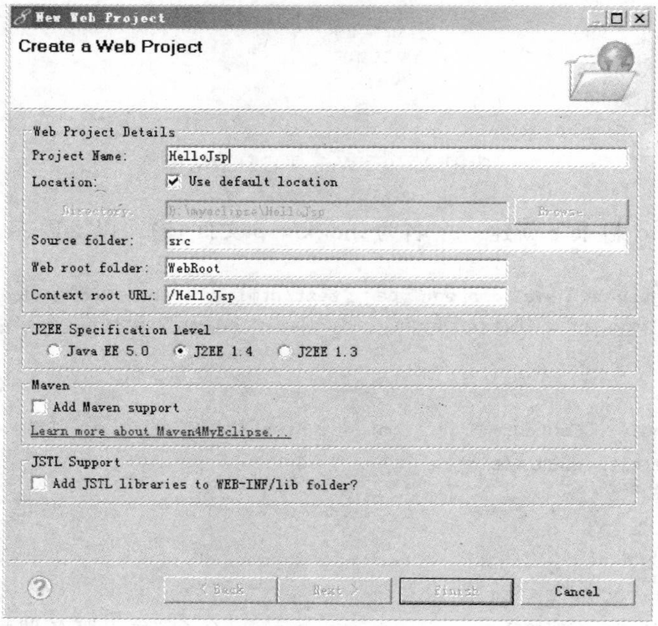

附图 A.12 MyElipse 中创建 Web 项目

默认情况下，系统会自动生成 index.jsp 文件，本项目使用这个页面即可。

其次，需要配置服务器。MyEclipse 自带了两款服务器，但是一般情况下需要修改为较新的服务器版本，具体方式如下。

首先在 IDE 上方的工具图标中找到 Run/Stop/Configure MyEclipse Server 图标，单击右边箭头展开菜单，单击 Configure Server 命令，如附图 A.13 所示。

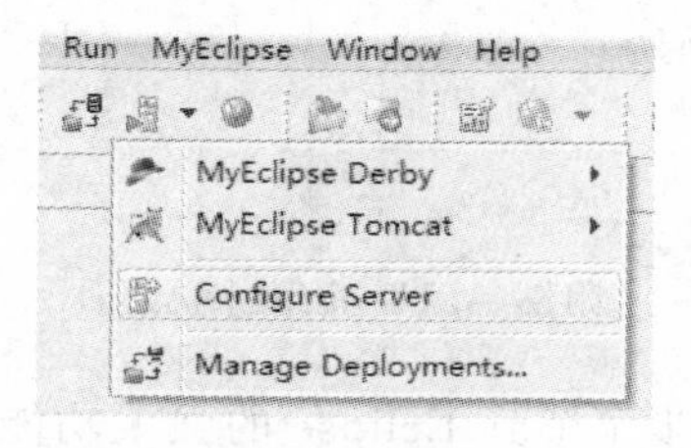

附图 A.13 配置 tomcat 服务器

MyEclipse 会展开一个配置窗口，读者可以选择匹配的服务器，在此选择 Tomcat 6.x，如附图 A.14 所示。

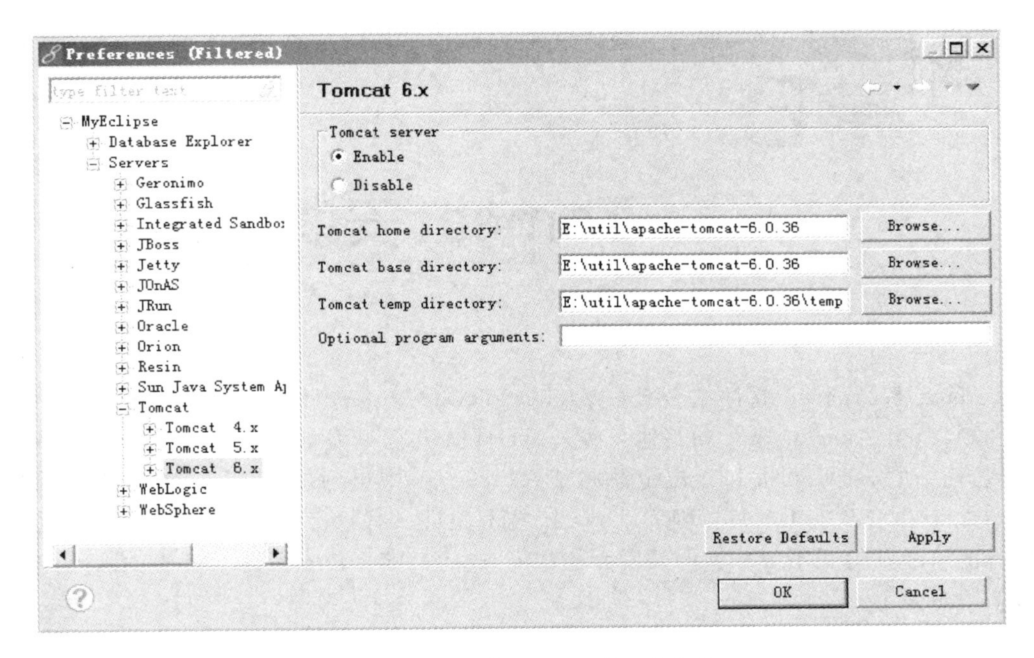

附图 A.14　指定 Tomcat 的存放路径

指定 Tomcat home directory 为本机的安装目录，单击 OK 按钮即可完成设置。

右键单击项目，选择 Run As→MyEclipse Server Application，选择 Tomcat 6.x，点击 OK 按钮即可启动项目，效果与 Eclipse 相同。

附录B Tomcat安装及配置

Tomcat 是 Apache 软件基金会(Apache Software Foundation)的 Jakarta 项目中的一个核心项目,由 Apache、Sun 和其他一些公司及个人共同开发而成。由于有了 Sun 的参与和支持,最新的 Servlet 和 JSP 规范总是能在 Tomcat 中得到体现,Tomcat 5 支持最新的 Servlet 2.4 和 JSP 2.0 规范。因为 Tomcat 技术先进、性能稳定,而且免费,因而深受 Java 爱好者的喜爱并得到了部分软件开发商的认可,成为目前比较流行的 Web 应用服务器。目前最新版本是 7.0。

现在以 Tomcat 6.0 为例,介绍 Tomcat 的安装以及配置过程。

B.1 Tomcat 的获取和运行

打开 Apache 的官方网站 http://tomcat.apache.org/下载 Tomcat,有两种不同格式的文件,一种是压缩文件,另一种是安装文件,使用起来是一样的。安装文件是需要安装以后才能使用,压缩文件(.zip)解压后直接使用。推荐直接使用压缩文件格式。

文件解压后,得到如附图 B.1 所示目录。

名称	大小	类型	修改日期
bin		文件夹	2013-4-29 11:36
conf		文件夹	2013-4-29 11:36
lib		文件夹	2013-4-29 11:36
logs		文件夹	2013-4-29 11:36
temp		文件夹	2013-4-29 11:36
webapps		文件夹	2013-4-29 11:36
work		文件夹	2013-4-29 11:36
LICENSE	38 KB	文件	2013-4-29 11:36
NOTICE	1 KB	文件	2013-4-29 11:36
RELEASE-NOTES	9 KB	文件	2013-4-29 11:36
RUNNING.txt	17 KB	文本文档	2013-4-29 11:36

附图 B.1 Tomcat 目录结构

Tomcat 的启动是一个 bat 文件(Windows 下),在 bin 目录下,双击即可。如果启动不成功,一般的情况是控制台闪一下立即消失,说明 Tomcat 没有找到 Java 的运行时环境,就是 Tomcat 找不到 JDK。需要在环境变量里新建 JAVA_HOME,指向 JDK 安装目录。

启动 Tomcat,在浏览器地址栏中输入"http://localhost:8080/",显示关于 Tomcat 的介绍,说明配置成功。

B.2 Tomcat 的目录结构介绍

bin 目录存放一些启动运行 Tomcat 的可执行程序和相关内容。

conf 存放关于 Tomcat 服务器的全局配置。

lib 目录存放 Tomcat 运行或者站点运行所需的 jar 包，所有在此 Tomcat 上的站点共享这些 jar 包。

webapps 目录是默认的站点根目录，可以更改。

work 目录存放服务器运行时的资源，简单来说，就是存储 JSP、Servlet 翻译、编译后的结果。

logs：存放 Tomcat 执行时的 LOG 文件。

B.3 server.xml 配置文件

Tomcat 的核心配置文件是 conf/server.xml，下面就文件中的主要元素做简要介绍，更具体的配置信息请参考 Tomcat 的文档。

（1）Server：代表整个容器，是 Tomcat 实例的顶层元素。

（2）Service：一个 Service 包含一个或多个 Connector，负责响应协议请求。

（3）Connector：表示客户端和 service 之间的连接，包括如下属性。

port：指定服务器端要创建的端口号，并在这个端口监听来自客户端的请求。

minProcessors：服务器启动时创建的处理请求的线程数。

maxProcessors：最大可以创建的处理请求的线程数。

enableLookups：如果为 true，则可以通过调用 request.getRemoteHost()进行 DNS 查询来得到远程客户端的实际主机名，若为 false 则不进行 DNS 查询，而是返回其 IP 地址。

redirectPort：指定服务器正在处理 HTTP 请求时收到了一个 SSL 传输请求后重定向的端口号。

acceptCount：指定当所有可以使用的处理请求的线程数都被使用时，可以放到处理队列中的请求数，超过这个数的请求将不予处理。

connectionTimeout：指定超时的时间数(以毫秒为单位)。

（4）Engine：引擎是负责处理请求的入口点，对请求的 HTTP 头文件进行分析，然后转给适当的 host 来处理。属性 defaultHost，用来指定默认的处理请求的主机名，默认值是 localhost。

（5）Host：表示一个虚拟主机，属性的含义如下。

name：指定主机名。

appBase：应用程序基本目录，即存放应用程序的目录。

unpackWARs：如果为 true，则 Tomcat 会自动将 WAR 文件解压，否则不解压，直接从 WAR 文件中运行应用程序。host 包含的子元素有<Logger>、<Realm>、<Value>、<Context>。

(6) Context：表示一个 Web 应用程序，包含的属性含义如下。

docBase：应用程序的路径或者是 WAR 文件存放的路径。

path：该 Context 的路径名是""，故该 Context 是该 Host 的默认 Context。

reloadable 如果这个属性设为 true，Tomcat 服务器在运行状态下会监视在 WEB-INF/classes 和 WEB-INF/lib 目录 CLASS 文件的状态。如果监视到有 class 文件被更新，服务器自动重新加载 Web 应用。

useNaming 指定是否支持 JNDI，默认值为 true。

cookies：指定是否通过 Cookies 来支持 Session，默认值为 true。

B.4 Tomcat 请求处理过程

假设来自客户的请求为：http://localhost:8080/javaweb/index.jsp，Tomcat Server 处理一个 HTTP 请求的过程如下。

(1) 请求被发送到本机端口 8080，被在那里侦听的 Coyote HTTP/1.1 Connector 获得。

(2) Connector 把该请求交给它所在的 Service 的 Engine 来处理，并等待来自 Engine 的回应。

(3) Engine 获得请求 localhost/javaweb/index.jsp，匹配它所拥有的所有虚拟主机 Host。

(4) Engine 匹配到名为 localhost 的 Host(即使匹配不到也把请求交给该 Host 处理，因为该 Host 被定义为该 Engine 的默认主机)。

(5) localhost Host 获得请求/ javaweb/index.jsp，匹配它所拥有的所有 Context。

(6) Host 匹配到路径为/javaweb 的 Context(如果匹配不到就把该请求交给路径名为""的 Context 去处理)。

(7) path="/javaweb"的 Context 获得请求/index.jsp，在它的 mapping table 中寻找对应的 Servlet。

(8) Context 匹配到 URL PATTERN 为 *.jsp 的 Servlet，对应于 JspServlet 类。

(9) 构造 HttpServletRequest 对象和 HttpServletResponse 对象，作为参数调用 JspServlet 的 doGet 或 doPost 方法。

(10) Context 把执行完了之后的 HttpServletResponse 对象返回给 Host。

(11) Host 把 HttpServletResponse 对象返回给 Engine。

(12) Engine 把 HttpServletResponse 对象返回给 Connector。

(13) Connector 把 HttpServletResponse 对象返回给客户浏览器。

附录C 数据库连接池

C.1 数据库连接池介绍

在应用软件系统中，频繁建立、断开数据库连接很耗费系统资源，在多用户的 Web 应用程序中体现得尤为突出。对数据库连接的管理能显著影响到整个应用程序的伸缩性和健壮性，影响到程序的性能指标。数据库连接池正是针对这个问题提出来的。数据库连接池负责分配、管理和释放数据库连接，它允许应用程序重复使用一个现有的数据库连接，而不再是重新建立，同时释放空闲时间超过最大空闲时间的数据库连接，来避免因为没有释放数据库连接而引起数据库连接遗漏。这项技术能明显提高对数据库操作的性能。附图 C.1 就是数据库连接池的实现原理。

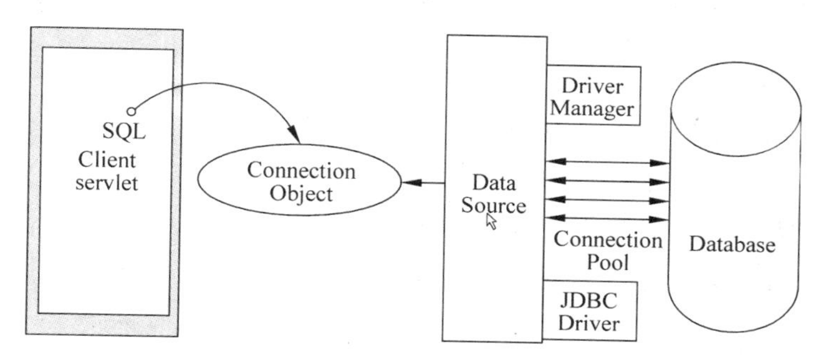

附图 C.1 数据库连接池原理图

JDBC 2.0 中使用 DataSource 来实现数据库连接池，一个 DataSource 对象代表了一个数据源。当一个 DataSource 对象注册到名字服务中，应用程序就可以通过名字服务获得 DataSource 对象，并用它来获得与 DataSource 代表的数据源之间的连接。通过 JNDI 方式获取数据源，代码如下：

```
Context ctx = new InitialContext();
DataSource ds = (DataSource)ctx.lookup("jdbc/dbpool");
```

通过 DataSource 数据源，获得数据库连接，如下：

```
Connection con = ds.getConnection( );
```

C.2 在 Tomcat 中配置连接池

在 Tomcat 中配置数据库连接池有如下几种方式。

方式一：全局配置

在 Tomcat 的 conf 文件夹下的 context.xml 配置文件中加入如下代码：

```
<Resource name = "jndi/dbpool "
    auth = "Container"
    type = "javax.sql.DataSource"
    driverClassName = "com.mysql.jdbc.Driver"
    url = "jdbc:mysql://localhost:3306/test"
    username = "root"
    password = "123456"
    maxActive = "20"
    maxIdle = "10"
    maxWait = "10000"/>
```

在项目的 web.xml 中加入资源引用：

```
<resource - ref >
<description > JNDI DataSource </description >
<res - ref - name > jndi/dbpool </res - ref - name >
<res - ref - type > javax.sql.DataSource </res - ref - type >
<res - auth > Container </res - auth >
</resource - ref >
```

其中，res-ref-name 值要和 context.xml 的 name 值一致。

方式二：局部配置（不推荐）

在 Tomcat 的 server.xml 的<host>标签内，添加：

```
<Context path = "/demo_jndi" docBase = "/demo_jndi">
  <Resource
  name = "jndi/mybatis"
  type = "javax.sql.DataSource"
  driverClassName = "com.mysql.jdbc.Driver"
  maxIdle = "2"
  maxWait = "5000"
  username = "root"
  password = "123456"
  url = "jdbc:mysql://localhost:3306/appdb"
  maxActive = "4"/>
</Context >
```

方式三：局部配置（推荐使用）

在项目的 META-INFO 下面新建 context.xml，加入：

```
  <xml version = "1.0" encoding = "UTF - 8">
<Context >
```

```
  <Resource name = "jndi/mybatis"
        auth = "Container"
        type = "javax.sql.DataSource"
        driverClassName = "com.mysql.jdbc.Driver"
        url = "jdbc:mysql://localhost:3306/appdb"
        username = "root"
        password = "123456"
        maxActive = "20"
        maxIdle = "10"
        maxWait = "10000"/>
</Context>
```

通常采用第三种方式配置连接池，这样就不依赖于具体的 Web 服务器了，且配置灵活方便。

C.3 使用连接池实例

建立一个连接池类，如 DBPool.java，用来创建连接池，代码如下。

```
import javax.naming.Context;
import javax.naming.InitialContext;
import javax.naming.NamingException;
import javax.sql.DataSource;
public class DBPool{
  private static DataSource ds;
  static{
    Context context = null;
    try{
      context = (Context)new InitialContext().lookup("java:comp/env");
      ds = (DataSource)context.lookup("jdbc/dbpool");
      if(ds == null){
        System.err.println("'DBPool' is an unknown DataSource");
      }catch(NamingException ne){
        ne.printStackTrace();
    }
  }
public static DataSource getPool(){
  return ds;
} }
```

使用数据库连接时，调用 DBPool.getPool().getConnection()获取数据库连接 Connection 对象，就可以进行数据库操作，使用完后要调用 Connection 的 close()方法，关闭连接，这里不会关闭这个 Connection，而是将 Connection 放回数据库连接池。

使用开发工具开发Struts 2程序

D.1 使用 MyEclipse 开发 Struts 2 程序

MyEclipse 作为一个优秀的开发工具，集成了流行的企业应用开发框架，对于 Struts 2 有着很好的支持，开发者不必手动添加必要的包，MyEclipse 可以自动完成这一过程。

下面介绍一下使用 MyEclipse 开发 Struts 2 程序的步骤。

首先在 MyEclipse 中新建一个 Web Project，名称为 StrutsDemo，具体步骤与附录 A 相同，如附图 D.1 所示。

附图 D.1 创建 Web 项目界面

如附图 D.2 所示，在 StrutsDemo 上右键单击，选择 MyEclipse→Add Struts Capabilities 命令打开对话框。

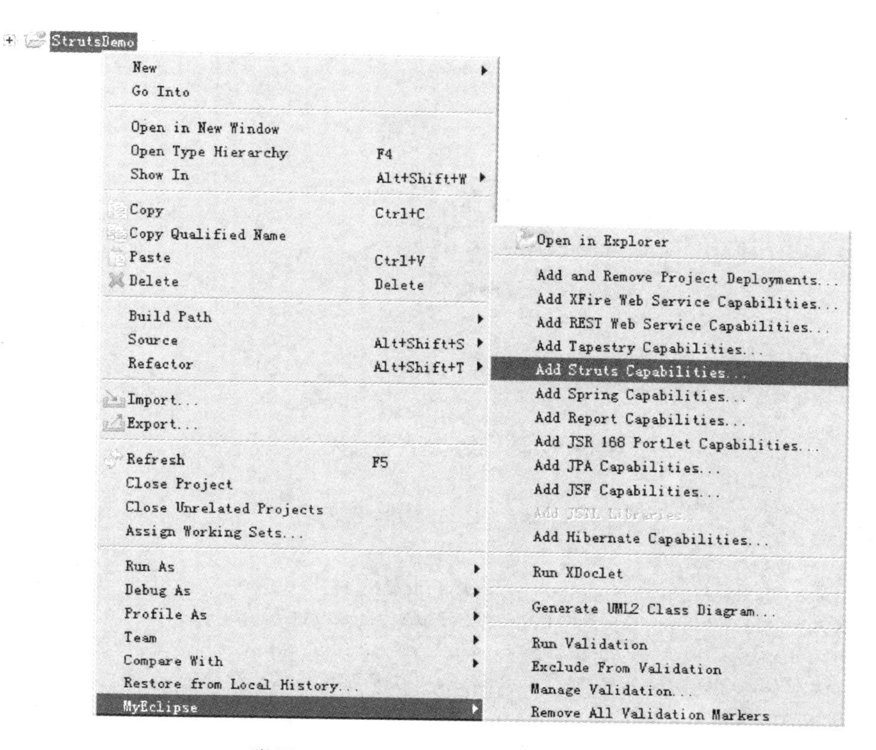

附图 D.2　添加 Struts 插件支持

对话框内容如附图 D.3 所示，选择 Struts 2.1 作为开发基础，单击 Finish 按钮完成，如附图 D.3 所示。

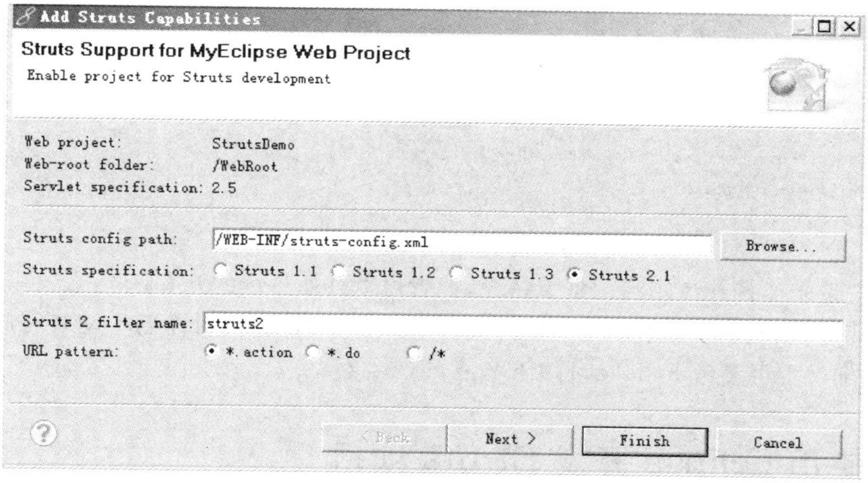

附图 D.3　选择 Struts 版本界面

之后可以看到，在项目中已经自动生成 struts.xml 配置文件，如附图 D.4 所示。

打开 web.xml 可以看到如下代码，表示已在项目中加入 Struts 过滤器。

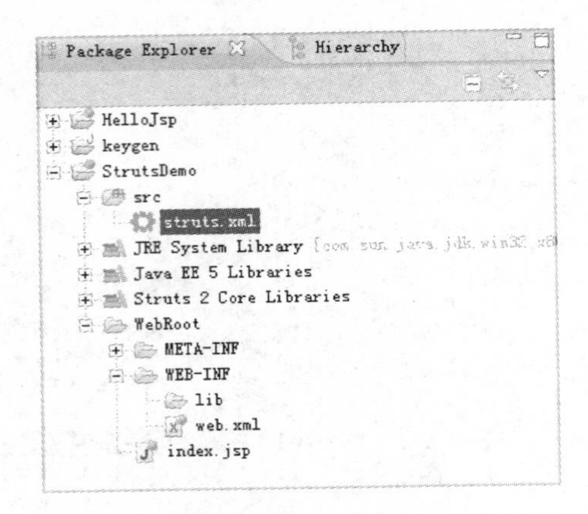

附图 D.4 Web 项目中加入 Struts 2

```
<xml version="1.0" encoding="UTF-8">
  <web-app version="2.5"
    xmlns="http://java.sun.com/xml/ns/javaee"
xmlns:xsi="http://www.w3.org/2001/XMLSchema-instance"
    xsi:schemaLocation="http://java.sun.com/xml/ns/javaee
    http://java.sun.com/xml/ns/javaee/web-app_2_5.xsd">
    <welcome-file-list>
        <welcome-file>index.jsp</welcome-file>
    </welcome-file-list>
    <filter>
      <filter-name>struts2</filter-name>
      <filter-class>
        org.apache.struts2.dispatcher.ng.filter.StrutsPrepareAndExecuteFilter
      </filter-class>
    </filter>
    <filter-mapping>
      <filter-name>struts2</filter-name>
      <url-pattern>*.action</url-pattern>
    </filter-mapping>
  </web-app>
```

至此已完成了 Struts 项目的框架搭建，读者可以开始后续的开发。

MyEclipse 6.x 以下版本工具，没有提供 Struts 2 插件，开发时需要手动来完成 Struts 2 的配置，详细过程可参考 Eclipse 环境下搭建 Struts 2。

D.2 使用 Eclipse 开发 Struts 项目

作为最成功的 Java 开发工具之一，Eclipse 对 Struts 开发也有着很好的支持。在不利用第三方插件的情况下，开发 Struts 项目需要手动引入 JAR 包，其过程十分简单。

第一步：首先下载 JAR 包

访问 Struts 2 的下载站点 http://struts.apache.org/download.cgi，界面如附图 D.5 所示。

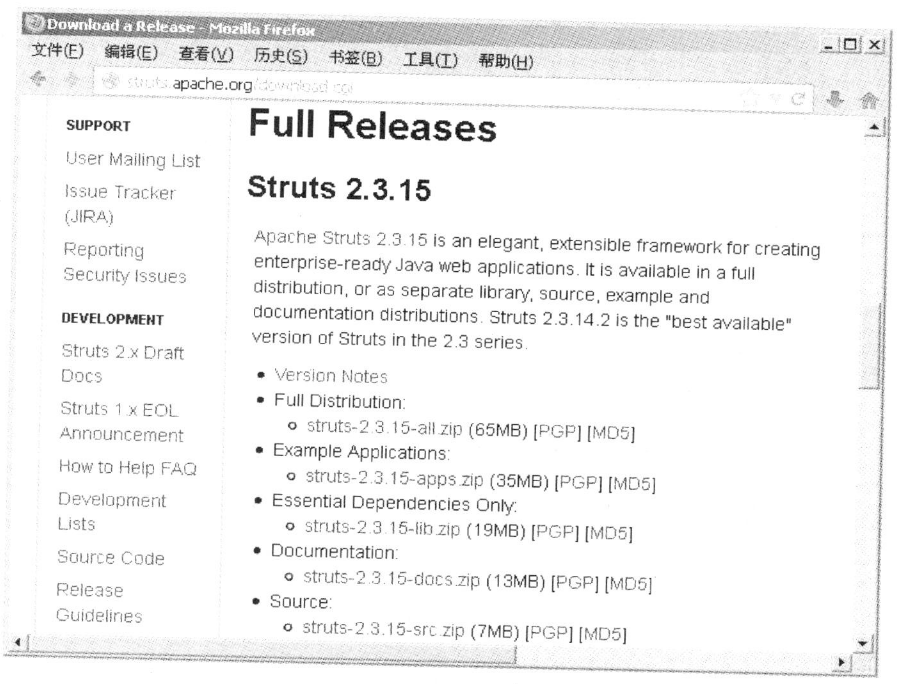

附图 D.5 下载 Struts 2 相关文件界面

Struts 2 目前最新版为 2.3.4.1 版本，其中 struts-2.3.4.1-all.zip 文件包含 JAR 包、例子、说明文档、源代码等全部内容，struts-2.3.4.1-apps.zip 是 Struts 2 的例子文件，struts-2.3.4.1-lib.zip 是 Struts 2 的 jar 文件，struts-2.3.4.1-docs.zip 是 API 文档，struts-2.3.4.1-src.zip 是 Struts 2 的源码。

下载 struts-2.3.4.1-all.zip 文件，解压文件，在 struts-2.3.4.1 /lib 文件夹下，包含 84 个 JAR 文件，使用 Struts 2 开发不同的应用需要的 JAR 包是不同的，但是使用 Struts 2 框架必须要具备的 JAR 文件有如下几个。

struts2-core-2.x.x.jar：Struts 2 框架的核心类库。

xwork-core-2.x.x.jar：XWork 类库，Struts 2 在其上构建。

ognl-3.0.x.jar ：对象图导航语言(Object Graph Navigation Language)，Struts 2 框架通过其读写对象的属性。

freemarker-2.3.x.jar：Struts 2 的 UI 标签的模板使用 FreeMarker 编写。

commons-logging-1.1.x.jar：ASF 出品的日志包，Struts 2 框架使用这个日志包来支持 Log4J 和 JDK 1.4+的日志记录。

commons-fileupload-1.2.2.jar：文件上传组件，2.1.6 版本后必须加入此文件。

commons-io-2.0.1.jar：用来处理各种 IO 操作的工具包。

commons-lang3-3.1.jar：提供 Java 常用操作 API，比如系统属性获取、字符串处理、日期时间换算、数组操作等。

javassist-3.11.0.GA.jar：javassist 是一个开源的分析、编辑和创建 Java 字节码的类库，这个包是 Struts 2.2.1 开始才依赖的，之前版本不需要这个包。

第二步：拷贝JAR包到指定目录下

建立一个Dynamic Web Project(与附录A中步骤相同)，然后在项目的WEB-INF目录下的lib目录中添加上述9个JAR包文件，拷贝到Eclipse中新建的Web Project的WebRoot\WEB-INF\lib下，修改编译环境(Configure Build Path)，添加以上的JAR文件到环境中。

第三步：在Web项目中配置Struts 2

1. 添加struts.xml配置文件

在IDE开发环境中，struts.xml通常放在src文件下，编译时自动拷贝到WEB-INF/classes下，该文件的配置模板如下。

```
<xml version="1.0" encoding="UTF-8">
<!DOCTYPE struts PUBLIC
"-//Apache Software Foundation//DTD Struts Configuration 2.0//EN"
"http://struts.apache.org/dtds/struts-2.0.dtd">
<struts>
</struts>
```

2. 修改web.xml，配置Struts 2的核心Filter

Struts 2中，Struts框架是通过Filter启动的。在web.xml中的配置如下。

```
<xml version="1.0" encoding="UTF-8">
<web-app version="2.4" xmlns="http://java.sun.com/xml/ns/j2ee"
    xmlns:xsi="http://www.w3.org/2001/XMLSchema-instance"
    xsi:schemaLocation="http://java.sun.com/xml/ns/j2ee
    http://java.sun.com/xml/ns/j2ee/web-app_2_4.xsd">
    <welcome-file-list>
    <welcome-file>index.jsp</welcome-file>
    </welcome-file-list>
    <filter>
        <filter-name>struts2</filter-name>
    <filter-class>org.apache.struts2.dispatcher.ng.filter.StrutsPrepareAndExecuteFilter
</filter-class>
    <!-- <filter-class>org.apache.struts2.dispatcher.FilterDispatcher</filter-class>
2.1.3以后已过时 -->
    </filter>
<filter-mapping>
        <filter-name>struts2</filter-name>
    <url-pattern>/*</url-pattern>
</filter-mapping>
</web-app>
```

在StrutsPrepareAndExecuteFilter的init()方法中将会读取类路径下默认的配置文件struts.xml完成初始化操作。

参 考 文 献

[1] 埃史尔. Java 编程思想(中文第四版)[M]. 陈昊鹏,译. 北京:机械工业出版社,2007.

[2] Horstmann Gay S,Gary Cornell. Java 核心技术 II(高级特性中文版)[M]. 叶乃文,邝劲筠,杜永萍,译. 北京:机械工业出版社,2008.

[3] 卢瀚,王春斌. Java Web 开发实战 1200 例(第 2 卷)[M]. 北京:清华大学出版社,2011.

[4] 李刚. 疯狂 Java 讲义[M]. 北京:电子工业出版社,2012.

[5] 李刚. Struts 2. x 权威指南[M]. 北京:电子工业出版社,2012.

[6] 李刚. 轻量级 Java EE 企业应用实战[M]. 北京:电子工业出版社,2012.

[7] Eric Jendrock,Ian Evans,Devika Gollapudi. Java EE 6 权威指南[M]. 李鹏,韩智,译. 北京:人民邮电出版社,2012.

[8] David Flanagan. JavaScript 权威指南[M]. 北京:机械工业出版社,2012.

[9] ZakasNicholas C. . JavaScript 高级程序设计[M]. 李松峰,曹力,译. 北京:人民邮电出版社,2012.

[10] 覃华,韦兆文,陈琴. JSP 2.0 大学教程[M]. 北京:机械工业出版社,2008.